U0150143

谨以此书献给所有

热爱和关心湿地，

以及为我国湿地保护事业作出贡献的人们！

奋楫笃行的十年

《湿地，奋楫笃行的十年》编委会　编

中国林業出版社
CFPH
China Forestry Publishing House

图书在版编目（CIP）数据

湿地，奋楫笃行的十年 /《湿地，奋楫笃行的十年》编委会编. -- 北京 : 中国林业出版社, 2023.11

ISBN 978-7-5219-2430-5

Ⅰ. ①湿… Ⅱ. ①湿… Ⅲ. ①沼泽化地－自然资源保护－中国 Ⅳ. ①P942.078

中国国家版本馆CIP数据核字(2023)第223055号

篇名题写：陈建成

特邀编审：徐小英

责任编辑：宋博洋　何游云

装帧设计：上海栖星生态环境咨询有限公司

　　　　　北京八度出版服务机构

出版发行：中国林业出版社

（100009，北京市西城区刘海胡同 7 号，电话 010-83143625）

电子邮箱：cfphzbs@163.com

网址：www.forestry.gov.cn/lycb.html

印刷：河北京平诚乾印刷有限公司

版次：2023 年 11 月第 1 版

印次：2023 年 11 月第 1 次

开本：787mm×1092mm　1/16

印张：25

字数：356 千字

定价：160.00 元

“我们要凝聚珍爱湿地全球共识，深怀对自然的敬畏之心，减少人类活动的干扰破坏，守住湿地生态安全边界，为子孙后代留下大美湿地。”

——摘自习近平主席2022年11月5日在《湿地公约》第十四届缔约方大会开幕式上的致辞

鄱阳湖的天鹅（摄影：陈建伟）

序　一

"逝彼百泉，瞻彼溥原。"古往今来，文明伴水流、湿地而生，湿地关乎人类文明兴衰，关乎自然生态平衡，关乎淡水资源安全，关乎农业灌溉保障，关乎气候变化应对，湿地是独特的生态系统和重要的自然资源，在维护国家生态安全和促进经济社会可持续发展中，发挥着极其重要的作用。

据《关于特别是作为水禽栖息地的国际重要湿地公约》（简称《湿地公约》）统计，自1970年以来，湿地的消失速度是森林的3倍，全球超过35%的湿地已经退化丧失，扭转这一趋势至关重要。这一事实再次昭示了全球修复湿地的重要性、必要性、紧迫性，也促使呼吁全社会共同参与并采取措施修复退化湿地。

中国政府高度重视湿地保护和修复工作，在中国共产党的二十大报告中提出要"推行草原森林河流湖泊湿地休养生息"。在中国武汉《湿地公约》第十四届缔约方大会开幕式致辞上，习近平总书记指出："我们要凝聚珍爱湿地全球共识，深怀对自然的敬畏之心，减少人类活动的干扰破坏，守住湿地生态安全边界，为子孙后代留下大美湿地。"习近平总书记对湿地工作的关心、嘱托和期望，为中国开展湿地工作和全球湿地保护合作指明了方向。

我国是世界上湿地和生物多样性最丰富的国家之一，保护好我国的湿地和生物多样性直接关系到全国乃至全球的生态安全、气候安全和公民的健康。中国政府自1992年加入《湿地公约》以来，与国际社会共同努力，在应对湿地面积减少、生态功能退化等全球性挑战方面采取了积极行动。而在这其中，从2007年国家林业局正式组建湿地保护管理中心开始，至2018年2月中央公布深化党和国家机构改革方案之前的十年，可以说是中国湿地保护和管理事业起步和迈出坚实发展脚步的重要历史阶段。正是在此时期，中国形成了政府主导、部门协作、社会参与的湿地保护格局，中国的湿地保护事业从小到大，从弱到强，从松散到组成强有力的专业团队，从事物性工作发展出系统规范的管理制度和理论方法。这十年，我国政府高度重视湿地保护工作，积极贯彻“全面保护、生态优先、合理利用、持续发展”的方针，大力推进实施野生动植物保护和自然保护区建设工程、湿地保护与恢复工程，取得了显著成效。这十年的探索和积累，为我国湿地保护和管理事业的发展奠定了坚实的理论、方法和实践基础，也在世界舞台上留下了极具中国特色的浓墨重彩的一笔。

这十年，全国湿地保护网络体系初步形成。截至2017年年底，全国共建立湿地类型自然保护区602处、国家湿地公园898处、国际重要湿地57处，全国约50%的天然湿地和一大批国家重点保护野生物种得到了较为有效的保护。先后建立了长江流域湿地保护网络、黄河流域湿地保护网络、滨海湿地保护网络、东北湿地保护网络，做到了全国湿地面积保护网络全覆盖。

这十年，中国湿地保护管理体系逐步健全。我国先后于2005年、2007年分别批准成立了中华人民共和国国际湿地公约履约办公室（国家林业局湿地保护管理中心）、国家履行湿地公约委员会，9个省（自治区、直辖市）成立了专门的湿地保护管理机构。2010年，我国启动了湿地生态效益补偿试点，建立了湿地保护中央财政专项资金。湿地保护被纳入我国水资源管理、流域综合管理、土地利用等多个重大行业规划，国家出台了抢救性湿地保护政策，将湿地总面积、湿地保护面积纳入了我国资源环境指标体系。我国制定了湿地保护管理的各项规章制度和管理办法，促进湿地保护管理的标准化、专业化和规范化。

这十年，湿地生态状况得到明显改善。实施了国家湿地保护工程，10年共投入资金102.5亿元，完成湿地保护项目2000个左右，恢复湿地22万公顷。主要江河源头及其中下游河流和湖泊湿地、主要沼泽湿地得到抢救性保护，部分项目区湿地生态状况明显改善。加强了对国际重要湿地监管，公布了《中国国际重要湿地生态状况公报》。

这十年，湿地科技水平得到有效提升。建立了由院士领衔的中国湿地科学技术专家委员会，加强了国家和地方层面的湿地科研机构建设。开展了湿地基础理论和应用技术研究，在湿地与粮食安全、水资源安全、防灾减灾等方面形成了一批科研成果，推广应用了一批湿地保护与恢复实用技术。开展了湿地调查监测、国家重要湿地确认以及湿地生态系统健康价值功能评价指标体系建设，夯实了湿地保护的科技基础。

这十年，湿地宣传教育丰富多彩。中国政府广泛开展公众宣传教育，增强了社会公众的湿地保护意识。组织开展了世界湿地日、中国湿地文化节、“沿海湿地万里行”“湿地使者行动”等活动，形成了一批湿地宣传品牌。建立了世界上最大的单一主题内容的中国湿地博物馆，在湿地类自然保护区、湿地公园建立了一批湿地宣传教育场馆。充分利用各种媒体、通过举办各种活动、借助各种生态教育基地，大力开展湿地生态保护宣传教育活动，增强人们的湿地保护意识，在全社会建立起有利于促进湿地保护的生态文化氛围。

这十年，湿地交流合作深入开展。自1992年加入《湿地公约》以来，中国政府认真履行《湿地公约》，积极实施《湿地公约》相关决议。组织实施双边或多边政府间湿地保护合作项目，有力地推动了湿地保护与合理利用。2005年以来，我国连续当选为《湿地公约》常务委员会成员国。2008年召开的第十届缔约方大会对中国的湿地保护给予了高度评价，认为中国已成为发展中国家开展自然生态保护的典范。由于在湿地保护方面作出的突出贡献，我国先后获得世界自然基金会颁发的“献给地球的礼物”、湿地国际颁发的“全球湿地保护与合理利用杰出成就奖”等湿地保护国际奖项。

“澹然空水对斜晖，曲岛苍茫接翠微。”回首往事，十年的起步奋进之旅，有理念，有行动，虽然充满了困难和挑战，但在保护修复、科学研究、规划设计、人才培养和生产实践等领域，也积累了丰富的经验方法，取得了举世瞩目的成效。各级林业部门认真履行湿地保护管理的使命和职责，中国湿地保护事业取得了历史性成就，发生了历史性变革。在中华大地上，一块块湿地焕然新生，流光溢彩，无不在讲述人与自然和谐共生的动人故事。我国正在用实际行动向世界推介中国经验和中国智慧，正在成为全球湿地保护修复的重要参与者、贡献者和引领者。

万物和谐共生的故事还在继续书写，时光的见证下沉淀出无数投身于湿地保护一线事业的普通人的感人故事。正是一代一代湿地人前仆后继，奋勇探索，才能为今天湿地事业的全面发展和繁荣奠定基础。《湿地，奋楫笃行的十年》一书体系健全，论述具体，内容翔实，对中国湿地事业的进程进行了全方位地回顾与总结，对湿地保护与可持续利用的方法与创新进行了全面记录，并为进一步凝聚各方共识、形成保护合力明确了可行路径。希望这本书中记录的人和事，能转化为湿地人、湿地事业继续勤奋耕耘、锐意创新的精神动力源泉，使更多人参与到具有中国特色的湿地保护和管理事业中来，共同践行人与自然和谐共生的理念，进一步保护更多湿地，推动湿地保护修复事业的高质量发展。

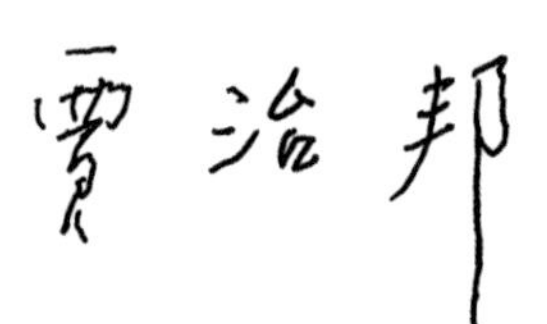

原国家林业局党组书记、局长

序　二

湿地是水、陆生态系统相互作用形成的自然综合体，是全球三大生态系统之一，也是地球上单位面积生态服务价值最高的生态系统。在联合国可持续发展目标(2015—2030年)提出的17个全球发展目标的近200个指标中，有70多个指标与湿地有关。湿地是人类赖以生存的重要自然资源，与人类的生存发展、生产生活、繁衍生息息息相关。湿地是自然界生物多样性最丰富的生态景观和人类最重要的生存环境之一，它不仅有强大的供给功能，同时也在调节调蓄、教育科研、区域生态安全方面发挥着巨大的环境功能和生态效益。

我国湿地研究起步较晚，却冰寒于水，经历了漫长的孕育和不息的求索阶段。直至近十年来，湿地基础理论科学研究有了蓬勃的发展。全国大专院校、科研院所在国家林业局的有力推动和支持下，湿地基础理论科学研究获得一批新成果。作为建立在生态学、生物学、林学、地理学、物理学、环境科学等学科基础上的新兴交叉学科，湿地学科理论体系初具雏形，研究领域日趋完善，科技人才不断涌现，研究水平迅速提高。目前，湿地领域国际科技论文数量已居世界第二位。

十年来，众多学科研究人员积极投身湿地保护。众多学科的湿地研究人员瞄准紧盯湿地保护机制、退化湿地修复、湿地气候影响、湿地生态效应变化与评估等国家重大需求问题，重点围绕我国湿地退化机理、保护修复、关键技术体系和模式等研究范畴，条分缕析了当前与湿地研究紧密结合的生态学前沿发展的现状、热点、难点及未来所面临的挑战和发展趋势，凝练了亟须解决的重大关键科学问题，研判了重点研究方向学术路径，未来5到10年湿地科学、湿地保护和修复相关的基础及前沿科学问题的基本框架已经基本成型。

十年来，湿地保护修复研究科技成果丰硕。我国建立了院士领衔的中国湿地科学技术专家委员会，成立了国家林业局湿地监测中心、国家林业局湿地研究中心、国家高原湿地研究中心以及国家湿地保护与修复技术中心，系统加强了国家和地方层面的湿地科研机构建设。相关部委开展了湿地基础理论和应用技术研究，在湿地与粮食安全、水资源安全、防灾减灾等方面形成了一批科研成果，推广应用了一批湿地保护与恢复的实用技术，还开展了湿地调查监测、国家重要湿地确认以及湿地生态系统健康价值功能评价指标体系建设，定期发布《中国国际重要湿地生态状况》白皮书。各地建立了41处湿地生态定位观测站、实时监控和信息管理平台，湿地监测已被纳入国家林草生态综合监测评价，并逐步被纳入国家林草感知系统，通过高新技术实现监测监管一体化，夯实了湿地保护的科技基础。我国也是首个完成三次全国湿地资源调查的国家，第三次全国国土调查正式将湿地列为一级地类，国家湿地保护能力进一步加强。

我国幅员辽阔，地貌类型万别千差，地理环境繁复冗杂，气候条件多变多样。不同的地理地貌孕育了不同类型的湿地，湿地类型的多样性也导致了湿地结构的异质性及其生态过程的复杂性，在水平方向上，北至三江平原，南至南海诸岛，西至青藏高原，东至东部沿海，均有不同类型的湿地分布；在垂直方向上，从高原山地到平原河谷也均有湿地分布。我国除拥有《湿地公约》分类系统中的全部类型之外，还独有青藏高原地区的高寒湿地，是亚洲湿地类型最丰富的国家之一。

在未来，湿地科学研究仍需我们厚积跬步，勇毅前行。我们要针对湿地储碳固碳、生态修复、持续利用等战略需求，对湿地生态系统的结构及关键生态过程进行深入剖析，将湿地的起源、演替、自然过程、退化因素和人类活动影响等彼此影响、相互作用的诸多要素关联起来，进行全面耦合分析，继续深入开展不同湿地类型的共性异性、生态环境变化、全球气候变化影响等功能性研究，揭示湿地的基本内涵及独特规律，做好国家尺度的湿地碳储量及固碳速率的系统估算与预测，助力我国“双碳”目标的实现；开展流域尺度的多因子驱动、多目标兼顾的湿地生态修复技术研发与示范，提出适宜我国国情的基于自然的湿地生态修复方案，开发先进的湿地资源与环境优化管理模式，为长江经济带、黄河流域等国家重大战略的湿地保护修复工程的实施提供科技支撑。

湿地保护，功在当代，利泽千秋。《湿地，奋楫笃行的十年》一书，全面记录了中国湿地保护事业起步十年的发展历程和湿地保护、研究、活动等方面的重大事件，对科研、技术工作者了解中国湿地、了解中国湿地保护修复以及探索未来湿地研究及技术模式的方向具有很强的指导意义。

“水光潋滟晴方好，山色空蒙雨亦奇。”随着我们国家湿地保护法规和制度体系的建立健全，湿地保护机构和体系建设的日趋完善以及基础科学研究的不断发展，希望书中记录的这段难忘的历史，能够化为一种强大的精神力量，不断激励越来越多的湿地工作者笃力奋楫，戮力前行，紧紧围绕中国重要湿地的保护与修复开展系统性工作，结合国家发展理念，推动中国湿地科学快速发展，为国家湿地保护作出积极贡献。

中国科学院院士

前　言

在自然的画卷中，我们不难发现，湿地以其独特的自然景观和生态美景而闻名。在人类历史的长河里，文明的发生发展与湿地有着紧密联系。湿地具有重要的生态服务功能，健康的湿地生态系统对维护国家生态、粮食和水资源安全具有极其重要的作用。第二次全国湿地资源调查结果显示，中国湿地总面积5360多万公顷，占全球湿地面积的4%，湿地率5.58%。在中国境内，从温带到热带，从沿海到内陆，从平原到高原山区都有湿地分布，这些类型多样的湿地承托着极为丰富的生命。湿地对维护生物多样性具有重要意义，被誉为“地球之肾”和“物种基因库”。许多湿地都拥有悠久的历史和文化背景，可以传承和弘扬传统文化。不同民族、国家、不同人文背景下产生的湿地文化，是人类精神层面对湿地自然的融合与超越。中国政府近年大力推进生态文明建设，也使湿地高质量发展迎来极好机遇。我们应该加强对湿地的保护和管理，维护湿地的生态功能，为人类创造更加美好的生活环境。然而，湿地也面临着污染、破坏、面积减少和生物多样性下降等一系列问题。为体现人类对环境的责任与担当，以最大的努力保护和管理好弥足珍贵的湿地资源，中央在国家层面成立了湿地保护管理中心，以期从制度建设、体系建设、规划、政策、履约以及宣传教育入手，全方位地开展湿地保护、修复和管理工作。2018年年初中央公布深化党和国家机构改革方案后，国家林业局湿地保护管理中心整建制地转为国家林业和草原局湿地管理司。从2007年年初湿地保护管理中心成立到2017年年底湿地保护管理中心改制，湿地保护管理中心存在已经运作了整整10年。

回首这10年的经历，大家十分感慨。10年在历史的长河中是短暂的，真如白驹过隙。但我们没有荒度岁月，10年里，我们探索过，奋斗过，拼搏过，并为此流过辛勤的汗水。湿地的保护管理工作绝非一日之功，而是一个长期动态的过程，我们每个人都与湿地有着不解之缘，对中国湿地饱含深情。大家认为，应该有必要记录和整理这十年难以忘怀的人和事，为若干年后留下些许回忆，想来也该如此。定格那一次次精彩难忘的瞬间，记录整个团队奋斗进取的历程。同时，对于中国湿地的保护事业而言，通过各种渠道提高公众对湿地重要性的认识、引发社会对湿地保护的热情，是我们不可回避的责任。于是，便有发起于民间，成书于民间，不利用公共资源结集整理成书的想法。大家群策群力，说干就干，拟定章节，制订大纲，收集资料，列出采访计划，分工合作。奋楫笃行，是齐心协力奋力划桨、勇往直前的意思，可以理解为齐心协力共同奋斗。“笃”有忠贞不渝、踏踏实实、一心一意、坚持不懈之意。之所以起这样的名字，想表达的主题思想是10年期间，上下一心，脚踏实地，锐意进取，砥砺前行，充分发扬团队精神，使得我们国家湿地保护管理工作从小到大，从弱到强，行稳致远，久久为功。10年的探索和实践，为今后湿地工作高质量发展打下了一定的基础，起到了奠基的作用。留下一份厚重的成果集结和历史见证，这就是本书的初衷。

本书在收集、整理、编写的过程中，得到各省份和湿地同行的大力支持，特别是文稿编辑雍怡博士，从开列提纲、采访专家和管理机构的负责人，到收集资料、编排内容、插图设计、文字编写和文字润色，做了大量艰苦并卓有成效的工作。本书原计划于建党100周年面世，由于各种原因，几次约定的审稿会不得不一拖再拖，导致本书延期出版。

本书尽可能实事求是地记录10年中发生的令人难忘的人和事，但难免挂一漏万。比如，湿地立法的出台，湿地保护修复制度的发布，离不开国家林业和草原局主要领导和分管领导大力支持和关心重视，离不开国家林业和草原局各司局的鼎力相助，离不开国家有关部委的支持，也离不开湿地保护管理中心全体同仁的团结协作以及全力以赴，限于篇幅，书中并未详述，不免有些遗憾。

全书分10个篇章，每一个篇章相对独立，所选内容力求具有典型性、代表性、知识性和开创性。但限于编者理解力和文字表达能力，可能有文不达意之嫌，敬请读者给予谅解。

本书在出版过程中，得到了湖北省长江生态保护基金会、北京绿冠集团、北京市企业家环保基金会、深圳市红树林湿地保护基金会、南大（常熟）生态研究院有限公司、广州市海珠湿地生态发展有限公司、国家林业和草原局林业调查规划设计院的资助，中国林业出版社的老同志、老领导也对图书的编排提供了很好的建议，在此，一并表示感谢。

编者

“中国湿地保护取得了历史性成就，湿地面积达到5635万公顷，构建了保护制度体系，出台了《湿地保护法》。中国有很多城市像武汉一样，同湿地融为一体，生态宜居。”

“中国将建设人与自然和谐共生的现代化，推进湿地保护事业高质量发展。”

——摘自习近平主席2022年11月5日在
《湿地公约》第十四届缔约方大会开幕式上的致辞

九寨沟（摄影：俞肖剑）

目 录

雪山、森林、沙漠、草原、湿地和野生动植物（摄影：陈建伟）

第一篇

初创之路

——中国湿地事业的起步与探索

中国从国家层面
开展湿地保护的起点。

1.1 揭幕：面向未来的崭新起点

2007年4月3日上午10:00，北京温暖的春日，刚刚经历了连续几天的沙尘暴，天空终于开始露出一丝蔚蓝，透出春天的清新气息。彼时的国家林业局正门，一场朴素、庄严，且对我国未来湿地保护事业具有里程碑意义的揭牌仪式正在举行。

虽然仪式简洁，但其开创的意义深远。时任全国绿化委员会副主任、国家林业局局长贾治邦先生亲自出席，国家林业局副局长雷加富先生担任主持，体现了国家林业局对此事的高度重视。世界自然基金会（World Wide Fund for Nature，简称WWF）、联合国开发计划署（The United Nations Development Programme，简称UNDP）、湿地国际（Wetland International，简称WI）等机构的代表也受邀出席，为这场仪式增添了具有国际性影响力的色彩。

随着贾治邦先生缓缓将悬挂的红布揭开，一块高达2米，白底黑字的“中华人民共和国国际湿地公约履约办公室”（以下简称履约办）的牌匾赫然呈现在人们眼前。在国家林业局的正门入口处右侧，这块新的牌匾因为写着“中华人民共和国”“国际湿地公约”和“履约”等字眼而显得格外醒目和庄重。与之同时宣布正式成立的，是

贾治邦先生为中华人民共和国国际湿地公约履约办公室揭牌

国家林业局湿地保护管理中心（以下简称“湿地中心”）。新成立的这两个机构，采取了一个班子、两块牌子的管理模式。

对于中国这个湿地大国而言，这是我国政府首次真正设立国家层面的湿地保护和管理机构，也是湿地保护和管理事业真正步入规范化、专业化、系统化的重要里程碑。自此，湿地中心、履约办正式成立，开启了中国湿地保护管理工作有了正式机构的历史。

为了酝酿和筹备湿地中心的成立，相关人员经历了自1992年开始的长达十几年的努力。在这一历程中，早一批湿地保护的先驱者开始盘点着中国湿地的家底，摸索中国湿地保护和管理的策略和方法，深入湿地科学领域开展基础和系统的研究，推动着相关政策的形成和出台，这一切都为2007年春天湿地中心的正式

中国国际湿地公约履约办公室成立

人民日报2007年4月4日第002版国内要闻

据新华社北京4月3日电（记者董峻）国家林业局3日在北京举行“中华人民共和国国际湿地公约履约办公室”揭牌仪式。此举将全面提高我国履行联合国《湿地公约》的能力，使我国承担相应国际义务与责任，进一步促进并强化全国湿地保护管理工作。

国家林业局有关负责人表示，国家林业局湿地保护管理中心（中华人民共和国国际湿地公约履约办公室）承担组织、协调全国湿地保护和有关国际公约履约的具体工作。其主要职责是：组织起草湿地保护的法律法规，研究拟订湿地保护的有关技术标准和规范，拟订全国性、区域性湿地保护规划并组织实施；组织全国湿地资源调查、动态监测和统计；组织实施建立湿地保护小区、湿地公园等保护管理工作；对外代表中国开展国际湿地公约的履约工作；开展有关湿地保护的国际合作工作。

国家林业局领导和湿地中心初创团队在牌匾前合影
从左至右：王隆富、刘平、肖红、马广仁、祝列克、贾治邦、李育才、雷加富、严承高、鲍达明、邓侃

成立奠定了重要的政策、科学和数据基础，所谓天时、地利、人和，缺一不可。对于当天出席活动的每一位参与者，这一天的终于到来令大家百感交集，其中不仅有对过去数年不懈奋斗过程终得圆满的释然和感慨，更有对序幕揭开后全新未来的无限憧憬和期冀。

马广仁是国家林业局任命的湿地中心的首任主任（中华人民共和国国际湿地公约履约办公室主任），肩负着开创我国湿地保护和管理事业的重任。这位年轻的司局级领导，在仪式合影中显得意气风发，对未来的事业充满了期待和信心。但其实这一刻，他的心中五味杂陈，即将迈入知天命年纪的他，原以为自己的职业之路已经稳固定形，没想到自己的事业将从这里开始全新的旅程，他面前将是一条等着他去描绘的未来道路。这次的机会和平台虽然是独一无二的，但也是充满着未知和挑战的。

如果说新成立的湿地中心是一支队伍，中心主任马广仁是率军出征的统帅，那么团队中其他的年轻成员就像是这支队伍准备带队作战的将领们。时任规划处处长的鲍达明等同志，就是湿地

《湿地公约》

为有效保护全球湿地以及湿地资源，1971年2月2日，来自18个国家（后被称为发起缔约国）的代表在伊朗小城拉姆萨尔签署《拉姆萨尔公约》，全称为《关于特别是作为水禽栖息地的国际重要湿地公约（Convention on Wetlands of International Importance Especially as Waterfowl Habitat）》，也称《湿地公约》。

《湿地公约》标识

《湿地公约》是为了保护湿地而签署的全球性政府间保护公约，其宗旨是：通过国家行动和国际合作，来实现对全球湿地的保护与合理利用。《湿地公约》是为了实现全球性自然保护目标而推动各国以政府名义参与并签署的多边环境公约，受到各国政府、研究界、自然保护领域各方的重视。《湿地公约》签署后直至1975年12月才正式生效，并从1981年开始每隔两至三年召开一次缔约方大会，并陆续修改了公约文本，任命了公约秘书长，设立湿地保护基金（后改名为湿地公约湿地保护与合理利用小额基金）。截至2017年，全世界已有168个缔约方、2186个国际重要湿地。

《湿地公约》国际组织合作伙伴

为在全球范围内动员一切力量深入推进湿地保护与合理利用工作的开展，在湿地公约第七届缔约方大会上通过第VII.3（1999）号决议，提出《湿地公约》在执行层面与全球最具有专业性和权威性的自然保护国际组织开展密切合作，并确认了这些机构作为公约国际组织合作伙伴的正式地位。其中，国际鸟类联盟（Birdlife International, BI）、国际自然保护联盟（IUCN）、湿地国际和世界自然基金会（WWF）自公约成立之初就加入了该公约。此后，在2005年和2015年又分别批准增加国际水管理研究所(International Water Management Institute, IWMI)和野生鸟类和湿地基金会（Wildfowl & Wetlands Trust，WWT）作为《湿地公约》第五和第六个国家组织合作伙伴。

湿地公约和相关合作伙伴的LOGO

沼泽与沙棘林（摄影：陈建伟）

中心初创团队中的年轻骨干，他们都是工作不久就一脚踏进湿地保护和管理领域，从此一直深耕其中，几乎从未离开，是我国当时刚刚起步的湿地事业队伍中的“老将”。

这些年轻的“老将”与湿地的结缘，都源自联合国开发计划署设立的全球环境基金（Global Environment Fund，简称GEF）资助的重大国际合作项目“中国湿地生物多样性保护与可持续利用示范项目”。当时，中国政府指定国家林业局承接这一重大项目的管理和执行工作，而国家林业局规划院则被任命为首批参与项目执行的主要机构，严承高和鲍达明都是因为这个契机开始进入并了解湿地，而且从此深研其中，成就了自己毕生的职业选择。在项目执行过程中，国家林业局意识到我国湿地保护与国际水平的巨

双台子河口红绿海滩（摄影：陈建伟）

大差距和能力不足，有必要成立专门的政府职能部门开展湿地保护和管理工作，于是在当时的野生动植物保护司（简称保护司）增设了一个内设机构“湿地保护处”，鲍达明被借调到该处工作。之后，在湿地中心成立期间，他们又在新的团队中会师。在2021年本书编写的采访过程中，已经担任国家林业和草原局保护地司副司长的严承高和担任湿地管理司副司长的鲍达明都已经成为我国自然保护事业中坚的管理人才。回想过去，他们也感慨自己的整个职业生涯，恰恰见证了中国湿地保护和管理事业的发展，对个人来说，有诸多机缘巧合，但更多的是能参与其中并见证发展的幸运和光荣。

作为一个具有对外开展国际合作和履约工作的机构，湿地中心的揭牌仪式也邀请了当时在北京的多个国际组织代表参加。时隔十几年，时任世界自然基金会淡水项目主任的李利锋博士回忆起当初的这段经历时，兴奋和激动的情绪仍溢于言表。

揭牌当天上午，李利锋突然接到一个电话，是新履任的国家林业局湿地中心主任马广仁打来的。在此之前，他和马主任并不

是很熟悉，但短暂的接触让他对这个林业工作经验丰富、思路清晰、言谈果决的新领导印象深刻。马广仁告知李利锋，贾局长决定当天上午举行湿地中心的挂牌仪式，邀请他作为国际组织的代表出席。李利锋听了非常高兴，他这几年带领团队一直在致力推动中国湿地保护行业的规范化和专业化发展，这个意外收到的邀请，其实正是他们一直期望能看到的结果。

毕业于中国科学院地理科学与资源研究所的李利锋博士当时已经在WWF工作多年，担任淡水项目主任，也是WWF当时在中国几乎最大最有影响力的自然保护项目和工作团队的负责人。1998年特大洪水之后，无论从国家还是地方层面，对于以流域为单位的河流健康管理和流域综合管理日渐重视，湿地生态系统的保护，特别是基于流域尺度的湿地生态系统的保护，成为WWF中国淡水项目的重要工作内容。苦于当时我国政府并没有成立正式的湿地管理机构，李利锋的很多工作不是直接和专家学者沟通，便是深入湿地保护的一线，中间管理和政策层面的脱节导致他们的工作推进一直存在问题：一线工作好不容易取得一些实践经验

2007年，WWF邀请全球淡水项目专家赴武汉商讨长江流域湿地保护策略

和成果，但因缺乏上传的通道，更难以探索案例的形式在行业发展中产生广泛积极的示范效应。与专业研究层面的沟通合作虽然不乏重要的积累和发现，但是较多停留在科研层面，较难直接运用于湿地保护和管理的实践。湿地中心正式挂牌成立，让他感觉中国湿地保护和管理事业前进的路上突然出现了一群志同道合，而且坚定有力的同行者。有这群人在前面拨云见日，开拓推动，给作为国际组织成员的他吃了定心丸，使他觉得未来的工作可以更有的放矢，也对共同推动的事业发展信心倍增。

一块红布的落下，一块牌匾的树立，中国的湿地保护和管理事业从此揭开了新的篇章，迈向了新的征程。

1.2 回望：始于履约的探索之路

中国湿地保护事业的起点，最早应追溯到1992年，中国政府正式签署并加入《湿地公约》，也是从此开始，我国的湿地保护管理事业和相关工作正式启动。

开放的中国，高起点的湿地事业

20世纪90年代初，改革开放的持续推进，也让中国以更为主动和积极的姿态加入各种国际性事务中，并积极参与和签署多个与自然保护相关的国际公约，其中包括1992年加入《湿地公约》。

1992年1月3日，国务院决定我国加入《湿地公约》，明确由林业部负责组织、协调执行该公约的具体事宜。《湿地公约》于1992年7月31日对中国生效，适用于香港、澳门特别行政区。此后，林业部采取一系列卓有成效的举措有效推进中国湿地保护起步阶段各项工作。

关于我国政府加入及后续履约工作的开展情况，本书第五篇将有详细的叙述。不可否认的是，如果回顾中国湿地保护事业的起步，开放中国的时代背景和加入国际公约的高起点，是推动中国湿地保护事业从无到有的重要契机和关键驱动。加入《湿地公约》的同时，在我国国务院文件中第一次出现“湿地”两个字，这意味着中国将承担国际义务，从国家层面制定政策、采取措施，切实保护湿地和候鸟。

为摸清我国湿地资源本底状况，1994年9月，林业部办公厅印发《关于开展湿地资源调查的通知》，启动了全国首次湿地资源调

晨雾中的白鹤（摄影：陈建伟）

查，并于1995年4月成立林业部湿地资源监测中心，设在林业部规划院。此次调查起调面积为100公顷，主要方法是收集资料，部分区域使用了遥感资料进行核实。2003年国务院新闻办公室正式发布调查成果，全国的湿地资源面积为3848.55万公顷（不包括水稻田湿地）。其中，自然湿地共3620.05万公顷，占国土面积的3.77%。

为了更好地开展国内湿地的保护管理工作和履行《湿地公约》，以及开展国际合作，1998年，国家林业局在保护司设立了湿地保护处，除了负责国际履约工作，还需要协调全国湿地保护工作的开展。作为一个内设机构，湿地保护处并非中央机构编制委员会办公室（简称中编办）正式批准设立的，在业务上更多的是配合保护司协同开展工作，人员也都是外部借调而来。当时还在林业部规划院工作的鲍达明、肖红和在中国野生动物保护协会工作的刘平，便被借调过来湿地保护处开展相关工作。这些第一批湿地保护处的工作人员，之前大多是因为联合国开发计划署的全球环境基金项目踏入湿地保护的行业。而这一次借调，既是中国湿地保护进入正规化管理的见证者，也成为他们个人职业生涯的一个关键的定型点。

1999年12月，在联合国开发计划署和湿地国际的支持下，林业部启动了为期9年的全球环境基金（GEF）“中国湿地生物多样性保护与可持续利用项目”，赠款资金总额达1200万美元，是当时中国湿地保护领域执行的最大国际合作项目。项目启动实施不仅给我国湿地保护工作带来了宝贵的资金，更重要的是带来了国际上湿地保护与管理方面的先进经验、技术和理念。项目持续时间之长、成果之丰硕、影响之深远，都将为我国湿地保护历史留下浓墨重彩的一章。

岳阳会议，升起中国湿地保护的旗帜

1994年12月初，一个北京萧瑟清寒的冬日，伴随着“呜——”的一声长鸣，一列绿皮火车从北京西站缓缓开出。这列火车有一节特殊的车厢，正载着林业部、外交部、国家教育委员会、国家科学技术委员会、财政部、农业部、国家环境保护局、国家海洋局等14个部委和有关部门代表驶向我国第二大淡水湖洞庭湖的湖滨——岳阳。与此同时，来自各研究机构和大专院校的专家、学者，地方省（自治区、直辖市）相关部门代表，也正从各地出发，为了一个共同的目的——湿地保护。

很多人在踏上这列绿皮火车之前，不要说没有参与过湿地工作，连湿地的概念都没弄明白。有位个性爽朗的代表就说：“湿地湿地，不就是那些筋筋洼洼的水荡荡么！”话音刚落，引起车厢里一片笑声。这些稀松平常，平时不为人所关注的“水荡荡”，到底有什么魅力让这么多部门和专家兴师动众呢？

1994年12月13日开幕的首届“中国湿地保护研讨会”共持续5天，汇聚了全国各相关领域包括国际专家共计148人，是中国历史上第一次以湿地保护为主题的全国性的高端行业研讨会。14个部委，以及地方各省（自治区、直辖市）林业部门和科研机构均派代表参加，还邀请了来自世界自然基金会、亚洲湿地局、联合国开发计划署、《湿地公约》秘书处、欧洲联盟、世界鹤类基金会等6个国际组织和美国、日本的专家代表参会。

彼时，中国已经加入《湿地公约》2年多，不仅内设了专业部门，提名了首批国际重要湿地，国内也已建立132处湿地自然保护区，总面积3700多万公顷，对保护自然资源、助力野生动植物的繁衍、保存生物多样性、促进地方经济的发展等发挥了重要作用。但是，中国是一个泱泱大国，湿地事业的全面、有效开展，还面临着认识不到位、研究不深入、方法不科学、人才极度短缺等问题。更重要的是，湿地作为水陆过渡地带，生物多样性集中，生态服务功能独特而丰富，因此湿地和国计民生密切相关。湿地保护，是牵涉有效保护和合理开发利用乃至经济发展之间关系的复杂问题，必须多部门协同，从研究到实践全方位系统部署。

此次研讨会的主持人，时任林业部野生动植物保护司司长甄仁德说，此次会议的目的就是要引起各界对湿地保护的关注，讨论存在的问题和解决方法，并交流成果和经验，研究下一步的工作路线和重点。在会议上，林业部起草的《中国湿地保护行动计划》（提纲）得到了讨论和修订，并确定了中国湿地保护的五大工作重点：一是抓紧编制完成《中国湿地保护行动计划》，它将成为今后我国湿地保护的行动指南；二是加强各部门在湿地保护和管理方面的沟通和合作，提升认识、协同行动；三是加强湿地自然保护区的划建、湿地资源调查、公布优先保护名录等工作；四是加强科学研究，认识保护和科学发展的关系，同时加强对外合作交流，吸收国际经验，争取技术和资金支持；五是有计划地开展

林业部代表与亚洲湿地局代表签署合作备忘录

岳阳会议论文集封面

湿地保护宣传教育工作，提升全民族的湿地保护意识。

这次岳阳会议，在我国湿地事业刚刚起步的时刻，鼓舞了勇于探索的先行者、凝聚了人心、明确了前行的方向和路径，也为日后湿地保护系统、深入、全面的展开奠定了基础，成为我国湿地事业起步阶段的里程碑。

冬日的洞庭湖畔，每年都会迎来10余万只候鸟在此栖息，它们或在浅滩闲庭漫步，或在水面游弋起舞，有的在湖畔舒展双翅，秀出曼妙的身姿，有的纵身跃入水底，展现惊人的泳技。与会代表们望着眼前灵动而唯美的画面，感慨万千。从这一天开始，这个中国第二大湖泊，又增添了一份新的内涵和价值：它不仅是孕育华夏文化、养育亿万沿江人民的摇篮，无数文人墨客停留和慨叹自然的地方，也是千万年来无数候鸟南来北往迁徙路径上最重要的越冬地之一，是人与自然共同的家园。这个亘古以来就铺展在此的湖泊，在夕阳光影的映照下熠熠生辉。而“湿地”的概念，让它激励着人们对全新事业的期待和憧憬，更默默守护并祝福着以此为生的万千生灵幸福平安的未来。

1994年的岳阳会议，真正升起了中国湿地保护事业的旗帜。不仅各部门统一了认识，达成了共识，以当时林业部主导的相关工作也正式迈入了正轨。不久后，作为中国湿地保护事业最早实践的机构，林业调查规划院正式向林业部提出申请成立专门的机构，1995年4月，林业部正式批复了该请求，同意林业部林业调查规划院成立处级建制的湿地资源监测中心，与森林环境和野生动物监测中心一个班子，两块牌子，协同开展工作。

岳阳会议后，中国的湿地保护和管理工作逐渐朝着规范化、专业化的方向发展。2000年，国务院17个部门联合颁布《中国湿地保护行动计划》。2003年，经过8年的努力，我国完成了首次全国湿地资源调查，初步掌握了全国湿地资源的类型、位置、面积、保护管理等情况。2004年，《国务院办公厅关于加强湿地保护管理的通知》中要求各级政府将湿地保护作为改善生态的重要任务来抓。2005年，国务院批准《全国湿地保护工程实施规划（2005—2010年）》，明确了湿地保护、恢复、可持续利用等工程建设和能

月亮湾的黑颈鹤（摄影：陈建伟）

力建设项目的目标及任务；同年，在第九届缔约方大会上，我国当选为《湿地公约》常务委员会成员国和财务小组成员。2006年，国家把湿地保护列入国民经济和社会发展“十一五”规划，并启动了湿地保护工程。2007年，中编办批准成立国家林业局湿地保护管理中心（中华人民共和国国际湿地公约履约办公室），专门负责组织、协调、监督、指导全国湿地保护工作。

中编办批准国家林业局成立湿地保护管理中心

国家林业局保护司湿地保护处成立后，国内的湿地保护工作和国际履约工作得到了稳步的推进。各地抢救性地建立了包括湿地自然保护区、保护小区在内的各类湿地自然保护地。2005年2月2日，国家林业局批准杭州西溪湿地正式开展国家湿地公园的试点工作，为湿地的有效保护，特别是如何寻求平衡保护和合理利用关系开拓了全新的路径，部分省份还成立了湿地保护管理机构。但是，当时的湿地保护处仅仅是保护司的一个内设机构，并不具

备从国家层面开展湿地行业管理的行政职能，这使得很多工作的开展缺乏系统性、规范性和专业性，国家层面也很难实现协同和提升，湿地被侵占和破坏的现象依然严峻。没有行业行政管理机构，没有湿地相关的制度法规，没有法律意义上对湿地这一土地利用类型的准确界定，这些现实的问题，都已经到了必须解决的关键点。成立国家层面的行业管理机构，是国家层面开展湿地保护工作的必然选择，是《湿地公约》履约的客观需求，也将是中国从国家层面开展湿地保护工作的真正意义的起点。

为了更好地开展国内的湿地保护工作和履行国际《湿地公约》的责任，中编办拟成立国家层面的湿地保护管理机构，但是，这个机构放在哪个部门合适呢？经过近10年的工作开展，湿地作为一个专业概念已经得到各方的充分认同，更重要的是，湿地的类型多元，功能复合，资源丰饶，从定义上看，在土地利用类型上和多个部门都有交叉，在管理中又往往涉及保护和发展的平衡问题，日益成为各个行业关注，甚至成为希望纳入自身管理体系的一种战略性资源。

根据《湿地公约》中湿地所指的范畴“不问其为天然或人工、

巴音布鲁克湿地（摄影：陈建伟）

长久或暂时之沼泽地、湿原、泥炭地或水域地带，带有或静止或流动，或为淡水、半咸水或咸水水体者，包括低潮时水深不超过6米的水域”，以及《湿地公约》缔约的目的，可见其相关工作涉及林业、农业、环保、水利、外交等多个部门，且这些部门也都有积极的意愿来承担此事。经过多方论证并慎重研究，最终，国务院将这个机构设置在了国家林业局。

为什么是国家林业局？主要考量因素可能包括三点：①1992年，中国加入《湿地公约》，即明确由当时的林业部牵头负责组织、协调整个履约工作；②《湿地公约》的全称是《关于特别是作为水禽栖息地的国际重要湿地公约》，其工作重点之一就是针对水禽栖息地的国际重要湿地的保护，而水禽属于鸟类，鸟类又属于野生动物，这些都属于当时林业的职责管辖范围；③虽然湿地的类型复杂多样，但根据全国第一次湿地资源调查，当时国内湿地总面积中的大部分原本就属于林业的管辖范围。

2005年8月，中编办正式签发《关于国家林业局成立湿地保护管理机构的批复》，随后国家林业局发布《国家林业局关于成立国家林业局湿地保护管理中心（中华人民共和国国际湿地公约履约办公室）的通知》，并明确其职责为承担组织、协调全国湿地保护和有关国际公约履约的具体工作，主要职责是组织起草湿地保护的法律法规，研究拟订湿地保护的有关技术标准和规范，拟订全国性、区域性湿地保护规划，并组织实施；组织实施全国湿地资源调查、动态监测和统计；组织实施建立湿地保护小区、湿地公园等保护管理工作；对外代表中华人民共和国开展《湿地公约》的履约工作；开展有关湿地保护的国际合作工作。

自此，国家林业局正式接过了我国湿地保护和管理工作，以及《湿地公约》履约工作的大旗，并让其在华夏大地上飞扬起来。

国家林业局湿地保护管理中心

湿地中心的全称是“国家林业局湿地保护管理中心（中华人民共和国国际湿地公约履约办公室）”，一个机构、一个团队、两个名称、共同的职责。为什么会有这样的设置考虑呢？这是由其独特的对内、对外职责和功能属性决定的。

“国家林业局湿地保护管理中心”主要针对国内湿地保护相关的行政管理和组织、协调等具体工作，包括：组织起草湿地保护的法律法规，研究拟订湿地保护的有关技术标准和规范，拟订全国性、区域性湿地保护规划，并组织实施；组织实施全国湿地资源调查、动态监测和统计；组织实施建立湿地保护小区、湿地公园等保护管理工作等。

“中华人民共和国国际湿地公约履约办公室”则主要面向国际社会，开展《湿地公约》履约的具体工作，包括：对外代表中华人民共和国开展《湿地公约》的履约工作；开展有关湿地保护的国际合作工作等。

1.3 初创：从无到有恰天地人和

团队组建，从无到有的初创岁月

本书编写时，当年最早加入湿地中心管理团队的初创人员之一——严承高已经担任国家林业和草原局保护地司副司长。当时，他还在国家林业局调查规划院工作，主要负责GEF基金的湿地保护相关项目，得知计划成立湿地中心的消息，他积极准备，并通过2006年竞争上岗成为湿地中心副主任，在等待报到的过程中，他已经开始在国家林业局保护司参与一些履约方面的工作，也是从这时开始，严承高和一直在保护司湿地保护处从事湿地管理工作的鲍达明在工作上有了深度交集。

2007年除夕，温暖的阳光穿透冬日的寒冷，洒落在首都机场的滑翔道上。作为中国代表团的一员从日内瓦参加完《湿地公约》常务委员会会议，严承高回国的航班刚落地，就收到了同事发来的信息：国家林业局关于马广仁同志担任新成立的湿地中心主任的文件已经正式印发。这也意味着，湿地中心作为国家层面湿地工作的行政管理机构，其工作将正式启动。欣喜于未来将在湿地保护事业上携手并进的伙伴终于出现了，严承高马上给马广仁打了电话，祝贺这位新上任的领导和同事，接下来的十年，他们将一起在中国湿地保护事业的发展道路上披荆斩棘。寒暄了几句，彼此介绍了各自的情况，便决定先好好陪家人过年，年后出来见面聚聚、聊聊。当然，要叫上已经在湿地事业辛勤耕耘了快10年的鲍达明！

大年初三的下午，马广仁如约前往亚运村的一家咖啡馆，一进门就看见了已经提前抵达的严承高和鲍达明。马广仁赶紧走过去，三人激动地握着手，互道“新年好”。这是湿地中心初创的核心团队第一次正式会晤，他们将从这里开始一笔一笔绘制湿地中心未来的工作思路，以及中国湿地保护事业未来的蓝图。

坐定之后，马广仁开门见山，他说自己之前在国家林业局林业工作总站工作，刚刚接到赴任湿地中心的调令，对湿地行业的现状和面临的问题，以及湿地中心未来的工作方向，都还没有特别清晰的想法。他邀请两位在工作领域上比自己更早踏入“湿地”的同事分享自己的看法，也在聆听的过程中不断思考，并和大家一起商量要怎么开始启动这个全新的机构。

除了各自畅谈对行业发展背景和现状的洞察，以及包括履约工作情况、湿地保护管理工作、湿地资源调查、湿地保护工程实施规划等具体的工作内容的进展和设想，三人就接下来最紧迫且艰巨的任务展开了深入讨论，例如，去哪里找人，如何申请办公室、从哪里开始开展工作、怎样申请资金……一件都不能落下。一不留神，夜已经深了。

湿地中心成立时批复设立正式编制15个人，但组建团队，要找到懂专业、能上手的人员谈何容易，特别是在“湿地”这样一

上海九段沙湿地国家级自然保护区

个当时对很多人来说都是陌生的专业和工作领域。湿地中心成立前，国内的湿地保护和国际履约工作均是由保护司内设的湿地保护处负责的。一直在保护司湿地处工作的鲍达明处长、肖红副处长、刘平三个人既是相关专业出身，又有相关的工作经验，如果他们能够来到湿地中心，必然能为相关工作开展快速打开局面。因此，当讨论到原湿地保护处的3位工作人员的去处时，马广仁毫不迟疑地一口应承下来。随后，马广仁的老部下，时任国家林业局林业工作总站的办公室主任邓侃看着老领导孤身开创新事业，也主动申请加入了团队。接下来，国家林业局保护区处的王隆富正式调入湿地中心。这样，中心团队7个人的初创格局就形成了。再后来，林业工作总站林权处的王福田等同志又陆续加入，湿地中心的队伍不断得到壮大。

团队组建了，办公室却还没有落实，马广仁开玩笑地形容当时的情况是“房无一间，地无一垄”。开始阶段，大家只能在自己原先的办公室临时办公：马广仁和邓侃分别在林业工作总站的901室、907室办公，严承高在林业调查规划设计院的301室，鲍达明、肖红和刘平还是在原来湿地保护处的523室办公。大部分日常工作大家通过电话沟通，有重要的事项讨论就聚在主楼901室开会商量。当时，还没有现在的网络视频会议，大部分文件也都是纸质形式，对于这种“远距离办公”，大家克服了很多困难。过了快半年，马广仁向国家林业局申请，将原来11楼的图书资料室分配给湿地中心的团队使用，湿地中心终于有了可以集中办公和讨论议事的空间。再后来，又增加了主楼101主任办公室和主楼102、103、201三间办公室。这样，湿地中心终于拥有了分工明晰、功能完备的办公场所。

2007年夏天，湿地中心成立以来的第一次全体人员整建制工作会议召开。会议中基本确定了湿地中心的团队架构和部门职责，湿地中心由马广仁任主任，严承高任副主任，下设3个处。保护管理处（综合处），邓侃任处长，王隆富任副处长；调查规划处，鲍达明任处长，带领刘平一起开展工作；国际履约处由肖红任副处长。会议确定中心建立初期的两项主要工作：一是部门机构的

上海九段沙湿地国家级自然保护区

“基础设施建设”，包括单位注册、登记、开户、制章、办公软硬件、运营经费等条件的筹措酝酿和逐步到位，由综合处牵头负责。另一块则是业务工作，包括湿地立法、湿地资源调查、湿地保护项目规划实施、《湿地公约》履约等，分别由3个处分工合作，共同推进。此后，部门运营经费很快落实，按照《全国湿地保护工程规划（2002—2030年）》，启动了“十一五”规划的编制以及2008年第二次全国湿地资源调查等工作，全面推动国家湿地公园工作……

湿地中心初创的日子里，在大家共同的努力下，攻坚克难，最终天时（湿地中心正式成立）、地利（办公场地）、人和（团队），湿地中心的工作也慢慢步入正轨，一切都逐渐按照团队共同设定的目标和战略，有序推进起来。

机构注册和制章，国徽公章承载的庄严和光荣

作为综合处的处长，邓侃理所当然地担当起机构成立之后的各项行政工作。为了推动湿地中心工作的顺利启动和开展，时任国家林业局保护司司长的卓榕生同志从中国野生动物保护协会专款中拨出140万元作为湿地中心的开办费用。经费划拨下来后，邓

侃第一时间前往国家事业单位管理局办理事业单位的登记注册，到国家标准局办理机构代码申报和登记，并到银行办理新单位的开户手续。因为有之前在林业工作总站担任办公室主任的经验，这些看似繁杂琐碎的行政工作，邓侃倒是大部分都能驾轻就熟，他思路清晰，办事及时高效。但是，最后到刻制公章的环节，却有一段意料不到的经历。

根据惯例，各部委及下设机构的公章都是到北京市公安局申请制印。邓侃循例拿着中编办的正式批文，来到位于德胜门的北京市公安局。湿地中心有对内对外两个正式的名称，当然也要申请两个公章，另外，还要制作一枚单位的财务章。邓侃把早已准备好的相关批文和制印申请从窗口递进去，公安局的同志接过资

内蒙古巴润查干淖尔湿地（摄影：陈建伟）

料，细细研读，又反复和同事沟通、确认，过了好一会儿，才对邓侃说："同志，您这个情况比较特殊。'国家林业局湿地保护管理中心'和财务章，我们刻好后会电话通知您来领取。'中华人民共和国国际湿地公约履约办公室'这个章，我们这里无权刻制。"

无权刻制？什么情况？"为什么无权刻制？"邓侃赶紧追问。

公安局的同志将文件放在桌子上，手指"中华人民共和国国际湿地公约履约办公室"的名称说："您这机构名称比较特殊，前面写着'中华人民共和国'，说明这个章代表的是国家身份。另外，印章上是有国徽标志的，这类公章只能由国家专门部门刻制。"

西藏定日县岗嘎湿地（摄影：陈建伟）

“那我们应该找哪个部门申请呢？”邓侃接着问。

“这个我还真不知道，第一次遇到这种情况。”公安同志抱歉地回答。

邓侃回到办公室，开始了取经过程：先后咨询了局办公室、濒危物种进出口管理办公室（简称濒管办），最后到国务院办公厅，终于搞清楚了申请“路线”。

邓侃向马广仁主任汇报了“中华人民共和国国际湿地公约履约办公室”机构公章的特殊性和申报流程，随后湿地中心通过局办公室向国务院办公厅特别提交申请报告，汇报履约办公室已经正式成立，为依法依规履行职责，申请配制公章。

一个月后，邓侃接到了国务院办公厅的电话。

“邓侃同志吗？”

“是。”

“这里是国务院办公厅，请您明天来中南海西门里面的办公室领公章。”

第二天，邓侃来到中南海，警卫得知是来领公章的，直接放行。他走进位于中南海西门南侧平房里的办公室，找到了对接的同志。对方从柜子里取出一个资料袋，把刻好的公章、钢印、印模一件一件取出来给邓侃复核、检查，确保内容没有错误。国务院办公厅同志特别解释说，这种带有国徽的公章只有在中国人民银行指定的造币厂才能刻制。更让邓侃意外的是，当他询问制章的费用时，被告知流程如此特殊复杂的这枚庄严高贵的公章，居然不收费！

迈出中南海的院门，紧紧揣着怀中的档案袋，邓侃的心情久久不能平复。此刻，他手中这枚带着庄严国徽的公章，让他又一次深刻而强烈地感受到，自己眼前未来的事业，代表着国家形象，肩负着行业责任，承载着众人寄望，是多么的重要，多么的不容懈怠，多么的伟大又光荣！此时，太阳已经西斜，但邓侃只想如飞鸟一般马上回到和平里东街的办公室，和团队的伙伴们分享这一刻的激动和感怀。

一切就绪，让我们启航吧！

甘肃多坝沟（摄影：陈建伟）

第二篇

行而不辍

——湿地保护管理工作有序推进

湿地保护红线：

全国湿地面积不少于8亿亩。

2.1 从无到有：“中央一号文件”首现“湿地”一词

2007年10月，刚刚履新的国家林业局湿地中心主任马广仁受邀参加在四川九寨沟举办的“联合国开发计划署全球环境基金中国湿地生物多样性保护与可持续利用项目指导委员会第九次会议暨三方审评会”。作为负责这个具有国际性影响的国家湿地保护项目工作的主任，马广仁在会前就做了充分的准备，不仅把项目的背景、目标和战略都熟记于心，也想借这个机会，好好向同行的专家们学习，同时也和同行的其他部门领导们多多交流。毕竟湿地中心刚刚成立，湿地保护事业对整个中国政府来说都是新兴事物，很多干部连湿地是什么、为什么要保护湿地都不理解。开展领导干部的湿地科普，这可是推动未来工作的关键任务之一。

会议选在九寨沟国家级自然保护区召开，是因为这里的沼泽湿地是国家重要湿地，无论在资源的独特性、稀缺性，保护工作的重要性、专业性，都具有国家层面的示范和代表价值，兼有生态保护、科学研究和美学价值。九寨沟位于四川省西北部阿坝藏族羌族自治州，地处青藏高原东南边缘，长江水系嘉陵江上游，是嘉陵江支流白水江的源头之一，分布着众多地质遗迹钙化湖泊、瀑布、滩流、雪山、岩溶水系统和原始森林，其中，众多湖泊、河流、高山湿地、高原沼泽、灌丛等属于湿地类型，共有108个高山湖泊呈串珠状排列，既形成了九寨沟闻名世界的独特地质景观，也共同形成了我国特有的高原沼泽湿地，也是青藏高原高寒湿地生态型的典型代表。

会议议程饱满而丰富，来自黑龙江、江苏、湖南、四川、甘肃等省的项目代表分别介绍了项目在各省的进展情况，与会人员

九寨沟（摄影：俞肖剑）

共同讨论了项目执行中遇到的问题和下一步工作安排。会议期间，不仅安排了考察九寨沟的独特地质和沼泽湿地景观，还安排了赴若尔盖湿地考察高原泥炭湿地的保护情况。

这是一次饱览中国湿地魅力的收获之旅，一同参会的还有国务院农村工作小组、财政部、水利部、环境保护总局、海洋局、全国人民代表大会环境与资源保护委员会（简称人大环资委）等部门的相关负责人。联合国开发计划署（UNDP）、湿地国际中国办事处、GEF项目办的代表也都参与了会议。大家对沿途所见所闻的独特湿地景观、丰富的生物多样性和各项目介绍的湿地所提供的丰富的生态服务功能大开眼界，并赞叹不已。

与马广仁同车考察的国务院农村工作小组的同志，一直负责农村发展相关的政策制定，他知道在我国农村地区，特别是偏远地区，这样的“湿地”其实很多，但是以前大家并不重视，甚至将其视为荒地。此行的见闻让他既兴奋又吃惊，忍不住一再追问，到底什么是湿地，它和一般的水田、河流、湖泊有什么关系或区别。马广仁虽然到任不久，但是这个问题他早已熟稔于心，他回答道：“根据国际上的权威定义，不问其为天然或人工、长久或暂时的沼泽地、泥炭地或水域地带，带有静止或流动的淡水、半咸水或咸水水体，包括低潮时水深不超过6米的水域。所以，从科学角度来说，您刚才说的这些都属于湿地，不仅如此，近海区域、高原沼泽、水库鱼塘，只要满足上述条件，都是湿地。湿地可是一个有很大包容性的概念，您说它重不重要？”

四川九寨沟国家级自然保护区

考察的路程并不轻松，在川渝山地间穿梭的路上，他们一直在热烈地讨论：为什么全世界都那么关注湿地？湿地怎么发挥它的生态服务功能？要怎么有效地保护湿地……从《湿地公约》的签订到中国政府成为缔约方的过程，从湿地的概念、湿地的功能到价值，从国际重要湿地的提名到第一次全国湿地资源调查所反映的情况和问题，马广仁如数家珍，又结合沿途看到的高原湿地胜景现身说法，一切都是那么的富有感染力和说服力。

聊着聊着，马广仁也道出了心中的一个困惑："您看，别说您不熟悉，我也是刚刚到这个新成立的机构，刚开始埋头学习。但是不学不知道，湿地的门道那么深，对我们的生态环境这么重要，又受到国际社会的高度关注，湿地工作真的是一件既重要又紧迫的大事——我们国家这些年为了湿地保护花了这么大的力气、做了这么多的工作，也得到了国际社会的认可，但是反观国内，确实知道、了解湿地的人太少了，部门之间的交流合作更是不够。怎么样才能让湿地保护的理念得到更多人的关注和重视呢？"

这位同志点头表示同意："您提的这个很关键。以前，我到各地考察农村发展和建设，看到哪里都有湿地，但是没有人重视。这次参加这个会议，真的给我上了一课，把湿地保护好，不仅仅是解决了生态环境方面的问题，还解决了供水、防洪、农业等各种民生问题。如果加以合理利用，湿地又是很好的旅游资源，而且保护好湿地还能提升中国的国际声誉，这可马虎不得。"

马广仁接着说："可不是吗？越是在广大的农村地区、偏远地区，湿地越多，保护的重要性的普及度越低。特别是若尔盖湿地，再不实施抢救性保护，真的就来不及了。多么好的高原泥炭湿地啊，消失了就永远也补救不回来了。"他顿了顿，继续说，"咱们有没有可能在农业的相关政策文件中提一提湿地，一步一步让大家开始了解和重视这个问题？我们能不能把'湿地保护'四个字写进中央一号文件中呢？这样，也能体现国家对湿地保护工作的关注和重视。"

"这个可以试一试，确实很有必要。"两人愉快地达成了共识。

这么难的事儿，就在沟通交流中出现了机遇，这让马广仁又惊又喜，没有想到自己和整个团队一直在努力想要实现的突破，在这次出差考察的过程中突然有了转机。虽然最后的结果还不确定，但是一路上大家耐心地倾听、真诚地认可和热心地出谋划策，给了他很大的鼓舞，这就是好的开始。接下来的一两个月，马广仁时不时地想起这件事，也在期待和忐忑中等待着2008年“中央一号文件”的下达。

2008年1月30日，“中央一号文件”《中共中央、国务院关于切实加强农业基础建设进一步促进农业发展农民增收的若干意见》如期发布。让马广仁喜出望外的是，在文件中真的看到了“湿地”一词！在第三部分“突出抓好农业基础设施建设”的第（六）条中明确写道“加强湿地保护，促进生态自我修复。”

中央一号文件

“中央一号文件”，顾名思义就是中共中央、国务院每年发布的第一份文件，通常在元旦前后发布。1949年10月1日，中华人民共和国中央人民政府开始发布《第一号文件》，中共中央在1982年至1986年连续5年发布以农业、农村和农民为主题的“中央一号文件”，对农村改革和农业发展作出具体部署。2004年至2022年又连续19年发布以“三农”（农业、农村、农民）为主题的“中央一号文件”，强调了“三农”问题在中国社会主义现代化时期“重中之重”的地位。目前，“中央一号文件”已经成为中共中央、国务院重视农村问题的专有名词。

中共中央国务院关于
2009年促进农业稳定发展
农民持续增收的若干意见
（2008年12月31日）
人民出版社

重大政策

2008年，“中央一号文件”明确“加强湿地保护，促进生态自我修复”；

2009年，“中央一号文件”明确“启动湿地生态效益补偿试点”；

2010年，“中央一号文件”明确湿地保护与恢复是重点林业生态工程建设的内容；

2011年，“中央一号文件”明确“加强重要生态保护区、水源涵养区、江河源头区、湿地的保护”；

2012年，“中央一号文件”明确“研究建立公益林补偿标准动态调整机制，进一步加大湿地保护力度”；

2013年，“中央一号文件”要求“增加湿地保护投入”；

2014年，“中央一号文件”提出“完善森林、草原、湿地、水土保持等生态补偿制度”“开展湿地生态效益补偿和退耕还湿试点”；

2015年，“中央一号文件”要求“实施湿地生态效益补偿、湿地保护奖励试点”“建立健全最严格的湿地保护制度”；

2016年，“中央一号文件”要求实施湿地保护与恢复工程，开展退耕还湿，编制实施耕地、草原、河湖休养生息规划；

2017年，“中央一号文件”明确“实施湿地保护修复工作”。

虽然只是两个字，但是对于马广仁和团队而言，对于刚刚成立不到一年的湿地中心而言，这是一个里程碑式的时刻，他们激动地看到，“湿地”两个字终于第一次登上了国家的重要政策性文件，这不仅体现了党中央、国务院对湿地保护和管理工作的重视，更是对湿地保护工作未来开展和持续深化最有力的支持。从湿地展望的角度，这是一次极其重要的突破，具有里程碑性质。

2009年，“中央一号文件”第十四条关于“推进生态重点工程建设”的内容中明确写道：“提高中央财政森林生态效益补偿标准，启动草原、湿地、水土保持等生态效益补偿试点。”2010年，“中央一号文件”在“构筑牢固的生态安全屏障”部分进一步明确了“湿地保护与恢复”是林业生态工程建设的重点内容。2011年的“中央一号文件”在“搞好水土保持和水生态保护”部分提出“加强重要生态保护区、水源涵养区、江河源头区、湿地的保护。”2012年，“中央一号文件”在3处提及湿地相关内容，分别是：在第一部分“加大投入强度和工作力度，持续推动农业稳定发展”中提到“研究建立公益林补偿标准动态调整机制，进一步加大湿地保护力度”；在第四部分“全面加快水利基础设施建设”中提到“加强重要生态保护区、水源涵养区、江河源头区、湿地的保护”；在第六部分“改进农村公共服务机制，积极推进城乡公共资源均衡配置”中提到“加强国家木材战略储备基地和林区基础设施建设，提高中央财政国家级公益林补偿标准，增加湿地保护投入，完善林木良种、造林、森林抚育等林业补贴政策，积极发展林下经济。”此后，历年“中央一号文件”中都有提及与湿地保护和管理相关的内容，并且涉及的内容越来越具体，也更加提纲挈领地指出了湿地保护工作在国家层面工作部署中的地位和重点内容，和农业及其他相关部门工作的互相结合以及彼此的工作支撑。

2.2 规矩与方圆：湿地保护与管理的制度建设

推动湿地保护纳入国家规划

谈到我国湿地管理工作从小到大、从弱到强，从起步到逐渐走向规范化、制度化和科学化的过程，最有感触的莫过于时任国家林业和草原局湿地管理司副司长鲍达明。在他20多年的职业生涯中，经历了3次湿地保护管理机构的改革。最早在20世纪90年代，湿地保护的国际合作开始，国家林业局负责牵头在中国执行UNDP-GEF中国湿地保护与可持续利用示范项目，他作为工作人员参与了这个项目。通过国际合作和交流，不仅引入了对当时湿地保护事业至关重要的资金，更重要的是引入了很多国际先进的湿地保护和管理科学理念，比如，自然恢复少干预、湿地监测、合理利用等理念。也正是在这个项目执行和开展过程中，中国政府意识到我国的湿地保护与国际先进水平之间还存在明显的差距，有很多理念和方法上的不足，都需要提升或改进。

为此，在原国家林业局野生动植物保护司临时设置了国际湿地公约履约办公室，国内叫“湿地保护处”，专门负责湿地方面的相关工作，最初只有3个人。当时，我国政府对湿地保护是重视的，而且中国科学院等单位在科学研究方面也积累了一定基础，河湖库水污染防治也有相关法律，只是没有从湿地生态系统的角度综合考虑其多方面的生态功能并加以有效管理和保护恢复。

2007年，在国家林业局党组、局长、分管副局长的高度关注和大力支持下，国家林业局湿地保护管理中心正式成立，加挂“中华人民共和国国际湿地公约履约办公室”的牌子，设15个编制，人员逐步到位。先后有袁继明副主任、程良巡视员、李琰副主任、王隆富、王福田、闫晓红、肖红、姬文元、方艳、胡昕欣、关东明、刘平、俞楠、赵忠明到湿地中心工作，团队壮大了，分工也更精细。特别是2008年国务院三定方案发生变化，之前国家林业局负责指导协调全国湿地保护管理和《湿地公约》履约工作，后变为“组织协调指导监督”全国湿地保护管理和履约工作。这样机构职能大大加强，从而有力地推动了全国湿地保护管理工作，可以实现工程规划、调查监测、宣传教育、国际合作的大发展，从理念和体制机制上全面强化了全国的湿地保护和管理工作。也因为这样扎实的工作积累和成绩，才为后来国务院机构改革、国家林业和草原局正式设立湿地管理司（中华人民共和国国际湿地公约履约办公室）奠定了基础。

鲍达明感到最直观的变化是，刚从事湿地保护工作时，到各省份出差，连个专门对接湿地保护工作的部门都没有，当时大部分省份都是林业部门的野生动植物保护处安排一个人员兼职对接湿地保护管理的事，但这些同志往往也不明白湿地是什么，怎么管理湿地，工作对接起来并不容易。但是湿地中心成立之后，湿地保护和管理的工作明显得到从中央到地方的高度重视，25个省份先后设立了湿地保护管理的专门机构，专业从事湿地保护和管理相关工作的人超过5万人。他无论出差走到哪里，都能看到热情饱满、济济满堂的湿地工作队伍，而且每次都能看到很多新面孔，说明这个队伍还在不断地发展和壮大，这个事业正在蓬勃向上地发展，这让他感到由衷的欣慰和高兴。

国家林业局湿地保护管理中心的成立，很重要的一个政策背景是，2003年9月国务院批准《全国湿地保护工程规划（2002—2030年）》作为我国湿地保护长期规划，明确了我国湿地保护的近期、中远期目标。为此，“十一五”期间，国家批准《全国湿地保护工程实施规划（2005—2010年）》，在各地区、各部门安排实施了一大批湿地保护工程，全国湿地保护体系建设进一步完善，一批国际和国家重要湿地得到了抢救性的保护，湿地保护管理能力明显增强，湿地工程区的民生得到进一步改善，湿地保护和合

全国湿地保护

“十三五”实施规划

2017年3月

《全国湿地保护工程“十二五”实施规划》

《全国湿地保护“十三五”实施规划》

理利用的成功经验和做法得到推广，履行《湿地公约》国际义务的能力明显增强，我国的湿地保护事业取得了重大进展。

2011年正式审议通过并公布的《中华人民共和国国民经济和社会发展第十二个五年规划纲要》中，多处提到湿地保护相关内容，包括在“实施区域发展总体战略”部分，强调要在东北地区的振兴发展过程中“着力保护好黑土地、湿地、森林和草原”；在“促进生态保护和修复”部分，强调要在强化生态保护与治理工作中“保护好林草植被和河湖湿地”。

为落实《中华人民共和国国民经济和社会发展第十二个五年规划纲要》和《全国湿地保护工程规划（2002—2030年）》阶段目标，针对我国自然湿地数量减少、质量下降的趋势仍在继续，湿地生态系统仍面临着严重威胁的总体形势，“十二五”期间继续加大湿地保护力度，实施湿地保护与恢复工程，增强湿地保护管理能力建设仍显得十分紧迫。

由国家林业局、科学技术部、国土资源部、环境保护部、住房城乡建设部、水利部、农业部和国家海洋局等部门组成的规划编制小组，对各部门提交的湿地保护、恢复、合理利用以及保护管理能力等方面的优先项目进行了汇总、修改和完善，形成了《全国湿地保护工程“十二五”实施规划》。2012年8月4日，国务院批准了《全国湿地保护工程"十二五"实施规划》。该规划根据湿地保护长期规划的总体部署，以保护湿地资源、建设生态文明、促进经济社会可持续发展为总体目标，重点针对国际及国家重要湿地、自然保护区、湿地公园以及鸟类迁飞网络、对气候变化有重大影响的泥炭湿地以及跨流域、跨地区湿地实施保护和恢复工程，形成国家层次示范效果。同时，加大对科研、宣传、管理、培训能力建设，加大对湿地周边社区的扶持力度，开展湿地资源合理利用示范。同时，全面总结了"十一五"期间《全国湿地保护工程实施规划（2005—2010年）》执行和完成的总体情况，取得的成效，采取的主要做法和措施，以及存在的主要问题，并对"十二五"期间湿地保护工程实施的主要区域、重点任务，以及具体的湿地保护工程进行了详细的规划。《全国湿地保护工程实施规划（2005—2010年）》成为指导我国湿地保护和管理工作进一步走上专业化、系统化、规范化道路的重要阶段性指导文件。"十二五"期间，全国累计完成投资近70亿元，实施了1000多项中央财政湿地补贴和湿地保护工程项目，湿地保护设施设备得到进一步加强，退化湿地恢复面积达18万公顷，湿地保护管理能力得到有效提升。

此后，在国家重要政策和纲领性文件中，湿地保护的内容得

《全国湿地保护工程规划（2002—2030年）》

《全国湿地保护工程实施规划（2005—2010年）》

到进一步重视。在《推进生态文明建设规划纲要（2013—2020年）》中，“发展目标”部分明确提到“到2020年森林覆盖率达到23%以上，森林蓄积量达到150亿立方米以上，湿地保有量达到8亿亩以上，自然湿地保护率达到60%”，并在“生态红线保护行动”部分再次强调“湿地红线：全国湿地面积不少于8亿亩”。这是我国首次在政府规划文件中明确具体量化的湿地保护目标。

西藏那曲草原的泥沼（摄影：陈建伟）

而在国家环境保护部2016年编制印发的《全国生态保护"十三五"规划纲要》的"主要任务"中，也明确提出了"加快划定生态保护红线"。2017年2月7日由中共中央办公厅、国务院办公厅制定发布了《关于划定并严守生态保护红线的若干意见》。按照自上而下和自下而上相结合的原则，各省（自治区、直辖市）在科学评估的基础上划定生态保护红线，并落地到水流、森林、

山岭、草原、湿地、滩涂、海洋、荒漠、冰川等生态空间。《全国生态保护"十三五"规划纲要》在"保障措施"部分强调，要"推动加大风景名胜区、森林公园、湿地公园等保护力度，适度开发公众休闲、旅游观光、生态康养服务和产品，加快城乡绿道、郊野公园等城乡生态基础设施建设。"

为了确保生态红线等相关政策的要求得以充分体现和落实，2016年11月国务院办公厅批准并印发了《湿地保护修复制度方案》，对在全国范围如何科学、系统、持续、有效地推动和开展湿地保护工作进行了整体布局。此后，各省（自治区、直辖市）也相继出台了省级湿地保护修复制度实施方案，进一步加快推动了我国湿地保护与修复工作的制度建设，完善了理论方法体系，推动了相关工作的落地开展和有效的湿地保护恢复工作在全国范围内展开。

2017年3月28日，国家林业局、国家发展和改革委员会、财政部联合印发了《全国湿地保护"十三五"实施规划》，该规划全面贯彻落实党的十八大、十八届三中、四中、五中、六中全会精神，深入贯彻习近平总书记系列重要讲话精神，牢固树立创新、协调、绿色、开放、共享的新发展理念，以湿地全面保护为根本，以扩大湿地面积、增强湿地生态功能、保护生物多样性为目标，以自然湿地保护与生态修复为抓手，加大湿地保护力度，提高我国湿地保护管理能力，维护湿地生态系统健康和安全，促进我国经济社会可持续发展，为建设美丽中国和实现中华民族伟大复兴的中国梦提供更好的生态条件。

该规划主要目标是，到2020年，全国湿地面积不低于8亿亩[①]，湿地保护率达50%以上，恢复退化湿地14万公顷，新增湿地面积20万公顷（含退耕还湿），建立比较完善的湿地保护体系、科普宣教体系和监测评估体系，明显提高湿地保护管理能力，增强湿地生态系统的自然性、完整性和稳定性。

该规划建设内容主要包括全面保护与恢复湿地、重点工程、可持续利用示范和能力建设等四个方面。该规划设置了"十三五"期间湿地保有量任务表，把全国湿地面积分解落实到各省（自治

① 1亩=1/15公顷。

区、直辖市），明确了湿地保护的硬任务。该规划的实施为推进实现“十三五”湿地保护目标任务提供了有力抓手。

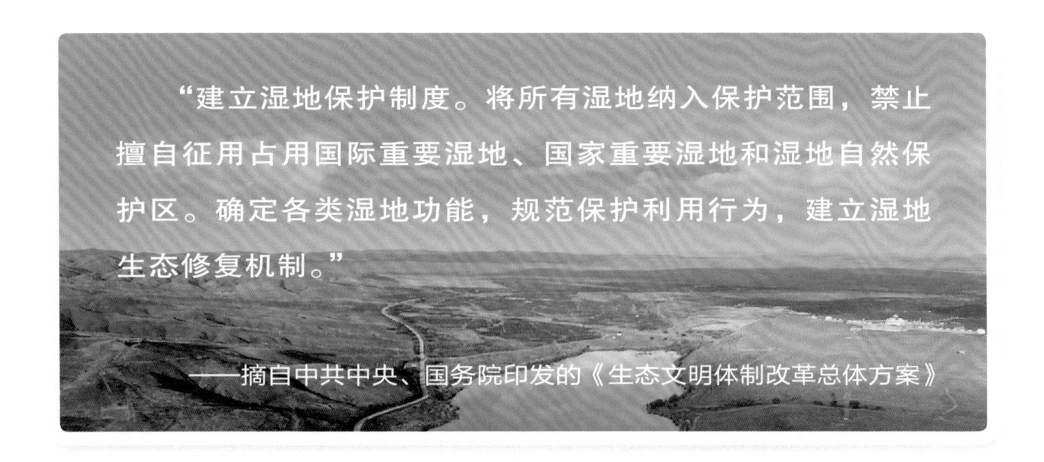

推进制定出台《湿地保护修复制度方案》

党中央、国务院高度重视湿地保护工作，特别是党的十八大以来，就湿地保护作出了一系列决策部署。《中共中央国务院关于印发〈生态文明体制改革总体方案〉的通知》提出了“建立湿地保护制度”的改革任务。中央全面深化改革领导小组2016年工作要点明确，国家林业局牵头组织编制《湿地保护修复制度方案》（以下简称《制度方案》），上报国务院审定。具体任务由湿地中心承担。

国家林业局高度重视，把此项工作列为2016年重点工作，由湿地中心牵头，中心主任亲自抓，完成并上报了《制度方案》。年初，商请国土资源、环境保护、水利、农业、海洋等部门共同组建了湿地保护修复制度方案领导小组、办公室和专家组，明确了职责分工。编制工作经历了工作方案制定、编制《制度方案》、征求意见3个阶段。2016年3—4月，编制组在梳理现有湿地保护修复相关法律、制度的基础上，起草了工作方案。先后召开了专家组、领导小组办公室、领导小组会议，研究讨论工作方案，以国家林业局名义印发相关部门。5—6月，集中研究制定《制度方案》

及《编制说明》，赴内蒙古、山西、湖北、安徽、辽宁等省份开展调研，期间征求了林业系统和相关部门意见。7月14日，召开了领导小组第二次会议进行研究讨论，会后，再次征求了相关部门意见。共征求到相关部门提出的意见40条，其中，采纳23条、部分采纳8条、未采纳9条。7月25日，国家林业局党组会议原则通过了《制度方案》。7月29日，向中央全国深化改革领导小组办公室（简称中央深改办）非正式上报了《制度方案》及《说明》。8月4日，在起草完成给国务院请示的基础上，将《制度方案》送国土资源、环境保护、水利、农业、海洋等部门会签。经大量的沟通协调，根据中央深改办和各部门意见进一步修改完善后，9月14日，国家林业局向国务院正式上报了《关于报请审定〈湿地保护修复制度方案〉的请示》，抄送国家发展和改革委员会等7个部门，同时，将上报国务院的文件送中央深改办。9月22日、10月8日，又先后2次与国办秘书二局进行了沟通汇报，因《制度方案》涉及

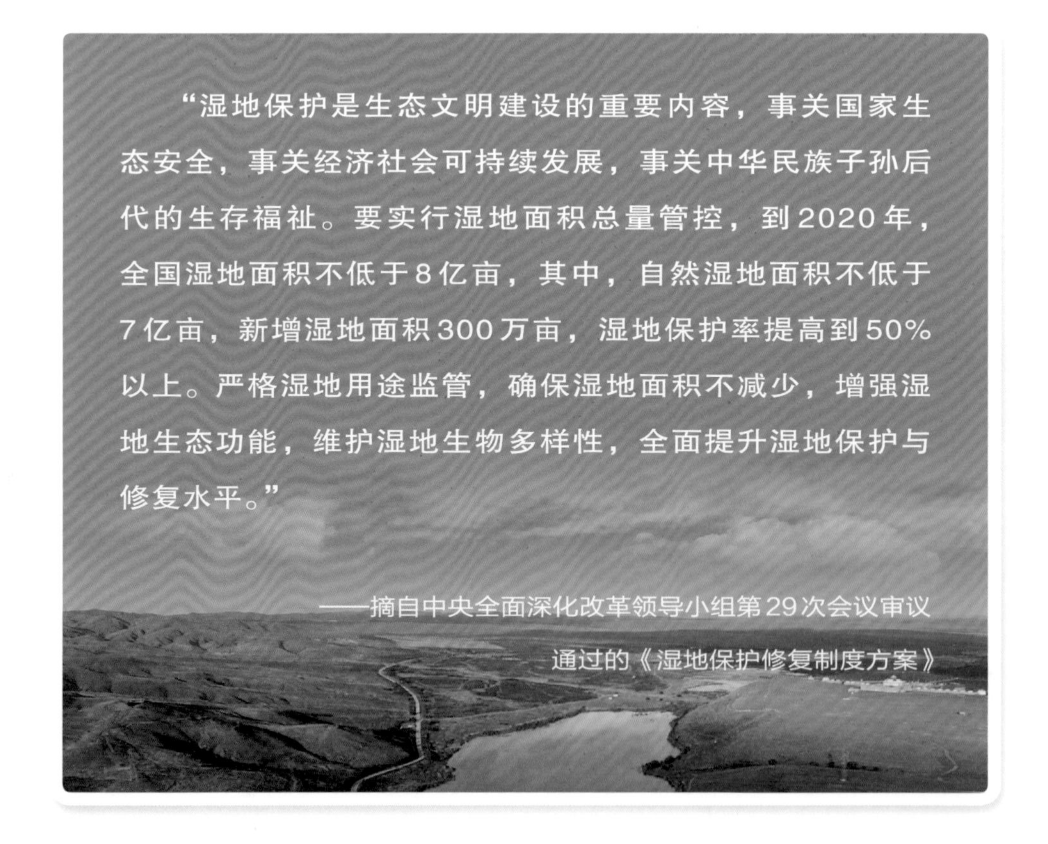

相关内容，增加征求中国人民银行、银监会、教育部的意见。

11月1日上午，习近平总书记主持召开中央全面深化改革领导小组第二十九次会议，审议通过了《湿地保护修复制度方案》。会议强调，建立湿地保护修复制度，加强海岸线保护与利用，事关国家生态安全。要实行湿地面积总量管理，严格湿地用途监管，推进退化湿地修复，增强湿地生态功能，维护湿地生物多样性。11月30日，《国务院办公厅关于印发〈湿地保护修复制度方案〉的通知》正式下发。12月12日，在中国政府网上全文公布。

《制度方案》是生态文明体制改革的重要成果，是我国湿地保护事业走向制度化、法制化的重要里程碑，也是“湿地十年”的一个标志性成果。

规划纲要

《中华人民共和国国民经济和社会发展第十三个五年规划纲要》提出如下内容。

1.加大京津保地区营造林和白洋淀、衡水湖等湖泊湿地恢复力度。

2.设立长江湿地保护基金。

3.建立海洋生态红线制度，实施“南红北柳”湿地修复工程和“生态岛礁”工程，加强海洋珍稀物种保护。

4.保障重要河湖湿地及河口生态水位，保护修复湿地与河湖生态系统，建立湿地保护制度。

5.落实生态空间用途管制，划定并严守生态保护红线，确保生态功能不降低、面积不减少、性质不改变。建立森林、草原、湿地总量管理制度。

6.在100项重大工程“湿地保护与恢复”提出：加强长江中上游、黄河沿线及贵州草海等自然湿地保护，对功能降低、生物多样性减少的湿地进行综合治理，开展湿地可持续利用示范；全国湿地面积不低于8亿亩。

2.3 湿地立法：为湿地的保护和恢复保驾护航

在推动湿地保护和管理工作不断规范化、制度化的过程中，湿地立法工作的意义十分重要。从全球角度来看，湿地立法的源头可以追溯到1934年，美国联邦政府通过了《候鸟狩猎印花税法案》，俗称鸭票法案（Duck Stamp Act）。该法案规定，所有狩猎者在狩猎野鸭、水鸟等水禽前，必须购买一张美国联邦鸭票（The Federal Duck Stamp）贴在美国各州政府颁发的狩猎许可证上。

美国联邦鸭票首先在北达科他州成为法定的狩猎资费已付凭证。而在《候鸟狩猎印花税法案》被通过5个月后，美国的第一枚联邦鸭票就此诞生。这枚鸭票的图案为绿头鸭降落在沼泽区中，自此开始，美国联邦鸭票将每年发行一枚。

这个形似邮票的“鸭票”计划的实行，成为美国有史以来最成功的国家保护行动之一，销售“鸭票”所得收入用来保护美国数百万英亩[①]的沼泽湿地中的水鸟及其栖息地。从1934年至2018年，美国联邦鸭票销售产生的每1美元中的98美分都被直接用于购买或租赁湿地或栖息地，以便在国家野生动物保护系统中对野生动物进行保护。

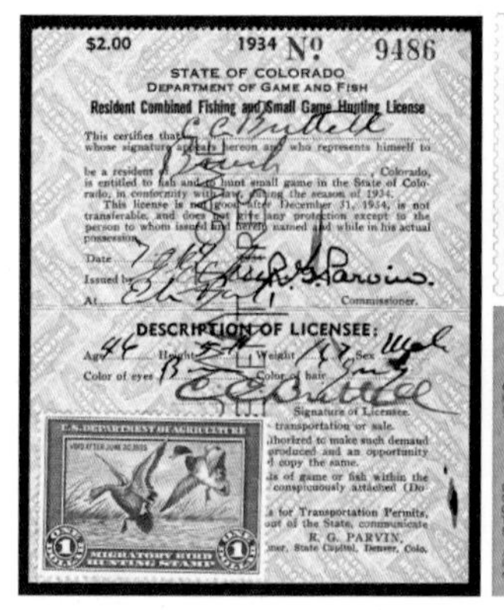
$2.00 1934 No. 9486

STATE OF COLORADO
DEPARTMENT OF GAME AND FISH
Resident Combined Fishing and Small Game Hunting License

This certifies that .... whose signature appears hereon and who represents himself to be a resident of ...., Colorado, is entitled to fish and to hunt small game in the State of Colorado, in conformity with law, during the season of 1934.

This license is not good after December 31, 1934, is not transferable, and does not give any protection except to the person to whom issued and herein named and while in his actual possession.

Date ....
Issued by ....
At .... Commissioner.

DESCRIPTION OF LICENSEE:
Age ...... Height ...... Weight ...... Sex ......
Color of eyes ...... Color of hair ......
Signature of Licensee.

R. G. PARVIN,

最早推行美国联邦鸭票的美国北达科他州狩猎许可证

① 1英亩≈0.405公顷。

这可能是关于湿地和水鸟保护有史可考的最早的立法形式和案例，也给了世界各国湿地和水鸟保护相关的部门机构很重要的启示。

2019年1月24日，联合国环境署发布了《环境法治——全球首份报告》(《Environmental Rule of Law—First Global Report》)。报告指出，尽管自1972年以来，各国在环境法领域取得了令人欣喜的进展，全球范围内国家层面的环境相关法律数量增长了38倍，但由于执法不力，导致其对于减缓气候变化、减少污染以及防止大范围物种和栖息地丧失的效果并不明显。

中国自1979年通过《中华人民共和国环境保护法修正案（草案）》后，自然和环境保护相关的法案相继出台。2022年，《中华人民共和国湿地保护法》(以下简称《湿地保护法》）正式出台并生效。在此之前，经历了从地方到中央，自下而上，全国各省（自治区、直辖市）积极推动地方法律法规建立的漫长而卓有成效的探索之路。

早在2003年，由于扎龙湿地保护等事件的发生，黑龙江省率先推出了全国第一个省级湿地保护条例《黑龙江省湿地保护条例》。此后，甘肃、湖南、山西、广东等省陆续出台地方湿地保护条例，截至2016年，共有25个省级行政单位颁布省级湿地保护条例。

栖息在湿地中的白琵鹭群（摄影：陈建伟）

各地湿地保护条例颁布时间（截至2017年）

序号	省（自治区、直辖市）	立法文件	通过时间	施行时间	备注
1	黑龙江	《黑龙江省湿地保护条例》	2003年6月20日	2003年8月1日	2015年10月22日通过新条例，自2016年1月1日起施行；2003年6月20日通过的条例，2016年1月1日废止；2018年6月28日对新条例进行修订
2	甘肃	《甘肃省湿地保护条例》	2003年11月28日	2004年2月2日	
3	湖南	《湖南省湿地保护条例》	2005年7月30日	2005年10月1日	
4	陕西	《陕西省湿地保护条例》	2006年4月2日	2006年6月1日	
5	广东	《广东省湿地保护条例》	2006年6月1日	2006年9月1日	2014年、2018年有修订；2020年11月27日第三次修订，2021年1月1日起施行
6	内蒙古	《内蒙古自治区湿地保护条例》	2007年5月31日	2007年9月1日	
7	辽宁	《辽宁省湿地保护条例》	2007年7月28日	2007年10月1日	
8	宁夏	《宁夏回族自治区湿地保护条例》	2008年9月19日	2008年11月1日	
9	四川	《四川省湿地保护条例》	2010年7月24日	2010年10月1日	
10	吉林	《吉林省湿地保护条例》	2010年11月26日	2011年3月1日	
11	西藏	《西藏自治区湿地保护条例》	2010年11月26日	2011年3月1日	
12	江西	《江西省湿地保护条例》	2012年3月29日	2012年5月1日	
13	浙江	《浙江省湿地保护条例》	2012年5月30日	2012年12月1日	
14	新疆	《新疆维吾尔自治区湿地保护条例》	2012年7月27日	2012年10月1日	
15	北京	《北京市湿地保护条例》	2012年12月27日	2013年5月1日	
16	青海	《青海省湿地保护条例》	2013年5月30日	2013年9月1日	
17	云南	《云南省湿地保护条例》	2013年9月25日	2014年1月1日	
18	广西	《广西壮族自治区湿地保护条例》	2014年11月28日	2015年1月1日	
19	河南	《河南省湿地保护条例》	2015年7月30日	2015年10月	
20	安徽	《安徽省湿地保护条例》	2015年11月19日	2016年1月1日	
21	贵州	《贵州省湿地保护条例》	2015年11月27日	2016年1月1日	
22	天津	《天津市湿地保护条例》	2016年7月29日	2016年10月1日	
23	河北	《河北省湿地保护条例》	2016年9月22日	2017年1月1日	
24	江苏	《江苏省湿地保护条例》	2016年9月30日	2017年1月1日	
25	福建	《福建省湿地保护条例》	2016年9月30日	2017年1月1日	

江苏苏州：立法与公众参与双管齐下

在各地推动湿地立法的过程中，一个城市尺度的湿地立法工作推进可能尤为难得，又极具有行业代表性。对此，苏州市湿地保护管理站（以下简称湿地站）冯育青站长很有心得。

2009年前后，冯育青就开始推动苏州市的地方湿地保护立法相关工作。当时，作为鱼米之乡的苏州，也面临着经济发展和湿地保护之间的博弈。作为先发性城市，怎么协调经济发展与湿地资源保护成为一个难题，特别是对于零散湿地生态斑块的扰动，是发达地区湿地保护的核心问题。2009年，苏州市湿地保护管理站成立。与此同时，苏州市人大常委会也高度重视湿地生态保护，并于2010年成立工作小组，开展立法调研。工作小组搜集各个省（自治区、直辖市）已有的湿地保护条例，进行实地考察并起草了《苏州市湿地保护条例》。2012年2月2日，《苏州市湿地保护条例》正式实施，苏州成为最早一批有湿地保护法规的城市之一。

冯育青发现，在谈湿地保护时，人们容易关注大面积湿地，比如，36000公顷的太湖。然而，根据生态学的动态平衡原理，这种生物种类越多、食物网和营养结构越复杂的生态系统相对稳定，反而是小面积生态斑块，对外界干扰反应敏感，抵御能力小，比如，苏州市内300多个小湖泊和2万多条河流。在它们旁边开一条路，挖一个渠，都会对该区域的生态系统造成影响，而这些影响也更容易被忽视。对此，湿地站提出设立湿地征占用许可，来减缓对小的生态斑块的干扰。也就是说，任何涉及湿地斑块内的开发建设行为，都要经过湿地管理部门的审核，获得许可才行。

在提倡“简化审批流程”的时代背景下，新增湿地征占用前置审批并不是一件容易的事。有的部门就提出疑问：为什么已经有环境评估和国土等手续的审核，还要再加一个湿地征占用审核？冯育青提出，一些便民事务的过程可以简化，但是针对稀缺性资源的保护和利用需要审慎评估。在生态问题上，“立等可取”式审批不一定适用。而且，湿地征占用审批是为环境保护增加了一个维度，以前的环境评估并没有重视鸟类等野生动植物的多样性，更缺乏对整个生态系统的保护理念。

得益于苏州市人大相关工作委员会的同步介入，组织国土、水利、林业等各个部门召开座谈会，解决了关于湿地保护认知的差异问题。苏州的湿地保护立法很快达成了“综合协调，分部门实施”的管理共识。2011年10月27日，苏州市第十四届人大常委第二十八次会议审议通过《苏州市湿地保护条例》，其中包括新增湿地征占用前置审核，组建湿地保护专家委员会，实施湿地红线制度，明确法律责任等内容。

《苏州市湿地保护条例》出台后，“宣传”成为立法执行的第一步。苏州市湿地站在全国率先尝试把湿地保护红线与市国土部门的用地红线进行融合。以往，规划项目都是先去找国土部门审核规划用地范围，如果能把湿地红线和其他用地范围都画在一张图上，那建设单位就能在立项早期规避风险，提出审核申请。

冯育青团队将苏州102块重要湿地的界限经过图形化、数据化，做成苏州湿地资源分布图。再与县、市、区国土及相关部门反复对接，将边界线一条一条比对，进行调整。为了增强基层配合意愿，湿地站还根据不同的项目给出阶段方案，比如，已经规划、正在规划和尚未规划的项目触及红线，分别该怎么办。

太湖湿地（苏州市湿地站）

眼看一切都准备就绪了，征占用项目的申报却迟迟没有来。冯育青意识到，一方面可能普法做得不到位，社会大众还不知道有这个法律；另一方面还缺少实时监管途径和“警示性”案例作为参考。于是，他发动大家走出办公室，主动寻找可能影响苏州湿地的工程项目。他们关注新闻；向林业工作人员了解辖区最近的变化；核实各项工程是不是占用湿地。终于，在2015年迎来了第一个申报项目：吴中区西山岛出入通道（太湖大桥）扩建工程。2018年，湿地站向市里争取到财政资金，用卫星遥感对全市湿地斑块开展动态监测，实现了湿地保护流程的全闭环。

近年来，很多项目在了解了《苏州市湿地保护条例》后纷纷调整策略。比如，沪苏湖高铁，按原计划铁路要从吴江许多湿地穿插而过，受湿地立法的影响，最终将笔直线路修改成“S”形弯道，以尽量减少对原生态湿地的破坏。

冯育青对于人与自然关系的理解，有一个很独特的比喻，他认为就像两只刺猬在冬天需要相互取暖，但是远则不暖，近则互伤，不远不近恰适宜。以前的人，因为生产技术有限，需要依赖自然，所以知道不能涸泽而渔。如今，技术的提高以及生活和工作的重担，让我们离自然越来越远，对于自然的边界也越来越麻木，甚至出现了湿地公园里饲养黑天鹅、建造花海等人工景观。通过湿地保护立法与原生态的倡导，冯育青希望为人与自然的关系找到一条新的道路。

2.4 星火燎原：各地湿地保护管理机构和制度建设

各地湿地保护管理机构陆续成立

2004年8月16日 **江苏** · 江苏省野生动植物保护站（江苏省湿地保护管理站）

2005年 **吉林** · 吉林省湿地保护管理办公室
我国第一个省级湿地管理机构

2006年10月 **江西** · 江西省林业厅湿地保护管理办公室
经省编委赣编办发〔2006〕144号文批准成立，与省湿地宣传教育中心合署办公，一个机构，两块牌子，为省林业厅下属处级事业单位

2007年8月8日 **重庆** · 重庆市湿地保护管理中心
为重庆市林业局管理的正处级事业单位

2007年 **辽宁** · 辽宁省湿地保护管理中心
辽宁省编制委员会批准成立

2007年12月 **内蒙古** · 内蒙古自治区湿地保护管理中心

2008年7月24日 **四川** · 四川省野生动物资源调查保护管理站“四川省湿地保护中心”
《中共四川省委机构编制委员会办公室关于四川省野生动物资源调查保护管理站增挂牌子的批复》（川编办〔2008〕64号）

2008年 **宁夏** · 宁夏回族自治区湿地保护管理中心
为自治区林业厅所属正处级全额拨款预算事业单位

2009年 **云南** · 云南省湿地保护管理办公室
国家层面推动

2011年1月13日 **北京** · 北京湿地中心
北京市园林绿化局与中国林业科学研究院共建

2011年8月 **安徽** · 安徽省湿地保护中心
安徽省机构编制委员会办公室批准

2012年2月 **黑龙江** · 黑龙江省湿地保护管理中心

2013年4月12日 **青海** · 青海省湿地保护管理中心
（青编办事发〔2013〕18号）。2020年8月在省林业和草原厅设立湿地管理处

2013年 **河北** · 河北省湿地保护管理中心
河北省机构编制委员会办公室批准

2015年 **甘肃** · 甘肃省湿地保护管理中心
甘肃省机构编制委员会办公室批准设立，在甘肃省野生动植物管理局加挂甘肃省湿地保护管理中心牌子，合署办公

2016年 **浙江** · 浙江省湿地保护中心
浙江省机构编制委员会办公室批准成立；2019年机构改革后浙江省林业局设立了野生动植物和湿地管理处

党和国家机构改革后

2018年2月 **湖南** · 湖南省湿地保护中心
正处级

2018年 **湖北** · 湖北省林业厅湿地保护中心

云南湿地保护

云南湿地，聚集全国最为多样的陆地湿地类型，分布有中国最丰富的湿地野生植物和动物种类，作为山区，云南的湿地分散，面积小。第一批湿地保护者忆及起步时最难的事，就是鲜有人了解湿地，同为林业部门的同事，看不到湿地保护的前途，一脸担忧地看着搞湿地的同伴。当时，大多数搞湿地保护的人都没想过，湿地能成“大事业”。

2007年，国家层面的湿地保护管理机构成立，这一年，云南省林业厅与红河哈尼族彝族自治州政府共同向国家林业局申报哈尼梯田国家湿地公园试点，这是云南省结合资源特点首次申报的第一个国家湿地公园。森林、水、人工湿地、天然小微湿地和民族文化融合发展，向世人展示了云南湿地生态系统的复杂性与山地复合生态系统的特殊性。也就在这一年，省林业厅通过大量的协调，在省内达成共识，向国家林业局上报了《关于请求批准在西南林学院成立国家高原湿地研究中心的请示》，积极争取国家高

云南腾冲西湖的浮草垫子（摄影：陈建伟）

原湿地研究中心落户云南，使之成为国家首个高原湿地研究机构。时任云南省林业厅副厅长郭辉军当时还提出了开启云南高原湿地新篇章的思路，布置了“云南高原湿地功能特点”的研究。

云南省人民政府文件

云政发〔2014〕44号

云南省人民政府关于
加强湿地保护工作的意见

各州、市人民政府，滇中产业新区管委会，省直各委、办、厅、局：

为深入实施《云南省湿地保护条例》，切实加强我省湿地保护，维护生态系统稳定，促进西南生态安全屏障和美丽云南建设，为争当全国生态文明建设排头兵作出应有贡献，现就加强我省湿地保护工作提出如下意见：

一、重要意义

（一）加强湿地保护是我省生态安全屏障建设的必然要求。我省湿地资源是国家生态安全战略格局中西南生态安全屏障的重

— 1 —

云南省人民政府办公厅

000207 云政办函〔2014〕204号

云南省人民政府办公厅关于
成立云南省湿地保护专家委员会的通知

各州、市人民政府，滇中产业新区管委会，省直各委、办、厅、局：

为建立我省湿地保护科学决策咨询机制，省人民政府决定成立云南省湿地保护专家委员会（以下简称专家委员会）。现将有关事项通知如下：

一、运行机制

专家委员会每届任期3年，到期换届，因工作调整或个人原因中途退出的名额，在下一届进行补选。专家委员会每年召开1次全体会议，讨论年度咨询计划和专家咨询内容。省林业厅负责专家委员会的日常工作事务。

二、专家委员会组成人员（按照姓氏笔画排序）

王宏镔　昆明理工大学教授
王金亮　云南师范大学教授
王清华　省社科院研究员
王跃华　云南大学教授

云南的湿地保护工作量随着湿地中心的成立成倍增长。当时，云南省林业厅党组明确提出要高度重视高原湿地保护，合理利用湿地资源，统筹布局云南省的湿地保护工作。经过调研，省委机构编制委员会办公室2008年批准建立“云南省湿地保护管理办公室”，机构的名称足以表明云南省对湿地的重视，引起很多省份湿地保护管理者的羡慕。现任云南省林业和草原科学院党委书记、院长钟明川因为参与了第一次湿地资源调查、牵头完成中国和荷兰合作的水伙伴项目（即澜沧江生态、水和土壤综合保护管理项目），有机会成为第一个组建“云南省湿地保护管理办公室”的工作人员。云南作为一个森林生态系统显示度极高的省份，从森林管理思路过渡到科学开展湿地生态保护，人少，事多，加上湿地底数不清，涉及湿地管理的部门职能交叉，在湿地工作开展初期，要优先发展什么，解决什么问题，如何有序开展湿地工作，还真有点厘不清。但是云南省林业厅党组下了很大的决心，于2011年

完成了云南省湿地保护管理办公室的组建。记得宣布办公室正式组建时，只有钟明川和喻懋坤2个人，现状是缺经费、缺制度、缺体系、缺人才，湿地中心的领导鼓励他们，帮助理思路，出主意。时任厅长陈玉侯要求“克服困难带队伍，拓空间”，省湿地保护管理办公室每位工作人员工作热情高涨，脸上都洋溢着湿地保护的自豪感。除了日常管理工作，湿地学术会议连续不断开了起来，基本铺就云南高原湿地保护要怎么干的路径。与此同时，湿地资源调查高质量完成，调查成果被国家林业局鉴定为优秀，明确回答了云南湿地有多少，分布在哪里，现状怎么样，有多少种湿地植物和动物等问题。随着云南省湿地资源调查的完成，云南湿地要干些什么工作也搞清楚了。

2012年，通过省政协一号重点提案《关于进一步加强湿地保护工作的建议》的办理，湿地法规和政策体系的建立列上云南省委省政府议事日程。2013年，云南率先在全国首次将湿地作为生态功能区转移支付资金分配的重要指标之一，湿地资源调查成果运用成效显著，地方政府用于湿地保护和退化湿地恢复的资金大幅度增加。2014年云南又将湿地面积、湿地保护率作为县域经济发展分类考核评价、三农发展综合考评、县域生态环境质量监测评价与考核等考核考评内容，走在全国前列，极大推动了高原湿地的保护与合理利用。钟明川当时在云南省湿地保护管理办公室的总结中提到，2014年是云南湿地保护收获最多的一年：1月1日，《云南省湿地保护条例》正式施行；同年8月，云南省人民政府出台《云南省人民政府关于加强湿地保护工作的意见》；11月，启动省级重要湿地认定，出台《云南省省级重要湿地认定办法》；也就在2014年，云南省湿地资源年度监测启动，实现湿地资源动态化管理。基层湿地机构一个个建立，一片片退化湿地恢复生机，海菜花绽放，越冬水禽纷至沓来，人与自然和谐的乐园逐步扩大，湿地保护者辛苦并快乐着。

2015年，省人民政府同意将湿地保护执法纳入森林公安相对集中行政处罚权范围；2017年，优质完成全省泥炭沼泽碳库调查，省人民政府办公厅出台《云南省人民政府办公厅关于贯彻落实湿地保护修复制度的意见》。科学开展湿地保护一直是云南高原湿地保护中的灵魂，2014年省人民政府成立的“云南省湿地保护专家委员会”，建立湿地保护科学决策咨询机制。云南率先在全国首次组织完成全省湿地生态价值评估研究，较早发布湿地保护地方标准，比如省级重要湿地认定地方标准（DB53/T626—2014），湿地生态监测系列地方标准（DB53/T653.1—2014）等。

云南的湿地保护工作从1999年就陆续开展，第一次开展湿地资源调查的时候，没有引起省里的重视和社会关注，一直到了2007年，湿地保护走向体系化、规范化和科学化发展，云南湿地保护经历了《云南省湿地保护工程规划（2008—2020年）》、云南省湿地保护“十二五”“十三五”规划的实施，每个规划都报经省政府同意。云南在短期内采用科学制度，高位推动湿地快速走向规范管理无疑是最鲜明的特点。10年时间，云南湿地保护法规政策、科技支撑和保护体系都建立起来，重要湿地、湿地类型自然保护区、湿地公园的示范保护恢复赢得来自各级党委、政府的大力支持，涉及湿地保护的部门、单位和组织交流沟通高原湿地保护和资源合理利用成为常态，湿地保护人气越聚越厚。观察和监测发现，经修复的沼泽和湖滨沼泽湿地的鸟的种类和数量越来越多，代表性的黑颈鹤、灰鹤、黑鹳等数量逐年增长，青头潜鸭、彩鹮等珍稀鸟类重出江湖。小湿地成为大事业。

青海：两杆枪扛起全国最大湿地省管理工作

青海省湿地资源极其丰富，湿地面积位列全国第一，且大部分在海拔3000米以上，拥有扎陵湖、鄂陵湖、青海湖三大国际重要湿地，是长江、黄河、澜沧江三条大河的发源地，“高原水塔”“三江之源”的生态和保护价值举世瞩目。然而，青海省的湿地保护和管理工作的发展却经历了一段磨合和探索的历程。早在2007年，青海省人民政府办公厅就发布了《关于成立青海省湿地保护管理工作领导小组的通知》，通过建立协调机构的方式，推动各相关部门认识和理解湿地保护工作的重要性和紧迫性，并推动青海省湿地保护和管理工作的规范化发展。经过5年的运作和准备，2013年8月，经青海省机构编制委员会办公室批准，正式组建青海省湿地保护管理中心。

2013年10月，青海省林业厅组织召开全省湿地保护管理工作会议，刚刚履新的青海省湿地保护管理中心主任马建海满怀激情地准备开启自己全新的职业生涯。会议上，分管湿地的时任青海省林业厅郑杰副厅长点名让马建海发言，谈谈对如何开展青海省湿地保护和管理工作的想法。虽然还是光杆司令，湿地保护对自己而言又是全新的领域，但马建海却表现得信心满满，他说："青海湿地有三驾马车，一是2013年9月刚颁布并实施的《青海省湿地保护条例》，这是在国家尚无湿地保护法律法规的情况下，青海创造性出台的地方性法规，对进一步加强和规范青海省湿地保护管理，大力推进生态文明建设和大美青海建设意义重大。二是正在进行的全国第二次湿地资源调查结果即将公布，青海省的湿地面积很可能位居全国第一，这也从科学的角度，客观、公正地证明了青海湿地的重要性和保护价值。三是省编办刚刚批准了成立专门的湿地保护和管理机构，为统筹和管理全省湿地保护工作奠定了基础。"郑杰副厅长看到这位新上任的干部条理清楚，表达自信，高兴地说："这第三条不就是说你自己么？这新的工作可是大有可为啊！"马建海马上接着回答："这都是郑杰副厅长基础打得好。"这句话可不是恭维。青海省的湿地工作，郑副厅长花费了大量的心力，刚出台的《青海省湿地保护条例》是他组织起草的，后来由中国林业出版社出版的影响深远的《中国湿地资源·青海卷》也是他主编的。与会其他各部门的同志们听了也都啧啧称赞，对这位新同志表示认可。

这份雄心壮志很显然产生了积极的效应。很快，郑桂云同志入职湿地保护管理中心，马建海总算不再单枪匹马。但是当时厅里的办公场所已经饱和，湿地保护管理中心没有独立的办公地点，马建海在原单位的森防总站四楼办公，郑桂云暂时在原单位野生动植物管理局的八楼办公。他俩不怨不躁，就这样克服困难，两地办公一直到了2014年4月。在一次日常工作走访中，郑杰副厅长发现湿地保护管理中心两名同志居然每天楼上楼下跑着流动处理公务，又感动又着急，马上让马建海起草了一个请示，经他签字后呈送当时的党组书记党晓勇厅长审批。党厅长阅签后，立即通知厅办公室，要求限期给湿地保护管理中心安排一个办公室。很快，湿地保护管理中心有了一间属于自己的办公室。

在通过公务员公开招考被任命为青海省湿地保护管理中心主任之前，马建海是青海省森林病虫害防治检疫总站的高级工程师。用他自己的话来说，就是“最好的青春年华都在专心地‘抓虫子’，而且越钻研越投入，乐此不疲。”2013年7月，青海省林业厅组织开展第二次县处级干部考试，从来没有湿地保护基础知识和背景的马建海以笔试、面试第一名的成绩入选，并被选派组建青海省湿地保护管理中心。

马建海至今仍然记得，2013年4月12日省编办文件上明确写着：同意在“省林业厅野生动植物和自然保护区管理局挂青海省湿地保护管理中心牌子，增设副处级领导职数1名”。厅党组高度重视湿地保护工作，新设立的“青海省湿地保护管理中心”在青海省林业厅里是按照单独机构设立的，内设行政处室参加厅党组会和厅办公会，这让马建海感到肩上的责任光荣而又神圣。

入职后不久，2013年11月，马建海第一次到北京给时任湿地中心主任的马广仁汇报工作。有备而来的他，准备了三份沉甸甸的“见面礼”：一是刚刚出台并生效的《青海省湿地保护条例》，二是省编办正式发布的关于成立青海省湿地保护管理中心的批文，三是青海省湿地保护管理中心的正式公章。当时，全国各地都在推动地方湿地保护管理机构的设立，但不少省还停留在对制度、形式、权责等方面的讨论中，从批文到公章到地方立法三管齐下，青海给全国其他省做出了很好的示范。马广仁主任听完汇报非常高兴，他说青海省湿地面积大，高原条件艰苦，管理责任重，保护意义深远，现在省政府这么重视，终于有专门的机构和团队来管理，真是一件大好事。他接着问中心现在有几个人，马建海第一次向领导汇报工作，刚开了个气宇轩昂的头，被这么一问心里有点忐忑，怕说出还只有他一个人的实情让领导失望，于是，壮着胆说新设立的湿地保护管理中心给配置了5个岗位。接着又话锋一转，说同志们专业能力严重不足，中心的经费短缺，办公条件也非常简陋，一切都还处于起步阶段。马广仁主任被这位大高个西北汉子的诚恳和敬业所感动，当即表示湿地中心一定会重视和支持青海湿地工作，并且会在中央统筹资金中考虑安排支持青海的工作。2014年12月，马建海到厦门参加全国湿地保护管理工作会议，再次找到当时湿地中心规划处的王福田副处长，请求设立项目，拨付资金支持青海省湿地保护管理中心的日常办公经费，置办电脑等必需办公设备。王福田副处长很爽快地答应回去马上给马主任汇报，尽可能支持。那天晚餐，本来是马建海提议请国家林业局的领导一起用个便餐，谁知道吃完饭之前，王福田副处长悄悄把单买了。大家都体恤青海的同志们工作不容易，而且还如此的敬业和执着，让人感动。2015年年初，湿地中心给青海省湿地保护管理中心拨付了20万元专项经费，用于采购基本办公家具和电脑设备等，青海省湿地中心才算真正拥有了一个健全完善的办公场所。

鲍达明一行考察湿地

马建海考虑，做好全省湿地保护工作，必须找到牵一带万的突破口。当时，正值全国大力创建国家湿地公园的高潮期，马建海敏锐地意识到必须抢抓申报建设机遇，将国家湿地公园作为工作突破口。启动工作，制度先行。在马建海和团队的推动下，2014年3月，省林业厅制定印发了《青海省湿地公园管理办法》。在世界自然基金会支持下，又编写并颁发了青海省第一部湿地保护地方标准——《青海省湿地监测技术规程》。有了制度和规程，接下来就是如何落实工作，定规立标。2014年4月，马建海组织召开全省湿地公园申报会议，全面启动青海省国家湿地公园申报建设工作。经多方咨询，认真考虑，结合青海省当地的实情，马建海提出了“两个限定”标准：一是鉴于国家湿地公园总体规划编制的特殊性、专业性，编制规划单位只限定在国家林业局6大规划设计院，其他咨询规划单位编制的湿地公园总体规划不上省级审查会；二是鉴于青海各地财政困难，必须统一限价，规划编制费超标的，不上省级审查会。时至今日，马建海回想起这两个看起来有些“粗暴”的“限定”标准，依然认为是在当时情况下做出的正确决定，从不后悔。经过多年努力，青海省国家湿地公园数量从2013年前的1处增加到目前的19处，总面积为32.51万公顷，国家湿地公园保护面积位居全国前列。

很多年之后，马建海和马广仁主任重逢时回忆起当年青海湿地起步的日子。想到当年一个光杆司令，居然斗胆“谎称”五人团队，还果然就此不断把事业做大做强，大家都忍不住哈哈大笑，为那段青葱岁月而感怀，更为那些为湿地保护事业勇敢无畏、锐意拼搏的时光而自豪！

重庆：因地制宜，构建湿地保护与修复体系

“重庆市对湿地的系统化管理和保护始于2007年，重庆市湿地保护管理中心成立后，其主要职能是抓湿地保护与修复。此后，重庆市陆续建立湿地自然保护区和湿地公园，湿地保护与修复的力度也逐渐增强，湿地保护与修复工作开始走上正规化、专业化、系统化的道路。”

2014年，《重庆市推进生态文明建设林业规划纲要（2014—2020年）》首次划定了310万亩湿地生态红线，按照“红线”要求“落界成图”，将生态红线划定的湿地面积，全部细化到具体的地块上，使湿地保护有据可依。为了守住这条红线，自2014年起，全市每年开展打击破坏湿地资源专项行动，减少湿地盲目开垦和改造，确保湿地资源总量不减少。

随着湿地保护管理体系逐步形成与完善，重庆市湿地保护面

重庆垫江长寿湖湿地县级自然保护区

积稳中有升。“十二五”之后，特别加大了对湿地公园和湿地自然保护区的建设力度。不仅设立了澎溪河、垫江长寿湖等12个市、县级湿地自然保护区，推动彩云湖、汉丰湖、秀湖、酉水河、皇华岛等国家湿地公园建设试点，还建设了龙水湖、九曲河等4个市级湿地公园。在湿地保护区和湿地公园的建立过程中，不仅对重点及核心区域湿地开展了有效保护，避免了湿地生态环境的恶化，同时也为市民提供了了解湿地、亲近自然的好去处。

与此同时，加强湿地保护队伍建设，自上而下的湿地保护管理体系逐步健全。开州、黔江、垫江、巫山、忠县等区（县）相继建立了专门的湿地保护管理机构，落实了专门的编制和人员；其他区（县）也明确了相应的部门负责湿地保护，并配备了专职工作人员履行其工作职责，进一步壮大了湿地保护管理队伍，为全市湿地保护工作的顺利开展奠定了基础。

在制度、机构、科研、意识各方面扎实工作的保障下，重庆市的生态保护与治理力度空前。为着力构建“湿地保护与修复”

重庆忠县皇华岛国家湿地公园

体系，各级政府坚持保护优先的原则，积极采取多种措施推进湿地保护工作，其成效十分显著。截至2017年，全市湿地保护面积达117.69万亩，湿地保护率达37.96%。

在构建全市湿地保护恢复体系的过程中，有两个重要的经验：一是加大了湿地保护与修复的投入。“十二五”期间，累计投入林业项目资金1.65亿元左右，先后对黔江小南海、开县澎溪河等18块湿地开展了湿地保护恢复建设，使湿地保护与修复面积达到22.5万亩。二是加强三峡库区消落带湿地生态修复。在渝东北生态涵养发展区，多措并举，争取各方资金，加强三峡库区湿地生态修复，创新消落带治理技术，改善消落带湿地结构和生态功能，保证三峡库区的“一江碧水”，促进三峡库区的可持续发展。

林是山之衣、水之源，山清才能水秀。重庆市保护湿地注重林与水的关系，坚持山水林田湖综合治理，重点保护和建设好河流、湖库周边以及重点生态功能区的森林，努力实现以林养水、以水保湿，着力构建安全健康的山水林田湖生命共同体，为构建长江上游重要生态屏障奠定坚实的基础。

四川：从国际合作到制度建设的湿地保护之路

在湿地保护工作方面，四川省是最早参与国际合作，学习国际先进理念的省份之一。最早开始意识到湿地保护工作的重要性，是因为第一次全国湿地资源调查，以及UNDP-GEF中国湿地生物多样性保护与可持续利用项目。当时若尔盖高原沼泽湿地的保护和恢复是项目的重要内容，而四川省是若尔盖湿地项目区最主要的参与省份之一。现任四川省湿地保护管理中心主任的顾海军，当年就是因为GEF项目进入湿地保护和管理的工作领域中的。

顾海军记得，刚开始大家对什么是湿地、湿地有哪些价值、湿地保护有什么意义，都不是特别清楚，加上湿地的类型丰富，功能多样，那时候还没有“地球之肾”之类的通俗说法，专家的解读很深奥，很难用简单直白的语言概括性地表述它的意义和价值，和当时更为人们所熟悉的熊猫、老虎，或者森林、海洋的保护相比，还是有很大的差别。

回顾这段历程，顾海军感慨，在四川省，湿地真正开始被大家重视、逐步认识到其重要性并开始学习怎么管理和保护，确实要归功于GEF项目。GEF项目把国际经验、科研实践、资源调查数据和一线的湿地保护，特别是一些有重要价值又在遭遇退化和破坏维系的湿地的抢救性保护，有机地整合在一起，形成一个清晰的逻辑链。推动湿地保护从管理、科研、技术到保护实践的整个行业管理的思路和方法的建立，以及实践的落地开展，这对于刚刚进入这个领域的人来说，是非常重要的。

2007年，国家林业局正式成立了湿地中心，马广仁主任带着团队在全国各地风风火火地把湿地保护和管理工作推动了起来。有了国家层面的管理机构以后，很多工作就有了方向，项目也有了对接人，很多事情都慢慢理顺了，以前那种茫然无助的感觉很快消失了，大家有了一种家的归属感，也有了方向感，更有开拓全新视野的使命感。“我记得那个时候，开会遇到其他省市的湿地保护同仁，大家都非常热情，对自己的工作有很强的认同感，不仅在四川，我觉得在全国，湿地保护队伍一直以来的凝聚力、向心力和对事业的热诚，是湿地保护事业最重要的财富。”

四川省成立湿地保护管理中心后，一直在积极推动省内的湿地保护工作，呼应国家的湿地保护工程计划。那时候城镇周边的湿地在国内还鲜有人关注，但四川省湿地保护管理中心却独具眼光，他们借助重大湿地工程项目，一方面将大面积的具有重要生态价值的湿地保护起来，另一方面又尝试各种方法将高原上很多区位非常重要的湿地抢救性地保护下来。比如，阿坝藏族羌族自治州红原县具有红色革命文化传统的日干乔湿地、甘孜藏族自治州亿比措湿地等。这些湿地的规模和知名度可能不突出，但是通过实施保护，避免了整个高原湿地生态系统的斑块化和破碎化，也遏制了对湿地盲目开发利用的念头和破坏湿地的趋势。这些湿地很多后来被建成了省级自然保护区或者国家湿地公园。将这些珍贵的湿地抢救性地保护下来，对有效构建四川省的整个湿地保护体系具有非常重要的意义。

四川省在开展湿地保护工作过程中其实一直在不断摸索和尝试，

四川若尔盖湿地

最早四川省有100多个保护区，自然保护制度规范的建设走在全国前列。当时最主流的工作还是大熊猫保护，兼顾其他类型保护。

因为较早接触国际上的先进案例和理念，对国际上自然保护区的规范化管理非常认同，但是四川省在推动自然保护地的制度规范建设过程中，却遇到了非常大的阻力和困难，一系列的标准规范，包括保护站建设标准、外观设计、标识设计、宣教（界桩界牌解说系统等），都没有可参照的。四川省一个个突破，其中，最大的突破就是标准工装设计——全国应该只有四川省普及了自然保护区的标准工装。刚开始很多领导和部门不理解，甚至觉得他们是在搞形象工程和浪费资源，但是真正施行后，大家都感受到标准化的管理提升了自然保护区的整体氛围。从整体上来说，四川省自然保护工作既有一套标准体系，而各个自然保护地又有一些个性化的设计。王朗、若尔盖等各个自然保护区的工装做得都非常好，很符合野外自然保护工作的需要，也能衬托专业工作者的职业形象，在野外如果遇到，你绝对能区分得开是否是自然保护区的工作人员。这不仅能增加从业人员对自己职业的认同，更重要的是这种庄重感、威严感，帮助他们在巡护、执法等工作中形成一种威慑力，大大提升了自然保护区工作的效力。

制度化和标准化建设之外，四川省还收集、整理并印发了一系列湿地保护修复的案例、经验，以宣传册、口袋书等形式在四

四川若尔盖大草原

川省内推广——湿地是什么，为什么要保护，如何保护，看案例就知道了。湿地怎么保护、高原湿地怎么修复，真实的案例特别有说服力，各级各地政府部门都组织学习，大家理解了湿地保护工作的意义，明白了具体的方法之后，再来设计工程、编制规划，都顺利了很多。

湿地保护的工作，有成绩，当然也有坎坷。在四川开展湿地保护工作的初期，部门之间缺乏沟通协作是一个很明显的问题，特别是农业和林业的政策、目标和方法差异。过去，草原分属两个不同的部门，很多农业政策对湿地生态系统可能不是太友好，

比如，为了解决所谓牧草资源的合理分配和利用而推广的围栏工程导致高原地区延续千百年的游牧文化被圈养方式取代，很多被围住的牧场牧草被啃食殆尽，遭受了更快速的生态退化。除了围栏效益，另一个矛盾问题是存在很多争议的灭鼠。科学家们都知道鼠兔是高原生态系统的关键物种，但是从表面上看，它们曾经确实对农业生产带来了直接的影响。于是，农业部门每年都要花大量的精力和资金去灭鼠，导致食物链断裂，猛禽和肉食性动物减少或迁离。畜牧系统还曾经尝试人工引进本来生活在北极地区的蓝狐来修复食物链，当时在若尔盖大约野放了11只，监测发现2只死亡，其他9只分散到野外。两年之后，蓝狐在阿坝藏族羌族自治州红原县被发现，远离最初野放地点直线距离超过300多公里，说明它们并不适应高原沼泽湿地的环境。其实，若尔盖地区本来是有藏狐、赤狐分布的，但种群数量也受到灭鼠的影响，很多地方往往是鼠兔越灭，它们的天敌越少，鼠兔却越来越多。后来他们慢慢学习到，要恢复生态系统和食物链，往往不是从某个节点简单粗暴地解决问题，而要从生态系统的角度去考虑一个更有效的解决方案。

湿地中的牛背鹭（摄影：陈建伟）

2.5 勠力前行：湿地保护一线的探索和实践

湿地生态管护员：青海省高原湿地保护新探索

青海是长江、黄河、澜沧江等大江大河的发源地，被誉为“中华水塔”“三江之源”，这里既是生态资源的宝库，又是生态安全的屏障。按照全国第二次湿地资源调查结果，青海湿地面积居全国第一，包括沼泽草地、内陆滩涂、沼泽地、森林沼泽四个类型，全省80%的湿地面积位于海拔3000米以上，具有高原湿地的独特性和不可替代的保护价值。为了保护好高原湿地资源，青海省始终把生态文明建设放在突出位置，坚持尊重自然、顺应自然、保护自然，全力推进生态保护措施。从2014年开始，青海省在全国率先启动实施了湿地生态管护员制度，初步探索出了一条高原湿地保护的新模式，也为我国湿地保护的社区参与提供了有益的方法借鉴和路径示范。

落实“生态保护第一”要求的青海探索

青海省林业厅根据中央文件关于“完善森林、草原、湿地、水土保持等生态补偿制度，继续执行公益林补偿、草原生态保护补助奖励政策，建立江河源头区、重要水源地、重要水生态修复治理区和蓄滞洪区生态补偿机制”以及《青海省湿地保护条例》、国家林业局《湿地保护管理规定》，并参照公益林、天保管护、草原管护员制度，提出了在三江源国家生态保护综合试验区（4州21县及唐古拉以北地区）新增设湿地管护员岗位的设想和意见。2014年8月，青海省林业厅向省政府呈报了《青海省三江源综合

青海三江源国家级自然保护区

试验区生态管护员公益岗位设置及管理方案》。同年11月，经过省政府办公会研究，同意设立湿地生态管护员公益岗位。2014年12月，青海省人民政府印发《关于三江源国家生态保护综合试验区生态管护员公益岗位设置及管理意见》。2015年11月，青海省人民政府办公厅印发《青海省草原湿地生态管护员管理办法》，湿地生态管护员公益岗位工作正式拉开序幕。

青海湿地生态管护员制度的指导思想是保护生态、惠及民生、激发内生动力、创新机制、落实管护职责、提升保护成效、实现社会和谐。总体目标是建立一支牧民为主、专兼结合、管理规范、保障有力的湿地管护员队伍。基本原则是因地制宜、科学设置、精准到乡、尊重群众意愿的原则；扶贫移民户优先、就近管护、生产生活生态并重的原则；分级指导、村级管理的原则；量化指标、绩效考核、养人治事有效能见效的原则。

青海湿地生态管护员的制度和管理

青海湿地管护员管护行政范围确定为三江源国家生态保护综合试验区，针对湖泊、河流和人工三类型湿地设置湿地生态管护岗位（对于和草原重叠的沼泽湿地未重复设置）。平均按3万亩设置1名管护岗位。工资标准按照每人每月1800元发放，年支付全省963名湿地管护员工资2080万元，全部由省级财政全额负担。

建立湿地管护员岗位的设置机制在湿地保护工作中发挥了巨大作用，基本实现了全省湿地网格化管理。在湿地管护员的管理方面，严格实行属地管理、层级监督、动态监管、上下联动的方式，选聘续聘管护劳务合同一年一签，采用管护补助与责任考核奖惩相结合，有效落实了管护职责，提高了管护成效。同时，青海省积极争取资金，开展湿地管护员培训和“最美湿地管护员”评选表彰活动，极大地提升了管护员的工作积极性。

在湿地管护员公益岗位制度的促进下，湿地生态管护员岗位的设置不仅是湿地生态效益补偿的新探索，也为全省脱贫攻坚作出了很大的贡献。

2014年在青海举办国际重要湿地管理培训班

与时俱进，生态管护员体系从湿地向国家公园拓展

2016年，三江源国家公园建设试点工作拉开序幕。为了“守护好世界上最后一方净土”，三江源国家公园管理局同样注重发挥群众的主体作用，鼓励其积极参与三江源的保护建设。将湿地生态管护员公益岗位这一创新制度在三江源国家公园各园区进行了推广和扩大，设置了三江源国家公园生态管护公益岗位，将放牧员转为管护员，园区全面实现了“一户一岗”。17211名生态管护员持证上岗，户均年收入增加2万余元，不仅带动了当地牧民就业增收，还将绿水青山就是金山银山的理念扎根在了三江源头。

城央“绿心”守护者：广州海珠国家湿地公园建设团队志

入则自然，出则繁华。这是广州海珠国家湿地城央“绿心”的真实写照。自然与人和谐共生的背后，有那样的一群人，他们虽然不是科班出身的专业队伍，但是他们以初心守“绿心”，以奉献诠释责任担当，十余年的坚守让荒芜果园焕发生机，更让他们成了最专业的“海珠湿地人”。

大征地小故事，以真心赢得民心

2011年春节，广东省委主要领导对养育了世代海珠村民的万亩果园逐渐被蚕食和遗弃感到非常痛心，指示要保护这个广州“南肺”。区湿地保护管理办公室（以下简称湿地办）主任李东强同志临危受命，收到了半年内完成1万多亩果园的征地工作任务。“一开始，真的有点难！当时我的工作团队只有9个人，却要面对被征地的1万多户3万多人，加上时间紧，村民不支持、不理解，群众工作实在难做。”他回忆道。但凭借着多年的街道工作经验，他迅速理清思路，布置征地任务，带领队员有条不紊地打起了“征地组合拳”。

在进村做思想工作时，无论村民是脸别一边还是恶言恶语相向，李东强和梁锋都耐心地劝说。为了让大家相信，征地得益最

大的正是当地村民，他们带领着工作组兵分多路，耐心记录村民所需，制定并为果农争取到最优的征地补偿，挨家挨户发放征地宣传册解疑惑，开会宣讲征地的好处，还带领村社领头人到西溪湿地感受日后美好生活……与周边村社、街道“打成一片”，将征收安置工作做到人们的心坎上，梁锋提出要为村社社员提供公益性岗位的想法，缓解了被征地村社特别是“零就业”家庭的收入问题。他们与工作队深入民心，一一疏解果农脱离土地的焦虑，打消他们的后顾之忧，化解投机取巧的拉帮结派。最终，在工作队的共同努力下，仅用40天提前实现和谐快速征地签约，保住了万亩果园。

大目标小确幸，以决心完成不可能任务

2012年，对海珠湿地是特殊的一年。3月，经国务院批准，国土资源部创新性地批复了全国首例“只征不转”的用地模式，一次性征地保护万亩果园湿地。9月，海珠湿地一期完成建设并正式

广东海珠湿地

开园。12月，海珠湿地成为广州地区第一个国家湿地公园试点建设单位。

现任湿地办主任的蔡莹同志回忆起那段岁月，心中万分感慨："真的太不容易了，起初甚至没人相信我们能做得到，但是我们好像个个都是'死心眼'，越是困难越是想挑战。"从启动申报国家湿地公园到编制总规、成功提交评审材料，只有短短1个多月时间。

一开始蔡莹与湿地初创团队走访了广州市内多家高校，但都被告知时间紧、任务重，根本没办法完成这么庞大的规划编制。申报工作好像陷入了瓶颈。既然广州这边没有人可以做，那么就把目光放向全国。最终，在各方推荐下，海珠湿地初创团队找到了云南。听了海珠的故事以后，时任国家高原湿地研究中心副主任田昆教授深深地被打动了，毅然接下这个看似"不可能"的任务，紧锣密鼓地带领着团队开始进行物种调查、规划编制工作。而此时的蔡莹与她的团队也没有闲着，不舍昼夜地协调海珠区各部门共同筹备总体规划所需的材料，协助汇总物种名录等材料。最终，在高原湿地研究中心和海珠湿地团队的努力下，成功申报成为试点单位，并在2015年通过验收正式成为国家湿地公园。

广州海珠湿地湖心岛

小湿地大学问，从“听专家”到“成行家”

“湿地公园的路子是确定了，但如何更好地利用岭南底蕴，对湿地进行保护建设与合理利用，是我们湿地团队一直思索的问题。”现任区湿地办党组书记梁锋同志娓娓道来海珠特色湿地之路的探索故事。

在完全没有城央湿地建设经验可借鉴的被动局面下，那就“走出去，请进来”，向专家学。海珠湿地团队一边奔赴香港米埔湿地、西溪湿地、邛海湿地等国内先进湿地公园学习取经，在湿地立法保护、管理机构设置、科学规划建设、生态恢复技术和推动城市发展等方面深受启发，一边邀请南京大学常熟生态研究院、英国湿地与水禽信托基金会（WWT）、WWF等国内外知名机构组织来海珠悉心指导，请来北京林业大学、西南林业大学、重庆大学的顶级专家教授亲临把脉，提升团队专业化管理水平。虽然平日公务繁忙，但蔡莹和梁锋他们总是尽量抽出时间迎来送往每一个到海珠湿地的专家，只因“那是人类智慧的精华，听他们说一句胜读十年书”。

小湿地大智慧，以共建共享共治守护绿地空间

“有别于传统、不做普通事、敢于创新出亮点”是海珠湿地团队开展保护建设工作一直坚守的理念。长期以来，海珠湿地团队一直坚持以海珠湿地为核心，坚持用开放包容的态度拥抱社会，动员更多力量参与湿地建设，在大浪淘沙中优选合作方，扩大湿地辐射圈层，持续发挥湿地溢出效应，共同构建形态多元、功能复合的世界级城市中央湿地。

管理上，既管内也管外，用心守护湿地及周边环境。对内，组建湿地生态保护联盟，与执法、司法机关携手打造湿地保护“法治链”。对外，湿地内牢牢守住生态保护红线，湿地外持续改善环境配套，即使像湿地南门停车场、后滘村这些周边不是湿地的区域，海珠团队仍积极进行协调管理，大幅提升湿地整体品质，为广大市民群众营造更宜居的城市环境。

教育上，为了让生态文明理念根植于孩子心中，团队提出了“让自然教育进校园、进企业、进社区”的策略，牵头创立海珠湿地自然教育学校，吸引10多家机构“共舞”，带领广州学校、家庭、企业编课本、做课程、搞活动，海珠湿地实验学校遍及全区，“三进”成了中国自然教育的“海珠模式”。

科研上，借助位处华南首府的地缘优势，开辟“科学研究之田”，邀请中山大学、华南农业大学等高校利用湿地资源开展项目，促进科研成果为生态、产业发展所用。

经济上，以绿水青山引来金山银山。曾经借调招商办的梁锋利用自身优势积极牵线，以带动海珠湿地发展为目的，与腾讯、保利、广州塔等优质企业代表开展合作磋商，成功争取“智慧湿地”等多个项目落地。梁锋总是说“海珠湿地太美了，真的希望

广州海珠湿地引鸟效果明显

24小时都可以一直看着”，“智慧湿地”项目让这个创想成为现实，通过智慧监测系统实现监测与管理工作智能化。湿地生态赋能不仅体现在周边区域，更向粤港澳大湾区辐射。粤港澳大湾区企业家联盟秘书处落户海珠湿地，营造宜居宜业的良好投资环境，建设融入大湾区发展的海珠湿地创新带。

2020年“粤港澳大湾区环境生态安全与绿色发展”国际工程科技战略高端论坛上，来自政府、高校和科研机构的代表就海珠湿地及大湾区湿地保护进行了广泛交流和深入探讨，共同发表了《生态湾区，无界湿地——海珠·湿地宣言》，首次将“无界湿地”新理念带给现场与会人员，倡议通过多元参与，突破时间、空间、功能、效益的限制，探索在生态、社会、人文和经济等多方面延拓湿地功能。

祁连山下湿地（摄影：陈建伟）

第三篇

盘点家底

——描绘中华大地的湿地版图

资源调查
是一切湿地工作的基础。

3.1 缘由：

为何要开展全国湿地资源调查

在世界范围内，比较正式且有规模的湿地资源调查，始于1971年《湿地公约》的签订和生效。当时《湿地公约》要求各缔约国都应该查清本国湿地资源情况，以便为保护和管理提供支撑。此后，一些缔约国陆续开展了本国的湿地资源清查工作，比如，美国渔业部门开展了河流和湖泊调查，加拿大、荷兰和俄罗斯等国家开展了部分湿地资源调查工作。

辽宁盘锦芦苇荡（来源：湿地中国网）

我国国内湿地资源调查相关工作始于20世纪70年代，当时国家有关部门曾先后组织对我国的沼泽、湖泊、海岸带等开展专项调查，但都是属于具体的自然科学领域，还没有归口到从湿地生态系统的角度开展区域性甚至全国性的调查。1992年，我国政府正式签约加入《湿地公约》，当时国内对湿地的概念了解和认知很少，更是从未开展过全国范围内的湿地资源调查，对于我国湿地资源的情况了解非常模糊，很难按照《湿地公约》的要求来具体开展履约工作。当时，我国政府就意识到，资源调查是开展湿地保护和管理工作的基础，包括制定规划和实施方案、提出保护恢复和修复的具体计划等。如果没有本底资源调查资料，连家底怎么样都不清楚，其他都无从谈起。

为了了解掌握我国湿地资源分布、数量、结构和利用情况等各项基本数据，更加科学、严谨、系统地开展我国的湿地保护和管理工作，也为了履行《湿地公约》的要求，国家林业局决定启动我国的第一次全国范围的湿地资源调查工作。

安徽安庆沿江湿地省级自然保护区

3.2 一调：从无到有的攻坚克难

作为一次前无古人的尝试，我国的第一次全国湿地资源调查（简称“一调”）从1995年至2003年，历时9年，对全国除香港、澳门特别行政区和台湾地区外的31个省（自治区、直辖市）面积超过100公顷的湖泊、沼泽、河流、滨海湿地、库塘等类型湿地进行了比较全面、系统的调查，第一次对我们的湿地家底，包括数量、面积、类型、分布、现状、利用和问题等，有了一个相对全面的认识，彻底改变了我国湿地资源底数不清的现状，也为今后全国湿地资源保护和管理工作提供了科学依据和基础资料。

考虑到湿地领域的专业人员数量尚且非常有限，且资源调查的工作繁重复杂，为了便于工作开展和管理，并提高调查效率，第一次全国湿地资源调查的工作是和全国首次野生动植物资源调查以及我国第三次大熊猫资源调查同步进行的。也因此，当年的这场全国性的调查，其范围之大、调查种类之多、内容之丰富、调查方法之复杂前所未有，都堪称具有行业开创性的意义，是我国自然保护史上的一个重要的里程碑，也受到了国际社会和自然保护领域同行们的广泛关注，意义重大。

根据调查要求，对全国376块重点湿地调查的主要数据来自遥感数据和资料收集，比如，很多湖泊和沼泽的数据来自《中国湖泊志》和《中国沼泽志》（中国科学院的相关研究有位置、面积等的记录），另外部分数据通过调查队员到实地开展调查而获得，完成了样带、样线、样方和行走路线的实地调查。

在各省工作的基础上，国家林业局对各项调查专门组织制定了调查检查验收办法和标准，并通过省级汇总和全国汇总两个阶

被IUCN列为极危物种的青头潜鸭

段，在各省调查报告的基础上，组织有关专家，对各项调查全国成果报告的编写内容进行了专题研讨，完成了《全国湿地资源调查报告》，胜利完成了调查任务。

第一次全国湿地资源调查的结果显示，我国当时在调查范围内的湿地总面积为3848.55万公顷，其中，自然湿地面积为3620.05万公顷，仅占国土面积的3.77%，包括滨海湿地594.17万公顷、河流湿地820.70万公顷、湖泊湿地835.15万公顷、沼泽湿地1370.03万公顷；人工湿地仅调查了库塘湿地，面积为228.50万公顷。

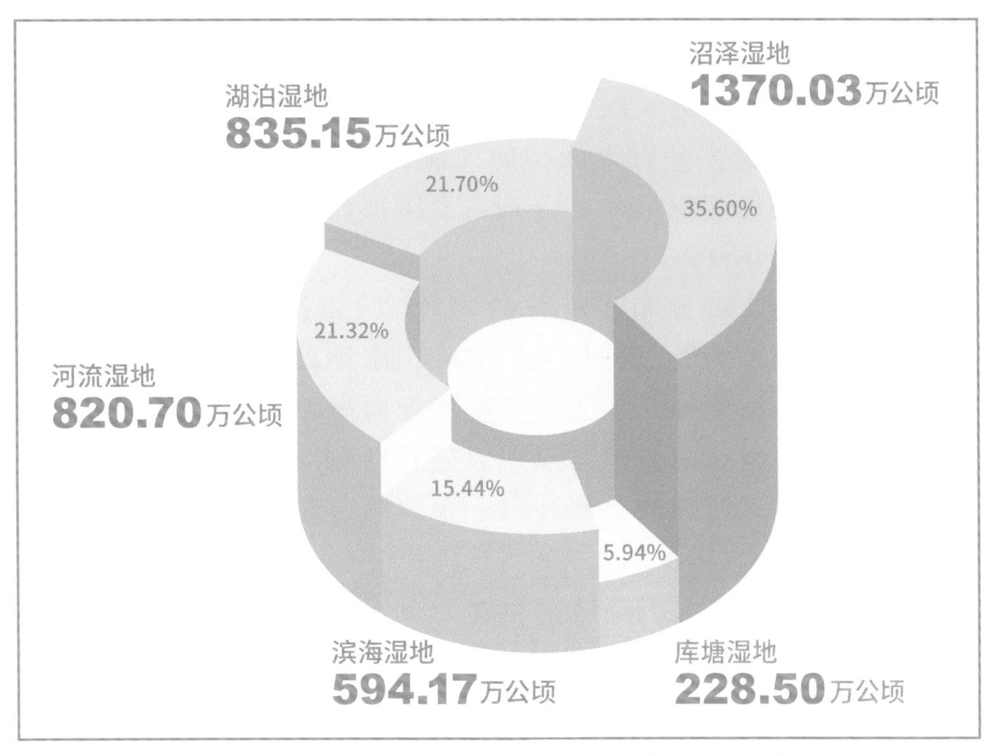

全国湿地面积统计（第一次全国湿地资源调查结果）

湿地分布

我国湿地分布较为广泛，几乎各地都有。受自然条件的影响，湿地类型的地理分布有明显的区域差异。其中，沼泽湿地以东北三江平原、大兴安岭、小兴安岭、长白山地、四川若尔盖和青藏高原为多，各地河漫滩、湖滨、海滨一带也有沼泽发育，山区多木本沼泽，平原则草本沼泽居多。全国有22个省（自治区、直辖市）分布沼泽湿地，其中，黑龙江、内蒙古、青海、西藏的沼泽湿地面积最大，分别占全国沼泽湿地总面积的24.2%、26.6%、20.1%和17.9%。

湖泊湿地主要分布于长江及淮河中下游、黄河及海河下游和大运河沿岸的东部平原地区，高原地区，云贵高原地区，青藏高原地区，东北平原地区与山区。全国有30个省（自治区、直辖市）分布湖泊湿地，其中，西藏、青海、新疆、江苏的湖泊湿地面积最大，分别占全国湖泊湿地总面积的30.4%、14.7%、8.3%和7.2%。

因受地形、气候影响，河流在地域上的分布很不均匀，绝大多数河流分布在东部气候湿润多雨的季风区，西北内陆气候干旱少雨，河流较少，并有大面积的无流区。湖南、内蒙古、吉林、四川的河流湿地面积最大，分别占全国河流湿地总面积的8.3%、7.4%、7.1%和6.9%。

滨海湿地主要分布于沿海的12个省(自治区、直辖市)。滨海湿地以杭州湾为界，杭州湾以北除山东半岛、辽东半岛的部分地区为岩石性海滩外，多为沙质和淤泥质海滩，由环渤海滨海和江苏滨海湿地组成；杭州湾以南以岩石性海滩为主，主要河口及海湾有钱塘江—杭州湾、晋江口—泉州湾、珠江口河口湾和北部湾等。

库塘湿地属于人工湿地，主要分布于我国水利资源比较丰富的东北地区、长江中上游地区、黄河中上游地区以及广东省等。

黄河出海口的疣鼻天鹅（摄影：陈建伟）

3.3 二调：系统科学地改进提高

运筹帷幄，资金和技术保障先行

第一次全国湿地资源调查因为经验、资金等各方面的条件限制，调查的范围、数量、准确度和完整性，都有一定的不足。特别是在资金上，因为调查是和全国野生动植物资源调查合并开展的，并没有单独立项，各省份实际开展调查工作的资金非常有限，也因此限制了很多工作的开展。为了更加系统、科学地指导我国的湿地保护和管理工作的开展、制度和规划的制定，国家林业局湿地中心成立以后，很快将开展第二次全国湿地资源调查（简称“二调”）的工作提上了议事日程，而其中重要的准备工作，就是争取中央财政的支持。

马广仁回忆当时和负责资源调查的鲍达明处长一起去财政部农财司沟通情况时说，当时的分管同志听完他俩的来意，第一反应就表示不理解：湿地资源调查和其他自然资源调查有什么不同呢？第一次全国湿地资源调查没花什么钱不也很好地完成了吗？我们已经立项要做全国森林资源调查，预算了很大一笔资金，到时候通知各省份把湿地调查一起做了就好了，不用这么大费周章。

对于财政部同志的反应，马广仁并不意外，当时湿地完全是一个全新的概念，不要说财政部的同志不理解，就连他们自己团队的成员，很多也都是刚入门，还在学习中。但是他也并不气馁，而是耐心地把湿地和其他生态系统的差异性，特别是资源调查工作的复杂性和特殊性掰开了、揉碎了，耐心地加以解释。不久以后，联合国开发计划署和全球环境基金联合支持的“中国湿地生

四川九寨沟国家级自然保护区（供图：肖维阳）

物多样性保护与可持续利用”项目在四川九寨沟召开项目评审会，湿地中心也邀请了财政部的同志一起参会，实地考察和了解湿地保护和管理工作。通过现场调研、亲身感受和体验，会议上国内外专家的发言，各种形式的深入沟通交流，湿地资源调查的特殊性、重要性和紧迫性终于得到了财政部同志的认可。最终，财政部专门立项支持开展第二次全国湿地资源调查，并拨付了1亿元项目资金，加上地方政府配套的3亿经费，为第二次全国湿地资源调查的开展提供了强有力的支撑。

这笔资金主要用来支付两方面的支出，一是用于支持规划和科研单位购买卫星遥感地图等资料，以及地图数据的分析、提取、处理等研究型工作。应该说第二次全国湿地资源调查很大程度上通过对卫星遥感数据的处理和应用，大大提高了数据的完整度和精确度。资金的另一部分主要支出是拨付到各省，支持他们开展调查，特别是一线的具体核查工作，这也大幅地提升了数据的准确度和可信度。

最终，基于“全国湿地保护工程”的计划，在各部门的鼎力支持下，由国家林业局湿地中心牵头，国家林业局调查规划院、中南林业调查规划院、清华大学3S中心作为技术支撑单位，于2009年至2013年开展了第二次全国湿地资源调查，其中4年时间

河南省第二次湿地资源调查启动仪式暨重点调查培训班

进行数据分析和调查研究，1年时间进行汇总总结。本次调查共涉及滨海湿地、河流湿地、湖泊湿地、沼泽湿地和人工湿地5大类34型，起调面积为8公顷。调查显示，中国湿地总面积5360.26万公顷（约8亿亩），主要运用3S（地理信息系统GIS、全球定位系统GPS和遥感系统RS）技术与现地调查相结合的方法，统一采取遥感数据室内判读、现地验证和实地调查、调查结果室内修正的工作流程。在调查过程中，制定了《全国湿地资源调查技术规程》《第二次全国湿地资源调查工作方案》《第二次全国湿地资源调查质量检查办法及实施细则》等技术文件。

系统深入，标准和方法的精进

虽然距第一次全国湿地资源调查完成仅仅相隔6年，但第二次全国湿地资源调查无论是从理论方法到具体实施，都有了极大的提升，是对我国湿地保护和管理工作新阶段、新要求的回应，也是我国政府对湿地保护事业重视和支持的直接体现。相比于第一次全国湿地资源调查的要求，第二次全国湿地资源调查的调查标准和方法都有了明显的提高。其中，湿地的起调面积从原来的100亩调整明确为面积大于等于8公顷（120亩）、水深6米之内的近海与海岸湿地、湖泊湿地、沼泽湿地、人工湿地以及宽度10米以上、长度5公里以上的河流湿地，开展了包括湿地类型、面积、分布、植被和保护状况的调查。这些调查标准的依据是来自《湿地公约》专家科技委员会制定的标准，他们认为湿地必须有一定的面积才具有有效的生态功能，8公顷是一个基线。在分类体系上，同样根据《湿地公约》分类体系，将湿地划分为5大类34型。

第二次全国湿地资源调查分一般调查和重点调查，一般调查是指对所有符合调查范围要求的湿地斑块进行的调查，调查因子包括湿地型、面积、分布、平均海拔、所属流域、水源补给状况、植被类型及面积、主要优势植物种、土地所有权、保护管理状况等。重点调查是指对国际重要湿地、国家重要湿地、自然保护区、自然保护小区、湿地公园以及其他具有特殊保护意义的湿地进行详细调查，调查因子除一般调查所列内容外，还包括湿地的自然环境要素、水环境要素、野生动物、植物群落和植被、保护与管理、利用状况、社会经济状况和受威胁状况。

第二次全国湿地资源调查在调查的科学技术方法上也有很大的提高，卫星遥感地图和数据分析方法的应用成为调查的科学基

近海与海岸湿地
浅海水域、潮下水生层、珊瑚礁、岩石海岸、沙石海滩、淤泥质海滩、潮间盐水沼泽、红树林、河口水域、三角洲 / 沙洲 / 沙岛、海岸性咸水、海岸性淡水湖
湿地型数量 12

沼泽湿地
藓类沼泽、草本沼泽、灌丛沼泽、森林沼泽、内陆盐沼、季节性咸水沼泽、沼泽化草甸、地热湿地、淡水泉 / 绿洲湿地
湿地型数量 9

人工湿地
库塘、运河 / 输水河、水产养殖场、稻田 / 冬水田、盐田
湿地型数量 5

河流湿地
永久性河流、季节性或间歇性河流、洪泛平原湿地、喀斯特溶洞湿地
湿地型数量 4

湖泊湿地
永久性淡水湖、永久性咸水湖、季节性淡水湖、季节性咸水湖
湿地型数量 4

第二次全国湿地资源调查的分类体系

础。由国家林业局调查规划院、中南林业调查规划院以及清华大学3S中心3个单位采用分片包省的形式，共同负责这项开创性的工作，具体采用丰水季中巴资源遥感卫星CBERS-CCD数据作为此次调查主要数据源。CBERS-CCD数据处理包括几何精校正、波段组合、图像镶嵌等，数据处理平台采用遥感影像处理软件（ERDAS）。几何精校正以1∶5万地形图为基准，采用西安1980坐标系进行投影转换，几何精校正精度不低于1个像元。波段组合采用4-3-2标准假彩色，同时考虑其他波段组合。图像镶嵌时进行匀色处理，方法采用直方图匹配算法。

基于这些数据分析，对具体调查工作进行区划，按照省(自治区、直辖市)—湿地区—湿地斑块进行组织。湿地斑块区划判读采用目视解译方法。判读工作人员在正确理解分类定义的情况下，参考有关文字、地面调查资料等，在地理信息系统软件（ArcGIS）支持下，将相关地理图层叠加显示。将计算机屏幕放大到1∶2.5万比例尺以上。全面分析遥感图像数据的色调、纹理、地形特征等，将判读类型与其所建立的解译标志有机结合起来，准确区分判读类型。以面状图斑和线状地物分层判读。建立判读卡片并填写遥感信息判读登记表。

在科学分析和管理的基础上，第二次全国资源调查还要求所有数据都必须进行现场核查，对于通过遥感解译获取的湿地型、面积、分布(行政区、中心点坐标)、平均海拔、植被类型及面积、所属三级流域等信息，都需要通过野外调查、现地访问和收集最新资料来获取水源补给状况、主要优势植物种、土地所有权、保护管理状况等更详尽的数据。在多云多雾的山区，如无法获取清晰的遥感影像数据，则全面通过实地调查来完成。

志愿者在四川若尔盖湿地开展调查

对于国际重要湿地、国家重要湿地、自然保护区、自然保护小区和湿地公园内的湿地，以及其他特有、分布有濒危物种和红树林等具有特殊保护价值的湿地开展重点调查。重点调查的内容除了一般调查的内容外，还包括自然环境要素、水环境要素、湿地野生动物、湿地植物群落与植被、湿地保护与利用状况、受威胁状况等重点调查。以重点调查湿地为调查单位，根据调查对象的不同，分别选取适合的时间和季节，采取相应的野外调查方法开展外业调查或收集相关的资料。

最后，所有的调查数据还要进行汇总统计。第二次全国资源调查的数据汇总、信息管理和制图全部通过数据库和GIS软件进行。软件平台采用ArcGIS。对于湿地斑块调查的数据，根据遥感解译判读结果和现场调查成果，将各湿地斑块及其属性输入GIS软件和相关数据库，并进行汇总，得到各湿地斑块的湿地型、所属湿地区、面积、平均海拔、主要植被类型及面积、土地所有权、所属行政区、所属三级流域等。对于重点调查获取的自然环境要素、水环境要素、湿地野生动物、湿地植物群落与植被、湿地保护与利用状况、受威胁状况等信息，需要输入数据库，进行统计

云南省千湖山开展湿地资源调查

云南省第二次湿地资源调查入库数据反馈会　湖北省黄冈市黄梅县林业局组织开展当地湿地资源调查

汇总。汇总工作分为省级和国家两个层面。通过省级汇总，形成各省级单位湿地资源调查报告。通过国家层面汇总，形成全国湿地资源总报告和各种专题报告。

在汇总阶段，采用ArcGIS制作湿地资源调查成果图，包括湿地资源分布图、重点调查湿地分布图、各湿地类湿地资源分布图等。

通过这些专业严谨、缜密细致的工作，不仅帮助识别了许多曾经未被记录的湿地，还获得了大量非常珍贵的一手和现场资料，帮助当时的湿地研究和管理者更直观地了解我国湿地当时的状况，以及面临的威胁和挑战。

经统计，全国先后累计有约2.2万人次参与第二次全国湿地资源调查的工作，相比于第一次调查的1000余人有了质的提高。因为湿地资源分布的特殊性，其野外调查工作的难度极高，风险很大，对工作人员的挑战极大，但是得益于全国和地方同心协力，各种部署、管理、保障工作的到位，整个调查期间没有出现工作人员伤亡的严重事件，对于覆盖面如此广、工作量如此大、难度如此高的一项全国性自然资源调查工作而言，这是非常难能可贵的。

成果丰硕，为科学管理和规划发展保驾护航

第二次全国湿地资源调查取得了丰硕的成果：一是全面掌握了调查范围内符合《湿地公约》标准的各类湿地面积、分布和保护状况，建立了遥感影像和基础数据库。二是掌握了国际重要湿地、国家重要湿地、自然保护区、湿地公园和其他重要湿地的生态、野生动植物、保护与利用、社会经济及受威胁状况等。三是掌握了近10年来100公顷以上湿地面积、保护状况和受威胁状况的动态变化情况。四是建立了稳定的湿地资源调查专业队伍和专家团队。五是形成了完善的湿地资源调查监测系列技术规范。以当时受到全球关注的高原湿地若尔盖为例，在第二次全国湿地资源调查的统筹部署、专业支撑和资金支持下，对若尔盖湿地的沼泽、湖泊和河流3种类型湿地进行了全面的调查，特别是其中

江西东鄱阳湖国家湿地公园

10公顷以上的3个湖泊：花湖、哈丘湖、措拉坚，以及具有重要的水源涵养和固碳功能的高寒泥炭沼泽湿地，进行了系统而细致的调查研究，为后续更有效的保护和管理措施制定和执行提供了坚实的科学数据支撑。

此次湿地资源调查全国共区划湿地斑块27.62万块，区划湿地区3391个，重点调查湿地1579处，布设植物调查样方72227个、动物调查样带和样方14044个，获取调查成果数据2.6亿条。通过此次湿地资源调查，掌握了调查范围内符合《湿地公约》标准的各类湿地面积、分布和保护状况；掌握了国际重要湿地、国家重要湿地、自然保护区、湿地公园和其他重要湿地的生态、野生动植物、保护与利用、社会经济及受威胁状况；掌握了近10年来100公顷以上湿地面积、保护状况和受威胁状况的动态变化情况。在世界范围内，我国按照《湿地公约》的要求是唯一一个完成整个国家的湿地资源调查工作的，这为其他国家开展湿地资源调查提供了良好示范，同时为推动全球湿地保护作出了贡献。

全国各省（自治区、直辖市）湿地面积（万公顷）

序号	省(自治区、直辖市)	湿地面积	序号	省(自治区、直辖市)	湿地面积
1	北京	4.81	17	湖北	144.50
2	天津	29.56	18	湖南	101.97
3	河北	94.19	19	广东	175.34
4	山西	15.19	20	广西	75.43
5	内蒙古	601.06	21	海南	32.00
6	辽宁	139.48	22	重庆	20.72
7	吉林	99.76	23	四川	174.78
8	黑龙江	514.33	24	贵州	20.97
9	上海	46.46	25	云南	56.35
10	江苏	282.28	26	西藏	652.90
11	浙江	111.01	27	陕西	30.85
12	安徽	104.18	28	甘肃	169.39
13	福建	87.10	29	青海	814.36
14	江西	91.01	30	宁夏	20.72
15	山东	173.75	31	新疆	394.82
16	河南	62.79		合计	5342.06

第二次全国湿地资源调查不仅完成了基础资源调查，还从方法上进行了提升，经验上进行了总结。第二次全国湿地资源调查提出了基于湿地生态系统的完整性和地貌单元的独立性的“湿地区”的概念，为湿地生态系统功能评价、湿地生物多样性分析、湿地自然资源保护和管理等奠定了科学的基础。基于第二次全国湿地资源调查的结果，构建了湿地资源数据库、湿地资源管理信息系统和湿地资源电子图集。湿地斑块数据、重要湿地等资源情况及全国省级、县级、流域和系列国土空间重点区域的湿地资源等情况均可查询，并将湿地资源电子图集制作成光盘，方便携带和现场应用。同时编撰出版了中国湿地资源系列图书，全面翔实地论述了我国湿地调查概况、湿地面积与分布、湿地植物和植被、湿地野生动物、湿地生态状况、湿地保护与利用、湿地资源动态变化、湿地资源评价与建议。这些成果填补了我国湿地基础数据空白，成为湿地保护管理的工具性和综合性的专业成果报告，以及科学开展湿地保护和管理工作的重要参考。

总结第二次全国湿地资源调查工作的成果，编撰出版了一系列国土空间重点区域湿地专题报告，包括《水鸟迁徙路线湿地资源专题报告》《重点生态功能区湿地资源专题报告》《主要江河干流湿地资源专题报告》《其他重点区域湿地资源专题报告》，论述了我国湿地资源的国土空间分布、面积及其保护管理、受威胁等情况，并给出了保护管理建议。该套系列丛书后来成为我国湿地保护管理相关部门的重要基础性参考工具书籍。

两次全国性湿地资源调查完成的时间间隔约10年，其间中国湿地资源状况呈现3个主要变化。

一是同口径下湿地面积减少。对比两次调查类型相同、范围相同和起调面积相同的湿地，近10年来我国湿地面积减少了339.63万公顷，其中，自然湿地面积减少了337.62万公顷，减少率为9.33%。此外，河流、湖泊湿地沼泽化，河流湿地转为人工库塘等情况也很突出。

二是湿地保护面积增加。湿地保护面积增加了525.94万公顷，湿地保护率由30.49%提高到43.51%。新增国际重要湿地25块，新建湿地自然保护区279个，新建湿地公园468个，初步形成了较为完善的湿地保护体系。

三是湿地受威胁压力进一步增大。从重点调查湿地对比情况来看，威胁湿地生态状况主要因子已从10年前的污染、围垦和非法狩猎三大因子，转变为污染、过度捕捞和采集、围垦、外来物种入侵和基建占用五大因子，威胁因子出现频次增加了38.72%。主要威胁因素增加，影响频次和面积都呈增加态势。

在这10年中，党中央、国务院更加重视湿地保护。国务院批准了《全国湿地保护工程规划（2002—2030年）》以及该规划的“十一五”和“十二五”实施方案，下发了《关于加强湿地保护管理的通知》，每年“中央一号文件”和《政府工作报告》都对湿地保护提出过明确的要求，中央林业工作会议提出要建立湿地生态效益补偿机制，党的十八大报告强调要“扩大森林、湖泊、湿地面积，保护生物多样性”等。为实现这些重大战略决策，国家林业局会同有关部门与各级政府在湿地保护管理上开展了大量工作，在一定程度上促进了湿地保护工作的健康发展。

2014年1月13日，国务院新闻办公室举行第二次全国湿地资源调查结果等情况新闻发布会。国家林业局副局长张永利在介绍相关情况时表示，党中央、国务院对第二次全国湿地资源调查工作高度重视，李克强总理在国家林业局1月7日报送的《关于第二次全国湿地资源调查结果有关情况的报告》上作出重要批示：“湿地是重要的生态资源，此次调查摸清了‘家底’。有关部门要形成合力，完善湿地保护制度体系，依靠科技，多措并举，遏制湿地减少、退化势头。”国务院副总理汪洋也作了批示，要求：“各有关部门要高度重视湿地保护工作，加强宣传教育，加大投入力度，加快湿地立法，健全保护制度，进一步提升我国湿地保护工作水平，为建设生态文明和美丽中国奠定坚实的生态基础。”

该调查结果显示全国湿地总面积5360.26万公顷（另有水稻田面积3005.70万公顷未计入），湿地率5.58%。其中，调查范围内湿地面积5342.06万公顷，收集的香港、澳门和台湾湿地面积18.20万公顷（本次调查范围不包括香港、澳门和台湾，以下所涉及湿地面积均为调查范围内湿地面积)。自然湿地面积4667.47万公顷，占87.37%；人工湿地面积674.59万公顷，占12.63%。自然湿地中，近海与海岸湿地面积579.59万公顷，占12.42%；河流湿地面积1055.21万公顷，占22.61%；湖泊湿地面积859.38万公顷，占18.41%；沼泽湿地面积2173.29万公顷，占46.56%。

按照全国水资源区划一级区统计，各流域湿地分布分别为：西北诸河区湿地面积1652.78万公顷，西南诸河区湿地面积210.81万公顷，松花江区湿地面积928.07万公顷，辽河区湿地面积192.20万公顷，淮河区湿地面积367.63万公顷，黄河区湿地面积392.92万公顷，东南诸河区湿地面积185.88万公顷，珠江区湿地面积300.82万公顷，长江区湿地面积945.68万公顷，海河区湿地面积165.27万公顷。

调查结果显示，我国已初步建立了以湿地自然保护区为主体，湿地公园和自然保护小区并存，其他保护形式为补充的湿地保护体系。纳入保护体系的湿地面积2324.32万公顷，湿地保护率43.51%。其中，自然湿地保护面积2115.68万公顷，自然湿地保护率45.33%。

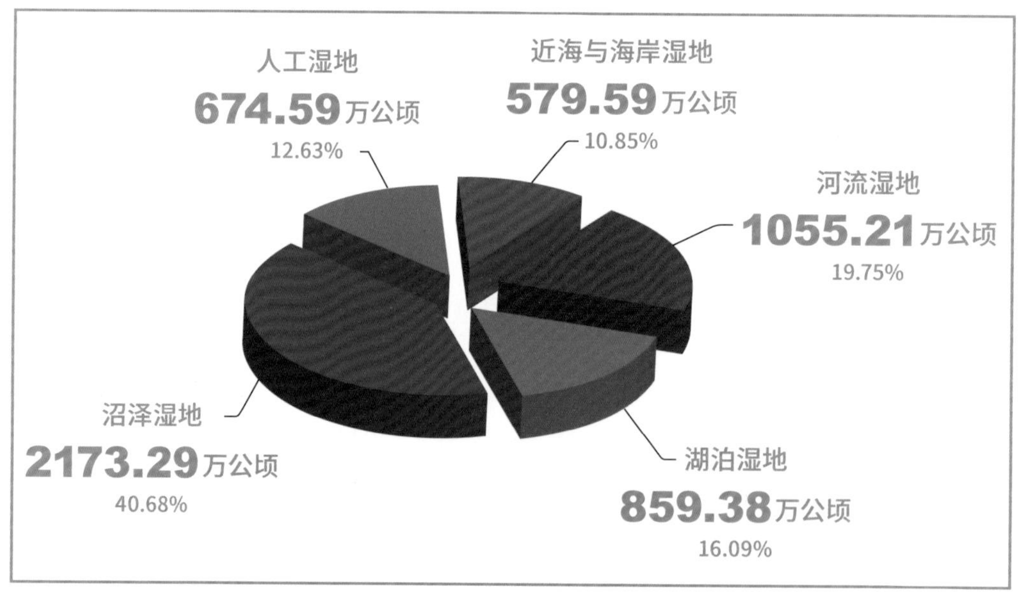

全国各类湿地面积比例示意图

3.4 实践：资源调查结果指导实务

快速反馈，积极应对

国家林业局湿地保护管理中心对调查结果高度重视，特别是对其中反映的问题进行了快速反馈和积极应对。

调查结果中反映出我国湿地资源保护与发展面临着以下突出问题。

一是湿地生物多样性有所减退。由于污染、围垦等原因，湿地生态系统功能下降，生物多样性减退。仅从湿地鸟类资源变化情况看，两次调查记录到的鸟类种类呈现减少趋势，超过一半的鸟类种群数量明显减少。

二是湿地保护空缺较大。近10年来，我国逐步建立了湿地生态系统的保护体系。我国湿地保护率虽然有所提高，但国家重点生态功能区、湿地候鸟迁飞路线、重要江河源头、生态脆弱区和敏感区等范围内的重要湿地，还未全部被纳入保护体系之中。例如，国家重点生态功能区湿地保护率仅为51.52%，国家重要湿地保护率仅为66.52%。全国湿地保护的空缺还较多，湿地保护管理任务非常艰巨。

三是管理工作亟待加强。从管理角度看，国家还没有出台湿地保护专门法规，湿地保护长效机制尚未建立，湿地保护的科技支撑还十分薄弱，全社会的湿地保护意识有待进一步提高。

为此，湿地保护管理中心团队经过研判认为：总体来看，我国湿地保护形势依然严峻，湿地生态保护与经济社会发展之间的矛盾十分突出，需要全国上下更加重视和支持湿地保护，按照党的十八大提出的“扩大湿地面积”战略部署，紧紧围绕大力推进生态文明建设的总体要求，积极推进湿地立法工作，健全湿地保护管理制度，完善湿地保护管理体系，加强湿地保护宣传教育，进一步扩大湿地保护面积，充分发挥湿地在维护生态安全、应对气候变化、改善生态环境中的重要作用。具体应对策略包括：

一是加强法规和制度建设。下一阶段将继续努力推动国家加快出台《中华人民共和国湿地保护条例》，明确湿地保护职责权限、管理程序和行为准则。制定湿地保护红线，完善湿地生态补偿制度，实行湿地分类管理。

二是实施生态修复工程。实施《全国湿地保护工程“十二五”实施规划》，加强重要区域湿地保护恢复和综合治理等，扩大湿地面积。在候鸟迁飞路线和国家重点生态功能区范围内的重要湿地，优先开展重大生态修复工程。

三是完善湿地保护体系。完善和建设以湿地自然保护区为主体，湿地公园和自然保护小区并存的湿地保护体系。加强各级湿地保护管理机构建设，强化湿地保护管理的组织、协调、指导、监督工作，提高湿地保护管理能力。

四是加大科技支撑。开展重点领域科学研究，研究湿地保护和恢复的关键技术，为大规模开展重大生态修复工程服务。建立科学决策咨询机制，为湿地保护决策提供技术咨询服务。

五是增强全社会保护意识。在全社会开展湿地保护和资源忧患意识宣教活动，增强全民生态保护意识，形成全社会共同参与和支持保护湿地的良好氛围，逐步将湿地保护纳入各级党委和政府的政绩考核范围。

成果应用

“第二次全国湿地资源调查”的成果，不仅得到整理、出版、发布，也被广泛地应用到湿地保护和管理的具体工作和实践中。

一是项目成果被应用于国家战略文件和政策的制定中。湿地资源调查成果先后被应用于《中共中央、国务院关于加快推进生

中国湿地资源系列图书和电子图集发布会现场

中国湿地资源系列图书和电子图集展示

态文明建设的意见》《国家林业局推进生态文明建设规划纲要》《湿地保护管理规定》等国家战略文件的制定建设中。同时，调查成果为我国湿地生态效益补偿、湿地保护奖励等政策制定提供了科学依据。

二是项目成果广泛应用于国家或区域规划。调查成果先后被应用于《全国湿地保护“十三五”工程实施规划》《全国候鸟迁徙路线保护总体规划》《国家重点生态功能区生态保护与建设规划》《京津冀一体化生态保护方案》等国家或区域规划。

三是项目成果多次应用于国家或地方科研项目。调查成果已先后应用于国家林业公益性行业科研专项“海南省滨海湿地生态系统服务功能与评估技术研究”、国家基础性工作专项“中国沼泽湿地资源及其主要生态环境效益综合调查”等项目中。

四是为其他自然资源国情调查和发布提供参考。调查成果与国家测绘地理信息局共享，为当时正在开展的“第一次全国地理国情普查”提供了重要参考。中国科学院的专家团队还专门到国家林业局与项目负责人对接，第二次全国湿地资源调查的相关成果支持了当时正在进行的国家高技术研究发展计划（简称“863计划”）全球地表覆盖遥感制图与关键技术研究项目，帮助完善了项目成果30米分辨率全球地表覆盖数据集(GlobalLand30)的数据内容。

第二次全国湿地资源调查按照《湿地公约》的要求完成了我国的湿地资源调查，掌握了调查范围内符合《湿地公约》标准的各类湿地面积、分布和保护状况，建立了遥感影像和基础数据库，基本摸清了我国湿地资源家底，为我国有效接轨国际湿地保护工作、积极履行《湿地公约》提供了科学依据，为科学划定我国8亿亩湿地保护红线奠定了坚实的基础，从而有效保障我国国家生态安全和生态文明战略的实施，更为我国履行《湿地公约》提供了科学依据，对其他国家开展湿地资源调查具有示范作用，为推动全球湿地保护作出了重要贡献。

中国湿地资源系列图书和电子图集发布

7月11日，中国湿地资源系列图书、中国湿地资源电子图集在北京发布。中国湿地资源系列图书编撰工作领导小组组长、国家林业局副局长张永利指出，这是我国湿地保护管理和湿地文化建设的一项标志性工程，也是我国对世界湿地文化发展作出的一个重大贡献。

张永利指出，中国湿地资源系列图书和电子图集具有较高的应用和学术价值，为生态文明建设、生态文明体制改革、湿地保护管理决策、湿地保护制度建设、相关重大规划编制、政策法规制定等提供了科学依据，为相关科研机构提供了基础研究数据，同时也是公众认识和了解湿地、普及湿地知识、传播湿地文化的良好载体，将更加有力地支撑我国生态文明建设和湿地保护管理，为关心支持我国湿地保护事业的广大读者提供有力帮助。

中国湿地资源系列图书和电子图集由国家林业局于2013年4月组织编撰。系列图书是我国第一部全方位介绍湿地资源的大型系列工具书，与电子图集建立的湿地资源可移动数据库平台构成有机整体，是世界上第一部全面、翔实、准确地介绍一个国家湿地资源的巨著。中国工程院院士刘兴土介绍，中国湿地资源系列图书和电子图集是在第二次全国湿地资源调查成果基础上编写制作而成，其编写、研发过程汇集了全国主要湿地科研院所众多学者和专家的集体智慧。

中国湿地资源系列图书由中国林业出版社组织出版，于2016年5月完成。系列图书包括1本总卷、31本分卷，共计1198万字。全套图书共有1610位专家学者参与编写，分别系统阐述了全国和各省份湿地变迁、湿地类型、湿地生物资源、湿地资源利用、湿地资源评价、湿地保护与管理等内容。

中国湿地资源电子图集由国家林业局调查规划设计院会同中南林业调查规划设计院、清华大学3S中心、中国地图出版社、北京锐宇博图科技有限公司等单位研制，2016年2月制作完成。电子图集共298万字、2562个图件，由全国湿地资源、重点生态功能区、鸟类迁徙通道、江河干流、其他重点区域、国际重要湿地、国家重要湿地、重点调查湿地、湖泊湿地和流域分区等10个专题部分组成。

发布会上，中国湿地资源系列图书捐赠给国家图书馆和北京林业大学图书馆。

（中国绿色时报副刊　张兴国）

湖北大九湖倒影（摄影：陈建伟）

第四篇

由点及面

——推动建立流域湿地保护网络

中国的湿地保护
用行动为世界做了榜样。

4.1 想法萌芽：从千湖之省开始编织“生命之网”

98洪水引起的生态反思

湿地保护由点及面，从具体的保护地到区域甚至流域尺度的综合保护之思维和行动的转变，要从1998年夏天开始说起。

1998年从6月到8月，受超强厄尔尼诺效应的影响，中国多个地区出现持续降雨，雨带不断南北拉锯，长江干流的宜昌站前后共出现8次洪峰，从长江中游到下游，各站告急，并相继达到年最高水位，创下历史最高纪录。

大灾之后，整个国家自上而下，从政府到科研单位，从农业、林业，到水利、经济各个部门都开始反思和讨论之前的治水策略，重新认识自然的力量，寻求更加生态友好的解决方案。很快，国务院提出了新的32字方针：“封山植树，退耕还林；平垸行洪，退田还湖；以工代赈，移民建镇；加固堤防，疏浚河湖。”

以前主要依靠筑坝筑堤等工程措施把水控制在人为选定的通道中，流域范围内原本大面积泛洪区的自然湿地早已被开发成为农田和村镇，围湖造田、拦湖建垸又使湖泊面积大量减少，已经无法在洪水期间发挥滞纳洪水的作用。而保留的分蓄洪区，因为一旦启用可能造成巨大社会经济损失，往往很难充分发挥作用。因此，这次转变的国家层面防洪治水整体战略，明确提出要恢复一部分湖泊、河流等自然湿地，重建流域湿地生态系统的承载能力，通过恢复湿地面积，预留空间，给暴雨让出出路，让洪水有处可去；同时，通过植被特别是沿岸坡地的保护和恢复，减少水土流失，缓解河流淤塞和河床抬高的趋势，降低悬河溃堤的风险。

洞庭湖畔基于生态系统的湿地恢复探索

在此湿地保护政策和具体行动策略转变和实践探索的过程中，很多保护机构特别是国际组织发挥了积极的作用。

全球最大自然保护机构世界自然基金会（WWF）评价筛选出的全球238个最重要的生态功能区中，长江流域的源头和上游区、中下游地区和河口地区均位列其中，而在WWF全球2008—2020年的保护项目战略框架中，长江流域被列入全球“200佳生态区”中最为优先保护的35个区域之一，可见长江流域的保护，当时已上升到举世瞩目的全球高度。

“当时从生态系统的角度开展湿地恢复工作已经成为国际上的主流共识。我们认识到需要重建能够‘自由流淌’、健康有生命力的河流，恢复在整个流域范围内河流、湖泊、沼泽等各种类型湿地，及其和周边森林、草地、农田等生态系统的关系，构建一个彼此相连，生生不息的‘生命之网’。这些国际上的成功经验，和我国当时提出的32字灾后重建方针中的‘平垸行洪、退田还湖’，非常契合。”曾任WWF北京代表处首任淡水与海洋项目主任、时任北京林业大学生态与自然保护学院院长的雷光春教授回忆当年，感慨很深。

“中国有自己独特的国情和民情，长江中下游是中国人口和城镇最密集、社会经济发展程度最高的地区，长江中下游地区的老百姓千百年来的生存与长江的河湖水系紧密相连。无论是退田还湿的政策，还是重建湿地生命之网的国际经验，都不能单纯从生态保护的角度去推行，更重要的是寻求兼顾社区发展和生态保护的共赢解

“生命长江”项目的愿景图

决方案。”于是，雷光春团队经过反复思辨、调查和研讨，提出了整合四大湿地产业的“洪水型经济模式”，即：生态旅游、水产养殖、草地畜牧业以及林业与林产品加工业，同时结合湿地生态系统恢复、生物多样性保护等措施多管齐下，共同形成了“生命长江”的项目战略和愿景，并在洞庭湖区域成功地开展了沅江西畔山洲垸的适洪经济与有机农业的替代生计项目、青山垸的社区共管体系项目的示范。2018年，雷光春教授获得湿地国际颁发的全球湿地研究与保护领域的最高奖项“卢克·霍夫曼湿地科学与保护奖”，他相信，自己与湿地一生的缘分，就是从当年的洞庭湖区开始的。

2002年，WWF在湖北省启动了以“重建江湖联系，恢复长江中游生命网络”为目标的“恢复长江生命之网”项目，推动“灌江纳苗”以重建长江干流与沿江湖泊的水文和生态联系，实施基于社区的湿地保护与恢复示范工作，开展水生生物资源保护。其中一项具有奠基性意义的工作，就是推动成立了湖北省湿地保护网络。

“千湖之省”开创湿地保护网络先河

位于长江中游江汉平原的湖北省三面环山，中南部为开阔的河湖冲积平原，其中河流纵横、湖泊密布、水面宽广，是长江及其支流千百年来动态演化的结果，被誉为“千湖之省”。但是，随着社会经济的发展、人口的快速增长和城市化扩张的步伐不断加快，人类活动对湖泊的影响持续加剧。近一个世纪以来，因为人类活动影响、过度开发利用、气候变化等问题，湖北省的湿地面积不断缩小。2013年第二次全国湿地资源调查显示，湖北湿地总面积2175.3万亩，占全省面积的7.8%。但是相比一个世纪之前，湿地总面积大约减少了2/3，特别是面积大于10平方公里的大湖大量消失，很多湖泊已经丧失了调洪蓄洪能力。这些变化，与人类活动的影响密不可分。

基于“生命长江”项目取得的国内外积极影响，WWF将湿地保护工作进一步拓展到湖北省。项目负责人王利民博士很快辞去了在农业部处级岗位上的铁饭碗，成立WWF武汉办公室，并在武汉市的涨渡湖、石首市天鹅洲和洪湖三个与长江的自然水文联系已经中断多年的阻隔湖泊开始试点，一头扎进了“千湖之省”的茫茫湿地中。

水是流动的，河流和湿地，从来就是一个相互依存的生命共同体，湿地的保护和恢复，不可能孤立在一时一地，要从生态系统的角度恢复它们和河流之间的自然联系。实际上，当时大量的湖泊已经因为人工开发建设完全切断了和长江的关系。江湖阻隔不仅破坏湖泊的调蓄能力，增加洪水风险，导致水体自净能力下降和水质快速恶化，还进一步造成生境的退化和生物多样性的丧失，引起一连串的生态问题。因此，要从根本上解决问题，就是要恢复江湖之间的自然联系，恢复湖泊湿地生态系统的连通性和生命活力。

然而，相比于“退田还湖”，“江湖联通”的概念当时过于超前，不要说老百姓不理解，政府也不放心。洪水之后，堤坝被视为防洪的生命线，不加强保护反而要打开大堤，这简直是天方夜谭。为了得到地方政府和老百姓的理解支持，2002年9月，WWF

恢复生机的湖北洪湖湿地

与湖北省人民政府在武汉市联合主办“湖北省湿地保护与可持续利用高级论坛”，并签署了《合作备忘录》。

2004年3月，湖北省湿地保护区网络正式成立

2004年3月，湖北省林业局正式宣布和WWF达成战略合作，重点内容是共同开展湖北省湿地保护区网络建设，提高湿地有效管理的方法和途径。当时湖北省还没有一个湿地类型的国家级自然保护区，和“千湖之省”的自然本底现状和湿地保护需求很不相符，通过这个项目，双方承诺将共同开展湿地保护和恢复工程规划，包括建立涨渡湖省级自然保护区（60平方公里），申报洪湖、梁子湖国家级湿地自然保护区（500平方公里）。更重要的是，通过湿地保护网络的建设，恢复湿地生物多样性和江湖之间的自然联系，扭转湿地数量和面积减少、功能退化的趋势，累计实现新增1000平方公里以上的湿地保护面积的目标。

到2007年，湖北省湿地保护区网络成员达到24个，新建了涨渡湖等5处湿地自然保护区，网湖、沉湖晋升为省级自然保护区，洪湖自然保护区、龙感湖自然保护区通过了国家级评审，全省受保护湿地面积达36万公顷，占全省湿地面积23%。在网络的平台基础上，推动设立了“湿地保护项目小额基金”，极大地促进了湿地基础科学和应用相关研究的开展。湖北省编制了《湖北省湿地保护工程实施规划》，推动了省级湿地立法的研究，开通了首个省级湿地保护专业网站，编辑出版了《湖北湿地》专业期刊，并取得了一系列具有影响的成果。实践证明，运用保护区网络的手段来促进系统化地开展保护区的有效管理，是一个行之有效的途径，不仅能产生明显的生态效益，同时也能产生显著的社会效益。

4.2 从局部到整体：
长江流域湿地保护网络成立

湖北省的经验，很快在行业内得到传播，对于在更大范围内以保护区网络为主要形式、开展流域尺度的湿地保护的思想，也开始萌芽。

实际上从流域视角开展水资源和湿地生态系统的保护，在国际上已经得到广泛的重视。20世纪90年代，以流域可持续发展为目标的流域综合管理（IRBM，Integrated River Basin Management）已经成为国际的主流共识。很多国家都建立了本国的流域管理体制，并积累值得借鉴的经验，比如：

（1）明确流域管理的主要目标。从最初的防洪减灾、航运水利，到后来更多关注水污染治理和环境流的修复。例如，气候和水资源分布特点的地区差异很大的澳大利亚，在流域管理上重点关注水资源的利用与协调；欧洲的莱茵河流域则从水环境恶化问题入手，逐步过渡到流域综合协调与管理。

（2）重视立法。如奥地利1884年就制定了《荒溪流域治理法》，用以规范以恢复森林为中心的山区流域管理。美国田纳西州1933年成立田纳西河流域管理局（Tennessee Valley Authority，TVA），并通过《田纳西流域管理法》（TVA法），确定从联邦政府层面成立专门机构来统筹流域的开发和管理，明确机构职责，为统一管理提供了法律保障。

（3）重视全流域的整体协调与综合管理。流域管理要解决的关键问题就是不同区域、行政单元和部门间的协调问题，特别是流域治理的获益方如何承担对付出方的补偿义务，在流域治理的目标、策略等问题上达成共识，才能实现真正的综合管理。

长江流域建设湿地保护网络的综合研判

国家林业局湿地保护管理中心成立之初，长江流域的湿地保护就被纳入重要的工作内容。保护好长江流域的湿地，是中国湿地保护和管理刻不容缓的优先工作，是解决湿地保护和合理利用，平衡保护和发展之间关系的必然探索，更是保护中华民族文化的发源地，也是保护中国人口最密集地区的人民生计的现实需要。

在整个流域范围内，长江中下游地区由于区域经济发展速度快，城镇建设和人口压力大，科学保护与开发利用湿地的模式缺乏，自然资源被过度利用开发，致使湿地生态系统的服务功能下降、生物多样性丧失、水环境持续恶化等问题十分突出。虽然建立了不少保护区，但普遍缺乏能力建设，专业人才匮乏，经验方法不足，保护有效管理标准、模式和评价体系不健全，科研机构、社会团体、非政府组织和公众参与保护的积极性和机制均不完善，

湖南吉首峒河国家湿地公园

黑龙江珍宝岛国家级自然保护区（摄影：陈建伟）

对保护区的管理效果并不理想。加之各级政府部门与不同保护区管理机构之间缺乏协同，孤立的就地保护往往无法真正对症下药，难以整体掌握长江中下游流域湿地生态系统的变化规律，更无法形成整体性的流域综合管理保护策略和保护效果。

20世纪末开始，暴雨、干旱、冰冻等灾害事件频发。98洪水之后，2008年的特大冰灾、2010年长江特大洪水、宁夏舟曲泥石流灾害、2009—2014年云南连续6年出现严重春旱、沿海地区的台风灾害等，自然灾害的发生呈现出持续、频繁的特征，这与湿地面积的持续减少、湿地功能调洪蓄洪等的急剧退化有直接关系。

人们逐渐认识到，全球气候变化背景下，极端气候事件正在从小概率、局部性事件逐步演变为常态化、全局性的全球环境问题，其发生频率、影响范围和破坏程度都在不断增加，而应对的重要策略，就是基于自然的解决方案——从生态系统角度提升其对极端气候事件的适应性。研究证实，湿地生态系统对维护气候

稳定发挥重要作用：一方面，通过储存或释放碳来参与地球表面大气层中温室气体浓度的调节和平衡；另一方面还具有调蓄洪水、涵养水源、净化水质等多种生态服务功能，减缓极端气候可能造成的影响。提高自然生态系统的承载力、适应力和防范能力等，是全球公认的应对气候变化最根本、最有效和最经济的策略。因此，加强湿地生态系统的保护，保证湿地生态系统的完整性和基本功能，是气候变化背景下湿地保护工作的重点所在。对于城市和人口密集、河流湖泊广布、人类活动对自然干扰强度高、极端气候等事件发生的风险高的长江中下游地区，湿地保护是实现区域可持续发展的重要生态保护策略。

因此，为推动长江中下游湿地可持续利用与保护区有效管理，积极应对全球气候变化背景下潜在的极端气候等事件对生态、社会和经济的负面影响，在借鉴湖北湿地网络的成功经验基础上，在国家林业局湿地保护管理中心的领导和支持下，在WWF等国际保护组织和中国科学院等研究机构的共同推动下，创建长江流域层面的湿地保护网络，推动特别是中下游地区湿地生态系统综合管理和有效保护，逐渐提上议事日程。

虽然达成了共识，但是要推动行政层面被认可，还面临着巨大的挑战。实际上，推动长江湿地保护网络逐步建立的过程，也正是我国湿地保护事业逐渐步入专业化、规范化的一个重要起步期，在此过程中，也涌现出不少湿地保护和管理事业中的生力军和活跃分子，比如安徽省的顾长明、上海市的汤臣栋、湖北省的石道良、江苏省的徐惠强和姚志刚、湖南省的姚懿等，他们很多人都成为后来各省（直辖市）湿地保护和管理行业主持和推动相关工作的中坚力量。正是这样一群朝气蓬勃，对湿地事业充满热情，很愿意在湿地保护领域多拓展、多学习、多做事，想利用这个平台有所作为的人，在推动网络成立的过程中，积极探索，为湿地保护网络搭建战略框架，设计具体的行动计划，并在自己的省（直辖市）相关部门积极动员，发挥了非常关键的作用。很多年后，已经担任湖北省林业厅湿地保护管理中心副主任的石道良回忆起那一段岁月，仍然感慨万千："那时候并没有任何具体的工作部署或领导要求我们做这些事，完全是在工作中共同学习，彼此交流，形成默契。大家都强烈地感受到自己所处的时代和事业发展的客观需求，无论在理性还是感性层面都有一种强烈的责任感和使命感，觉得应该也必须为湿地保护事业做点什么，好像有一种自然的、内生的力量在激励我们一起推动并实现这个共同的事业。"

长江中下游湿地保护网络在上海成立

在长江中下游湿地保护网络成立的过程中，湿地中心的马广仁主任一直高度关注并热情支持，他很认可湖北省省级网络探索工作成果，也提出，要推动中下游湿地网络的建立，需要具有权威性的平台、流域的视角，还需要有里程碑意义的官方启动仪式，参与的代表、主办机构甚至地点，都需要有充分的代表性和引领意义。

当时长江中游湖南、湖北、江西等省的湿地保护和恢复等工作已经初具成效，协同合作的综合管理局面初步形成。但长江中下游不仅包括江湖水系网络和泛洪平原，还包括生态价值上同样重要，而且在湿地管理和保护中往往更加脆弱，更亟须被重视和保护的区域:下游的河口三角洲地区。这里江海交汇、水陆相结，河口三角洲形成的过程决定了这里具有面积广阔而且类型多样的湿地生态系统，也是生物多样性最独特最丰富的重要生态区。但因为其通江达海的优越区位条件，自古以来也是人类活动对自然干扰和破坏最大、最亟待保护的地区。特别在全球气候变化背景下，这里受台风、暴雨、洪水等极端事件影响的风险更高，其生态脆弱性更加突出。因此，要推动流域尺度的湿地保护工作，就必须将工作领域从中下游拓展到长江下游的河口三角洲地区，不仅要保护好河口三角洲的滩涂湿地，更要着力探索社会经济繁荣而生态脆弱的发达地区如何通过推动社会多元参与机制来实现湿地保护与发展平衡的河口综合管理之道是首先要考虑的问题。

将网络推广到整个长江中下游地区，既要有开拓性，又要有引领性，最合适的东道主当然就是位于河口地区的上海市。但是，时任上海市绿化局的分管副局长蔡友铭第一次听到这个提议时有些犹豫。一方面，上海作为直辖市，和中游的湖南、湖北等湿地大省相比，无论湿地的总面积和类型的丰富度以及生物多样性都有一定的差距。另一方面，除了长江口以崇明东滩鸟类国家级自

2007年长江中下游湿地保护网络启动会参会代表合影

然保护区为代表的大面积滩涂湿地，在一般意义上公众理解的“上海市”是一个发达的国际化大都市，湿地特别是自然湿地的概念，公众认知很少，无论是湿地保护还是管理的经验，上海都还面临着很多挑战。这个时候要率先站出来摇旗引路，一向做事严谨审慎的蔡局长觉得上海可能还没完全准备好：“要论举办一个全国性甚至国际性的论坛、会议，上海的实力和能力肯定是够的,但是要‘牵头’去做长江流域层面的湿地网络化工作，我感觉上海的条件还不具备，在专业领域的研究和实践都还不够深入，还不够有行业的公信力。”

王利民当然理解这种顾虑，但他更相信国际化大都市的发展定位、河口的独特区位条件和自然保护价值，决定了上海是当时整个长江中下游地区当仁不让的网络牵头省（直辖市）。“自然保护不是阳春白雪，越是在社会经济发达的地区，越应该理解和践行保护与发展平衡的重要性，也越有先进的技术、人才和经济实力来一起推动这个事业，只有政府、研究机构、当地社区，甚至企业、公众都参与进来，自然保护事业才有可能真正发挥实效并持续发展。”当时，上海的崇明东滩因为其独特的河口滩涂湿地和迁徙水鸟的重要保护价值，已经是蜚声国际的湿地自然保护区，并且早在2002年就申请成为国际重要湿地。另一个位于长江口的中华鲟自然保护区也正在申请国际重要湿地（之后在2008年3月获批）。在向湿地中心汇报时，这些想法也得到了马广仁主任等中心领导的肯定支持，大家都相信推动在上海宣布长江湿地保护网络的成立，是既具有科学价值，又凸显战略眼光的必然选择。“上海如果能把湿地保护做好，那就不仅仅是长江中下游甚至中国湿地保护的成功典范，更可能在世界上引起关注和反响，为高度城市化的发达地区如何开展湿地保护提供借鉴。”

秉持着这样的信念和之前在湖北开展工作形成的百折不挠的精神，王利民一次又一次地和蔡友铭局长联系、沟通，多次登门拜访，蔡局长在神农架出差期间还邀请湖北的合作伙伴为他现身说法。最后，蔡局长被打动了：“这些道理我们都明白，提供的国内外案例我们也都学习了，确实很好，但是最后打动我们的，可能还是那种坚韧不拔、不达目标不罢休的执着的敬业精神。”他随后说服了上海市的相关领导，确定了由上海市承办长江中下游湿地保护网络启动会。之后很多年，蔡局长回忆起当年，依然感慨万千：“和这些保护机构的合作，有几次都让我十分感动，无论是2007年长江湿地保护网络的启动会，还是后来2010年世博会期间首次尝试獐的野放，这些当时看来非常超前甚至有些冒险的想法，后来都被实践证明不仅具有行业引领和示范价值，也真正推动了湿地保护和管理事业的发展，获得了行业内甚至国际同仁们的赞誉。”

2007年11月3日，由国家林业局湿地保护管理中心和世界自然基金会联合主办的主题为“建设长江湿地网络应对全球气候变化”的长江中下游湿地保护网络启动会在上海崇明圆满召开。我国首个流域性湿地保护网络——长江中下游湿地保护网络，在位于长江入海口的上海崇明东滩鸟类国家级自然保护区宣告成立。来自长江中下游湖北、湖南、安徽、江西、江苏、上海等五省一市的20个湿地自然保护区作为首批成员，加入了这个湿地保护网络，首批成员单位的保护区总面积达到1.2万平方公里，代表了长江干流、长江故道、大型通江湖泊、中小型洪泛平原阻隔湖泊、河口、滨海湿地等不同类型的湿地，成为一个无论在面积、数量、类型的多样性和保护的重要性上都能初步体现流域现状、特点和发展需求的湿地保护网络。

本备忘录是今后各方开展合作的基础。该备忘录于2007年11月3日在上海崇明东滩签署，有效期至2011年11月30日。备忘录用中文书就，自签字之日起生效。

湖北省林业局 2007年11月3日	安徽省林业厅 2007年11月3日
湖南省林业厅 2007年11月3日	江苏省林业局 2007年11月3日
江西省林业厅 2007年　月　日	上海市林业局 2007年　月　日
世界自然基金会 北京办事处 2007年　月　日	

合作备忘录签署页

国家林业局湿地保护管理中心在此过程中鼎力支持上海，中心主任马广仁不仅亲自带队参会，还送上了一份大礼：邀请时任《湿地公约》秘书长的安纳达·特艾格先生（Mr. Anada Tiega, Secretary-General of Ramsar Convention on Wetlands），结束了在北京和国家林业局领导的会面，专程来到上海，考察崇明东滩国际重要湿地，了解中国湿地保护的现状和成效，并参与此次启动会，亲身感受中国湿地事业的蓬勃态势和创新胆略。

“启动会在上海超预期的成功举办，既让人激动兴奋，又让我们有了一种使命感：推动网络的构建，是为了形成一种流域综合管理的协同和持续机制。上海牵头举起的东道主大旗下一步该交给谁呢？不仅大旗要交接，更要形成相应的制度。最后，大家形成共识，网络年会每年都要召开一次，由成员单位轮流主持。这样，不仅会议可以持续办下去，网络可以持续发展，大家还可以借助这个机会互相交流学习，这才是网络这个平台应该发挥的作用。”最终，在启动会的流程中确定了一个最重要的环节：在国际湿地公约秘书处和国家林业局湿地保护管理中心领导的见证下，网络的发起机构世界自然基金会和长江中下游五省一市的湿地主管部门代表，共同签署了《共同建设长江中下游湿地保护网络合作协议》，约定共同开展培训、组织考察，加强信息交流等活动，特别要通过建立水鸟同步监测网络，开展湿地环境及其重要物种的同步监测；实施“湿地先锋”计划，鼓励专业人才深入保护区开展工作；制定保护区有效管理监测技术规程，开展实地示范和推广，促进保护区的有效管理；推动国际重要湿地提名、申报和可持续管理等。

启动会上，包括长江中下游当时的七块国际重要湿地（即上海崇明东滩鸟类国家级自然保护区、江苏大丰麋鹿国家级自然保

长江中下游五省一市和世界自然基金会在会上签署合作备忘录

首批长江中下游湿地保护网络成员单位代表获颁证书

护区、江苏盐城国家级自然保护区、江西鄱阳湖国家级自然保护区、湖南东洞庭湖国家级自然保护区、湖南西洞庭湖国家级自然保护区、湖南南洞庭湖国家级自然保护区）在内的二十家首批网络成员单位获颁成员证书，并通过了《上海宣言》。此后，随着网络的不断发展壮大，这批最初的成员单位成为湿地保护一线的中流砥柱，行业发展的标杆，并带动兄弟单位共同推进我国湿地保护事业的发展。

长江湿地保护网络从中下游走向全流域

2008年起，长江中下游湿地保护网络年会先后在江苏溱湖和安徽安庆举办，到2009年，已经有四十个湿地类型的自然保护区或湿地公园加入网络，包括长江干流、长江故道、大型通江湖泊、中小型洪泛平原阻隔湖泊、河口、滨海湿地等不同类型湿地，覆盖面积达到165万公顷，有效管理湿地面积达到3200平方公里，使扬子鳄、麋鹿等50多种珍稀濒危物种生存状况明显改善，湿地生态系统应对气候变化能力得到有效提高。与此同时，这种打破行政区划的界限，更多地从流域的尺度，基于科学的理论和方法，依托网络作为平台，开展湿地保护和管理的交流、合作、科学研究、实地示范、能力建设和宣传推广等工作的创新方法，也得到更多人的认同，并在行业内得到了进一步的传播和推广。

2009年，长江中下游流域湿地保护网络的代表考察（摄影：毛虫）

2009年10月在安徽安庆举办的第三届长江湿地保护网络年会上，马广仁主任提议邀请长江上游的省份作为观察员参加会议，并请来自我国其他地区的湿地领域专家和保护地工作人员参与大会交流。广东省林业厅野生动植物保护管理办公室负责同志受邀介绍了广东滨海湿地保护的现状与对策，特别是滨海湿地保护对全球迁徙鸟类保护的重要意义，红树林湿地的现状和保护策略等。《广东省湿地保护条例》已通过省人大审议并于2006年9月1日正式实施，广东省在湿地保护管理工作的法制化、规范化经验，也让与会代表很受启发。国家高原湿地研究中心的田昆教授和四川省林业厅湿地保护管理中心的顾海军主任受邀介绍了我国高原湿地和长江上游湿地的保护现状、挑战与对策，高原湿地作为9大河流的源头，有效保护用水安全，而以若尔盖湿地为代表的上游泥炭沼泽湿地在水源涵养、生物多样性保护、高原湿地生态屏障以及对温室气体的吸纳和封存等碳汇功能，让与会人员对湿地保护的意义有了更深入的理解。

四川九寨沟国家级自然保护区（供图：肖维阳）

会议后，受到长江中下游湿地保护网络的启示，也深感到推动流域性湿地保护的重要性和必要性，四川省林业厅于当年11月牵头启动了“嘉陵江流域湿地保护网络”，充分立足长江上游湿地的现实条件和保护需求，整合湿地类型的保护区和湿地公园，纳入整体的嘉陵江流域保护网络规划，并且通过林业部门牵头，进一步推动流域内水利、环保、农业、电力等利益相关方的广泛参与，通过网络成员合作并协同开展监测、巡护等日常管理工作（如水鸟同步调查、鱼类资源调查等）以及定期召开网络工作沟通和协调会议，增进相互了解，提高保护工作成效，传播流域综合管理理念、提升机构和从业人员专业能力，共同协调、解决流域内水资源和自然保护管理面临的问题。

时任国家林业局湿地保护管理中心综合处处长的邓侃在参加嘉陵江流域湿地保护网络启动仪式时表示：“嘉陵江流域湿地保护

网络是长江流域上游第一个流域尺度的湿地保护网络，其建立必将对推动整个上游地区乃至全流域湿地保护网络的构建和发展都产生积极的影响。我们应共同谋划从小流域到大流域，从下游到中游再到上游，从林业到跨部门合作，积极引导各部门和机构的积极参与、合作交流，共同推动建立流域尺度多元利益相关方共同参与、有效管理的湿地保护网络体系。”

在国家林业局湿地保护管理中心的指导和各方共同努力下，重庆、陕西、甘肃等省（直辖市）相继加入嘉陵江流域湿地保护网络，共同探索协同有效地开展长江上游湿地保护工作，与此同时，整个流域湿地保护网络的建设也逐渐水到渠成。

推波助澜，长江流域湿地保护网络的成立和发展

2010年，第四届长江湿地保护网络年会的主办由湖北接旗，历经四年，年会回到网络理念和实践缘起的地方：湖北武汉。这不仅仅代表着发展和传承，更见证了一个具有里程碑意义的时刻：

2007年国际湿地公约秘书长特艾格考察崇明东滩国际重要湿地

"长江中下游湿地保护网络"正式宣布发展成为"长江湿地保护网络",网络范围覆盖从源头到河口的完整流域,涉及沿江西藏、青海、云南、贵州、重庆、四川、湖北、湖南、江西、安徽、江苏、上海等12个省(自治区、直辖市),网络成员由2009年的40个增加为全流域共100家成员单位,覆盖面积18.5万平方公里,有效保护的湿地面积达到2万平方公里。国家林业局领导对我国湿地保护事业的发展感到非常欣喜,指出:"长江流域湿地保护直接关系到国土生态安全,网络的建立,将充分发挥森林、湿地等生态系统的生态、经济和社会功能,为推动长江流域区域经济发展提供生态保障。"

长江湿地保护网络所践行的流域管理理念,在管理体制上进行了创新,打破了各保护区、湿地公园和各级保护部门之间的地理和行政边界,建立了一个以流域尺度的经验交流与学习的平台,加强了各基层保护区之间的联系,提高了流域内湿地保护管理的能力。随着各项工作的有序开展,长江湿地保护网络逐渐成为流域内湿地保护的一个重要的战略合作和信息共享平台,网络成员也成为流域内一支重要的湿地保护力量。中国的湿地保护和管理事业虽然迈上世界舞台的时间比较晚,但一经登台,就技惊四座。从流域的视角开展系统化的湿地保护和管理探索,全球第三大河流、中国第一大河流长江建立的流域湿地保护网络,是中国的湿地保护者为行业和时代书写的华彩篇章,他们不仅有想法、能钻研,更敢于探索和行动。这不但在中国是创举,在世界的湿地保护和管理领域也属于具有开拓和创新精神的探索。见证了整个过程的国际湿地公约秘书长安纳达·特艾格先生对此感慨地说:"中国的湿地保护用实际行动为世界做出了榜样!"

2010年年会上,还发布了由我国著名学者复旦大学陈家宽教授、北京林业大学雷光春教授、中国科学院测量与地球物理研究所王学雷研究员三位专家主编的《长江中下游湿地自然保护区有效管理十佳案例分析》。该书甄选并系统介绍了长江中下游地区十个湿地类型自然保护区的有效管理经验,旨在为我国湿地保护和管理工作总结和提炼可供复制、参考、借鉴、推广的成功经验和案例，带动整个行业专业能力的提高和保护管理水平的提升。

2013年，在全国上下深入贯彻落实党的十八大精神，开启生态文明建设伟大征程之年，长江湿地保护网络年会移师“多彩贵阳”，在广受各界关注的生态文明贵阳国际论坛上以分论坛形式成功举办，这不仅为社会各界从流域尺度上深度参与湿地保护提供了坚实的平台，也充分论证了湿地是林业三大生态系统一个生物多样性的重要组成部分，是生态文明和美丽中国建设的主战场之一。继被写入党的十八大报告之后，湿地保护又被列为国务院重点工作，以及全国人大和全国政协的重点调研题目。为此，国家林业局作出了严格湿地资源保护、研究制定湿地保护红线、完善湿地空间规划、谋划新的重大生态工程等决策部署，明确了今后一段时期全国湿地保护的目标任务。从这个意义上说，国家林业局、长江流域各省份和世界自然基金会等机构共同推进的长江湿地保护网络，不仅是我国在流域尺度上保护湿地的成功实践，也是湿地保护管理者和参与者迎难而上，探索湿地保护有效模式的生动写照。经过多年的发展，这个网络已成为中国第一个基于流域尺度的湿地协调保护模式，在保护与合理利用长江流域湿地的同时，使一大批珍稀濒危物种得到了较为有效的保护，也促进了长江流域经济社会的可持续发展。流域网络的保护模式，不仅将惠及长江流域的人民和在此栖息的野生动植物，也有可能和必要在更多流域进行推广，促进我国湿地保护事业从生态系统角度不断深入。

4.3 从长江流域到全国：湿地网络覆盖主要大河流域

黄河流域湿地保护网络

黄河是中华文明的起源地，孕育和传承了光辉灿烂的华夏文化。黄河发源于青藏高原巴颜喀拉山北麓，流经青海、四川、甘肃、宁夏、内蒙古、陕西、山西、河南、山东9个省（自治区），在山东省东营市垦利县汇入渤海。黄河干流全长5464公里，流域面积75万平方公里，是仅次于长江的中国第二大河，生态区位重要。根据第二次全国湿地资源调查，黄河流域湿地面积392.92万公顷，湿地率为4.88%。黄河流域内以仅占全国2%的河川径流量支撑着全国12%的人口和15%的耕地。黄河流域湿地的保护对维护区域国土安全、淡水安全、粮食安全、物种安全、气候安全和支撑区域经济社会可持续发展，都有着极其重要的作用。

但是，黄河流域也是中国水资源最为紧缺、供水矛盾最为突出、生态环境最为脆弱的地区。据黄河1919年以来水文观测资料统计，黄河下游在1972年以前，除1938年在花园口扒口改道和1960年6月由于花园口枢纽大坝截流，以及1960年12月由于三门峡枢纽关闸蓄水造成黄河下游断流外，没有出现过断流现象。但是从1972年到1999年的27年间，黄河山东段频繁出现断流，特别是1987年以后，几乎年年断流，而且时间不断提前，范围不断扩大，频次、持续时间不断增加。断流时间最长的1997年达266天；1995年的断流河上延至河南开封市，长度达683公里，占黄河下游河长的80%以上。断流出现最早和频次最高都发生在1996年，地处济南市郊的泺口水文站于2月14日就开始断流，利津水文站该年先后断流7次，历时达136天。

黄河断流给社会经济带来巨大的危害，农田受旱造成粮食减产，工业发展受限，部分城镇阶段性采取限量供水政策。河口地区更是由于淡水水量减少、盐水入侵、土地盐碱化、海岸侵蚀后退，对当地社会经济和自然环境都造成严重的影响，而首当其冲的就是湿地生态系统，造成植被退化、栖息地丧失、生物多样性减少、生态功能退化，甚至部分湿地彻底消失。

2000年开始，位于河南省洛阳市的小浪底水库作为综合性水利工程，开始投入使用和运营，黄河下游自此没有再出现过断流。接下来的挑战，是修复之前受损和退化的流域生态系统。随着经济社会的快速发展，黄河流域湿地还面临着过度开发和不合理利用、保护体系不完善、管理能力相对滞后等问题，保护黄河流域湿地的任务日益严峻。

在此背景下，因为流域湿地保护的艰巨性和紧迫性，也受到长江湿地保护网络经验的启发和鼓舞，2014年10月22日在宁夏吴忠市举办的首届黄河流域湿地保护与恢复经验交流会上，由国家林业局湿地保护管理中心、湿地国际中国办事处共同发起，黄河

黄河流域湿地网络年会座谈会在宁夏吴忠市召开

流域九省（自治区）共同参与建立的黄河流域湿地保护网络正式宣布成立。会议还发表了《吴忠宣言》。

《吴忠宣言》提出六项倡议：一要根据黄河流域湿地特点，建立健全湿地保护法规和完善退化湿地恢复、湿地生态效益补偿和湿地生态系统评价等制度。划定湿地保护生态红线，确保黄河流域湿地得到有效保护。二要牢固树立尊重自然、顺应自然、保护自然的生态文明理念，制定流域湿地综合保护规划，加强与水利、环保、国土、农牧、旅游等部门及流域上下游的交流合作，促进人与自然的和谐相处。三要充分发挥黄河流域湿地网络的纽带作用，加强国内、国际的交流与合作，借鉴先进的管理和技术，构建监测信息系统，实现信息资源共享，深入推进流域湿地生态保护与修复持续健康发展。四要高度重视湿地利用可能对环境带来的负面影响，倡导在利用中保护、保护中利用，积极调整区域产业结构和生产生活方式，严防黄河流域湿地水质污染。五要提高黄河流域湿地保护管理水平，运用生态系统管理办法，开展综合治理，完善管理体系，推动形成跨部门跨区域的湿地保护合作机制。六要加大宣传，倡导文明生活理念，提高公众对湿地生态功能、湿地与人类社会之间密切关系的认知和理解，增强湿地生态保护自觉性。

2015年，在包头举办的黄河湿地保护网络年会上通过了《黄河流域湿地保护网络章程》（以下简称《章程》）。《章程》规定，黄河湿地保护网络成员由黄河流域9省（自治区）的湿地管理机构、湿地自然保护区、湿地公园、湿地研究单位、湿地保护社会团体等组成。凡属于国家和黄河流域省（自治区）湿地主管部门及相关部门，黄河干流及一级支流流域地区的国际重要湿地、湿地自然保护区、湿地公园等，黄河流域湿地保护科研机构，热心湿地保护事业企事业单位和社会团体，均可申请成为网络成员。《章程》还明确了黄河湿地保护网络的主要任务，其中包括：根据国家和省（自治区）湿地保护方针、政策和法令，积极推动形成黄河流域综合管理机制，组织开展湿地保护的科学研究、学术交流、实地示范和科学普及活动，为湿地保护部门及有关单位提供业务技术咨询、信息交流和人员培训等，构建监测信息系统，实现信息资源共享，组织开展宣传教育活动，增强公众湿地生态保护意识，在国内外筹募资金，用于湿地保护工作，同相关省（自治区）和湿地保护组织建立联系，参与有关的合作与交流，促进本区域湿地保护事业的发展。

黄河流域湿地保护网络的成立，推动了黄河流域综合管理机制的形成和完善；组织开展了黄河流域相关湿地保护的科学研究、学术交流、湿地示范和科学普及活动；为湿地保护部门及有关单位提供业务技术咨询、信息交流和人员培训等；构建监测信息系统，实现信息资源共享；组织开展宣传教育活动，增强公众湿地生态保护意识。该网络亦采取轮流主办的模式，每年召开一次会议。

滨海湿地保护网络

长江湿地保护网络、黄河湿地保护网络的相继建立，对推动从生态系统角度开展湿地保护的理念和实践发挥了非常积极的作用，更多自然保护的相关领域、地区、流域都开始思考通过建立

江苏盐城国家级自然保护区

保护网络的形式提升保护和管理的有效性，其中，非常重要的就是建立滨海湿地保护网络，其在国际上产生了重要影响。

我国沿海共11个省份，湿地资源丰富，生态区位重要。根据第二次全国湿地资源调查，11个省份湿地总面积1246.60万公顷，占全国的23.26%，湿地率为9.69%，高于全国平均水平。从鸭绿江口至海南岛的近海区域，分布着大量的河口、三角洲、滩涂、红树林、珊瑚礁、海草床等多种类型的湿地，滨海湿地面积达579.59万公顷，占全国湿地总面积的10.85%。这些湿地不仅支撑着具有国际意义的东亚—澳大利西亚鸟类迁飞路线上的生物多样性，同时也构筑了我国人口最稠密、经济最发达的东部沿海地区3亿多人口的生命支持系统和生态屏障。

2015年6月17日，国家林业局湿地保护管理中心联合保尔森基金会共同发起并在福建省福州市长乐区联合举办“中国沿海湿地保护网络成立大会”，宣布“中国沿海湿地保护网络”正式启动，使北起辽宁、南至海南的中国11个沿海省份湿地管理部门及保护组织联合起来，为提高中国沿海湿地保护和管理的整体效能搭建合作与交流平台，在网络成员之间分享最佳实践并促进协调一致的保护行动和信息共享。该网络致力于提升政府部门及公众对湿地生态系统的重要作用和服务功能及其面临的威胁和挑战的

2004年	**湖北武汉** 宣布湖北省湿地保护区网络建立。
2007年	**上海崇明** 启动长江中下游湿地保护网络。
2010年	**湖北武汉** 长江中下游湿地保护网络推广至整个长江流域。
2014年	**宁夏吴忠** 黄河流域湿地保护网络建立。
2015年	**福建福州** 中国沿海湿地保护网络宣布成立。

覆盖主要大河流域的湿地保护网络历程

认识，探索解决方法和途径。大会发表了《福州宣言》，呼吁政府、非政府组织和其他机构共同加大沿海湿地保护力度。

中国沿海湿地保护网络成立后，一项重要的成就是推动中国政府于2017年2月向联合国教科文组织（UNESCO）正式提名中国渤海－黄海海岸带申请世界自然遗产地。该提名预备清单包括辽宁、河北、山东、江苏4省的14处入选湿地，基本覆盖了黄（渤）海海岸带沿线的重要保护地，包括：北戴河－鸽子窝/新河口、北戴河新区七里海、滦南－嘴东滨海湿地、曹妃甸湿地、沧州南大港湿地、黄骅古贝壳堤、黄河三角洲国家级自然保护区、

广西北海滨海湿地公园（摄影：覃坚）

丹东鸭绿江口国家级自然保护区、长海海洋珍稀生物省级自然保护区、连云港盐场、盐城湿地珍禽国家级自然保护区、大丰麋鹿国家级自然保护区、如东-铁嘴沙海滨、启东长江北支口自然保护区。渤海黄海海岸区域拥有世界上面积最大的连片泥沙滩涂，是东亚—澳大利西亚候鸟迁飞路线上水鸟的重要中转站，每年有超过240种的候鸟在此地繁殖、迁徙、停歇和越冬，其中22种候鸟为世界自然保护联盟认定的全球受威胁物种，近百种水鸟种群数量超过全球种群总数的1%。

2019年7月5日，在阿塞拜疆巴库举行的第43届联合国教科

文组织世界遗产委员会会议（世界遗产大会）审议通过将地处江苏盐城的黄（渤）海候鸟栖息地（第一期）列入《世界自然遗产名录》，这一新的世界自然遗产也成为我国首个滨海湿地类型的自然遗产。世界自然遗产的成功申报又推动了整个沿海地区和滨海湿地迁徙候鸟栖息地的保护。这不仅仅是中国湿地保护的成就，对于全球迁徙候鸟栖息地的保护，都是一个很有借鉴价值的成功案例，发挥着重要的引领作用。

2018年12月，国务院印发了《关于加强滨海湿地保护严格管控围填海的通知》，对加强滨海湿地保护和严管严控围填海提出了明确要求，我国的沿海湿地保护逐步向更加规范化、专业化的方向迈进。

东北湿地保护网络

受长江、黄河、滨海湿地网络启发，由黑龙江林业厅牵头，联合吉林省、辽宁省、内蒙古自治区成立了东北湿地保护网络，包括黑龙江省国际重要湿地、国家级湿地保护区、国家湿地公园、省级湿地保护区，吉林省国际重要湿地、国家级湿地保护区、国家湿地公园、省级湿地保护区，辽宁省、内蒙古自治区部分湿地。对全国的湿地而言，做到了网络全覆盖。

4.4 协同联动：在网络平台上更有效地开展保护

全球气候变化背景下制定新的保护战略，需要关注的一大重要因素就是关键性旗舰物种对气候变化的响应机制。考虑到长江湿地保护网络基于流域视角的保护策略，以及对迁徙水鸟和水生生物保护的重要意义，网络在推动成员单位协调联动开展流域尺度的管理和保护工作时，对水质、水量和环境流等水文指标给予了重点关注。通过编制相关技术手册、协助建立监测网络、主办各类培训和能力建设活动以及湿地网络平台的信息共享，提高流域内协同保护能力，更好地应对全球气候变化特别是极端气候事件对流域内生态系统和生物多样性的影响。

水鸟同步调查

为了更好地保护迁徙鸟类，避免常规的生态调查方法中因为种群在空间上的迁移和调查的时间差等问题导致重复计数或漏数，近年来全球各地普遍开始通过同步调查的方法来研究迁徙鸟类的种群数量，即在设定的较短时间和特定区域内，对目标物种主要分布地点组织人员同步开展调查，以更准确地掌握在一个较大范围区域尺度或特定迁徙路线上的鸟类种类、数量和分布特点等信息。

鸟类同步调查最早起源于西方的圣诞鸟类统计（Christmas Bird Count）活动。这是在1900年，由美国历史悠久的自然保护组织全美奥杜邦学会（The National Audubon Society）发出倡议，在新年组织活动，统计设定时间内观察到的鸟类种类和数量，以此取代传统的狩猎竞技活动。当年有27位观鸟爱好者共同开展了历史上有记录的第一次圣诞鸟类统计，共记录到90种鸟类。此后，这个活动被推广至全球，后来也被推广运用于更广泛的生物多样性监测项目中。

2015年，武汉被国际专家认定为青头潜鸭已知最南的繁殖地（摄影：韦铭）

早在国际湿地公约签订时，人们就意识到鸟类，特别是迁徙水鸟是开展湿地保护最重要的目的之一，而长江流域湿地生态系统更是为无数南来北往的迁徙候鸟提供了重要的越冬地、繁殖地、中转地，水鸟的种类和种群数量也是长江流域湿地生态系统健康状况的一项敏感指标。2003年以前，长江中下游平原没有进行过全面同步的调查，对水鸟分布的种类和数量缺乏科学准确的信息，对如何有效开展迁徙水鸟的保护行动也缺少系统全面的数据支持。认识到了在该区域开展水鸟监测的优先性和重要性，国家林业局和世界自然基金会（WWF），先后于2003年、2005年共同组织了2次长江中下游冬季水鸟同步调查，不仅摸索出同步调查的合理而有效的技术方法，也终于掌握了流域内迁徙水鸟的基本状况的第一手数据资料。

2011年1月，依托刚刚建立的长江流域湿地保护网络，国家林业局湿地保护管理中心和世界自然基金会再次携手，共同组织了第三次长江中下游水鸟同步调查。此次调查选定于1月11日至16日进行，主要是考虑到1月中旬前后，长江中下游的越冬水鸟大部分都已经找到并占据了最佳栖息地，种群的分布和活动都相对稳定和集中。另外，这个时间段内农业渔业生产活动都相对较不活跃，对湿地的人为干扰相对较少，天气预测情况较好，而且和当年的亚洲（国际）水鸟普查的时间相一致，比较利于开展调查并取得相对准确和可靠的数据，为开展更大空间尺度上水鸟种类和种群数量评估提供可靠的数据和调查依据。

当年的调查共涉及五省一市，6个调查组大约220人共同参加并同步开展野外调查。调查采用样点法和样线法，依据《湿地公约》确定国际重要水禽栖息地所采用的标准——《水鸟种群统计（第四版）》一书，作为调查记录鸟类种类的统一标准。经过一周的调查，在整个长江中下游地区共统计到104种914088只水鸟、包括江西省374857只、江苏省182434只、湖南省178213只、安徽省87725只、湖北省69905只、上海市20954只。根据《湿地公约》对具有国际重要意义湿地制定的“至少一个物种数量超过其全球估计种群总数或者迁徙路线估计种群数量1%”的标准，这次调查共记录到24处调查点的水鸟种群数量达到上述国际重要湿地标准。其中，至少一个物种数量超过了全球估计种群总数或者迁徙路线估计种群数量5%的调查点共有14个；鄱阳湖国家级自然保护区内有6个物种的种群数量超过了全球数量5%。超过1%标准的物种在江西鄱阳湖国家级自然保护区内有11个，江苏盐城国家级自然保护区有4个，湖南东洞庭湖国家级保护区有4个，江西珠湖有4个。

此次长江中下游越冬水鸟同步调查，对了解当地水鸟丰富度以及分布信息，了解环境和湿地的变迁的现状有着极为重要的意义，不仅系统全面地了解了长江中下游区域内的水鸟数量和分布数据，掌握了迁徙水鸟的动态变化情况，而且通过科学记录和评估各保护区内迁徙水鸟的数量，科学了解了保护地的生态价值，并为下一步制订有效的保护策略，选定新的国家或国际重要湿地提供了科学依据。此次调查还对流域内湿地保护状况、物种的变化趋势、生物多样性信息等进行了全面的梳理，从而为有关部门和机构开展长江中下游湿地保护工作提供了决策依据。不仅保护区和相关政府管理部门，而且很多大专院校、国际组织和民间机构的人员也

工作人员开展水鸟调查

都参与到此次调查活动中，从而有效地提升了行业专业能力，培养了一批湿地和水鸟调查、监测、保护方面的专业人才，为后来的湿地保护事业的开展积蓄了力量。而通过相关活动的宣传推广，特别是媒体的广泛报道，有力地提高了社会公众对保护湿地和水鸟的认识，在全社会范围内大力普及了湿地保护的重要意义。

通过此次调查所搜集整理并反馈的信息发现，调查所涉及的主要湿地生态系统均受到不同程度的人为干扰，有一些历史上曾经是非常重要或条件较好的水鸟栖息地甚至已经被破坏或丧失。调查发现主要的干扰因素有以下几种。

（1）植被变化的影响。沉水植物等水生植物受到渔业等影响出现衰减（如草鱼的高密度养殖造成湖区沉水植物的损失等）。另外，外来物种（如互花米草等）入侵也给本地造成一定困扰。

（2）渔业的影响。长江中下游地区人口密集、人为活动频繁。本区域是重要的淡水鱼、克氏螯虾以及中华绒螯蟹的养殖区域，湿地承载的生产压力过大，尤其是草鱼的大量养殖给湿地水生植物种群带来了很大的影响。捕鱼方式，包括电捕鱼的方式，致使小型鱼类遭遇灭顶之灾，这些问题都造成湿地的不断退化。

上海崇明西沙国家湿地公园

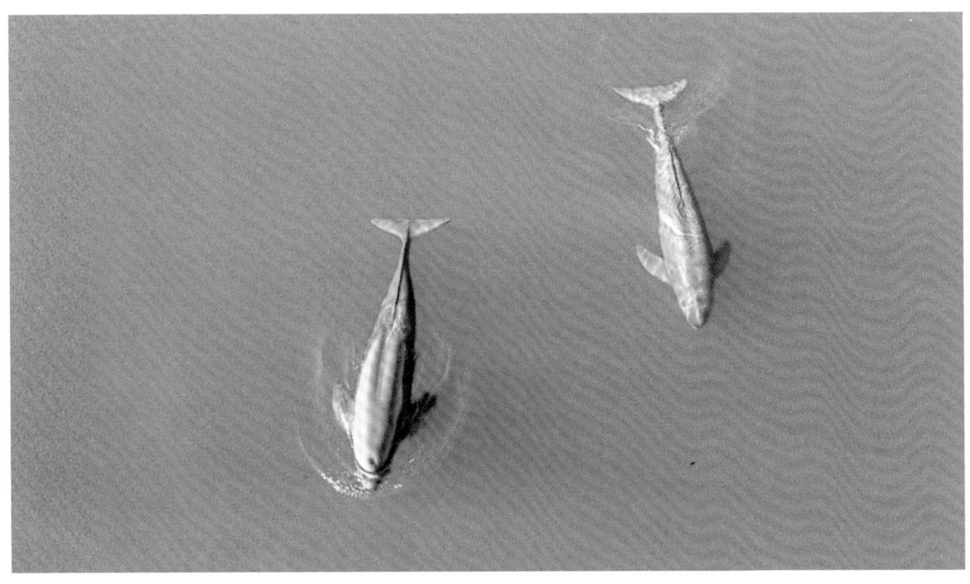

长江江豚

（3）种养殖业和围垦的影响。家鸭、家鹅以及水牛的养殖较大地干扰了水鸟的栖息。部分湖泊的洲滩地被占用种植意大利杨，对湿地的围垦行为也依然存在，造成供水鸟栖息的滩地大面积减少。

（4）非法捕猎。通过调查了解到，很多湖区周边居民当时的野生动物保护意识不强，非法捕猎行为还时有发生。在某些湖泊的调查点周边甚至发现因误食毒饵而被毒杀的水鸟个体。

（5）基础设施建设。公路、电网和风力电厂的建设对个别越冬水鸟密集的湖泊有一定的影响。针对水鸟同步调查发现的问题，各级湿地保护管理部门积极行动，分别制订了保护规划、制度、办法等。

针对水鸟同步调查发现的问题，各级湿地保护管理部门积极行动，分别制订保护规划、制度、办法。

长江中下游水鸟同步调查作为开端，也启发了后续的一系列同步调查工作，其中最重要的就是“中国沿海水鸟同步调查”。

万里长江第一湾（摄影：陈建伟）

第五篇

走向世界

——履约中展示湿地保护的中国故事

中国将认真履行
保护湿地资源的国际义务。

5.1 履约：
一项光荣而伟大的使命

20世纪90年代初，改革开放的持续推进给中国的社会经济带来翻天覆地的变化。快速发展背景下自然生态受到的巨大冲击，以及对资源可持续利用的现实挑战，让更多人开始思考自然保护的重要性。与此同时，中国政府以更为主动和积极的姿态加入各种国际事务中，包括积极参与并签署多个与自然保护相关的国际公约。参加这些公约及相关国际交流活动，不仅为我国的自然保护事业打开新的视角和思路提供了重要的战略框架参考、理论方法指导和实践案例借鉴，而且推动了中国政府成立了相关专业机构，思考并规划发展战略，并系统化、规范化地开展我国的自然保护工作。

在中国参与的自然保护领域的若干重要国际公约中，我国加入《湿地公约》及后续履约工作的开展，非常具有代表性。1991年12月，《湿地公约》秘书处在巴基斯坦的卡拉奇召开《湿地公约》第一次亚洲区域会议，中国派代表以观察员身份参与了会议，并开始正式讨论加入公约的事宜。1992年1月3日，国务院签发了《国务院关于决定加入〈关于特别是作为水禽栖息地的国际重要湿地公约〉的批复》。而这份公

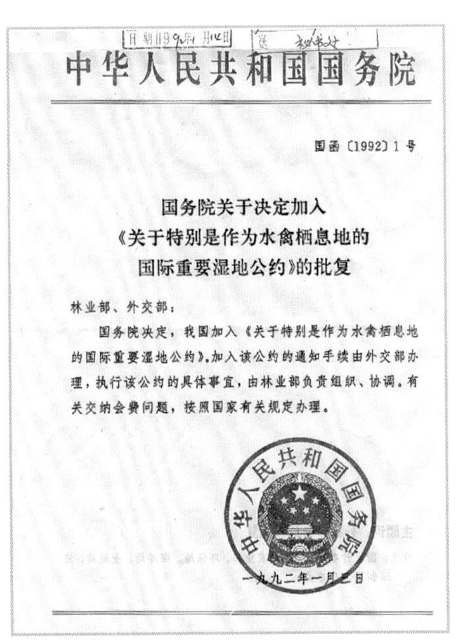

中华人民共和国国务院

国函〔1992〕1号

国务院关于决定加入
《关于特别是作为水禽栖息地的
国际重要湿地公约》的批复

林业部、外交部：

国务院决定，我国加入《关于特别是作为水禽栖息地的国际重要湿地公约》。加入该公约的通知手续由外交部办理，执行该公约的具体事宜，由林业部负责组织、协调。有关交纳会费问题，按照国家有关规定办理。

中华人民共和国国务院

一九九二年一月三日

国务院关于决定加入《湿地公约》的批复文件

约的签署，也意味着中国政府承诺将承担湿地保护领域的国际义务，履行缔约方责任，中国会切实采取具体行动保护中国的湿地和候鸟。

国务院的批复中明确了加入公约的通知手续由外交部办理，而加入公约后的履约执行事宜，则明确由当时的林业部负责组织和协调。当时与湿地工作直接相关的部委主要包括农业部、水利部、国土资源部、国家环境保护总局和国家海洋局。此外，与湿地工作有关的部委还有外交部、国家计划委员会、教育部、科学技术部、公安部、财政部、建设部、交通部、中国科学院、国家轻工局和中国石油天然气股份有限公司等部门和单位。因此，在林业部下设立国际湿地公约履约办公室（以下简称履约办），专门负责协调各部委，共同开展《湿地公约》的履约工作。

履约办的日常工作

中国政府正式加入《湿地公约》后，一直以缔约国身份积极参与公约组织的各类重要国际性会议和活动。

1993年6月，林业部、外交部派员组成中国政府代表团，第一次以缔约国身份出席了在日本钏路市举办的《湿地公约》第五届缔约方大会。会议通过了1994—1996年的3年工作计划，发布《钏路声明》，明确推动湿地保护、湿地资源的合理利用、国际合作和公众宣传教育的履约工作重点。

为进一步推动我国湿地保护事业的协同推进，2007年经国务院批准，成立“中国履行《湿地公约》国家委员会”。由国家林业局、外交部、国家发展和改革委员会、教育部、科学技术部、财政部、国土资源部、建设部、交通部、水利部、农业部、国家环境保护总局、国家旅游局、中国科学院、中国气象局、国家海洋局共16个部门组成。其中，国家林业局为主任委员单位，外交部、水利部、农业部、国家环境保护总局、国家海洋局为副主任委员单位。该委员会秘书处设在中华人民共和国国际湿地公约履约办公室。

中国履行《湿地公约》国家委员会办公室会议

中国履行《湿地公约》国家委员会的主要职能是：协调和指导国内相关部门开展履行《湿地公约》相关工作；研究制订国家履行《湿地公约》的有关重大方针、政策；协调解决与履约相关的重大问题；研究审议参加《湿地公约》有关国际谈判重要议题对策和方案，协调履行《湿地公约》规定并执行有关国际会议决议；协调湿地领域国际合作项目的申请和实施。

履约办成立以后，代表中国政府执行和开展这些伟大又光荣的工作，就在这个小小的办公室里成了工作的日常。更多的时候，它们被分解为非常繁重和琐碎的任务：几乎每周都有和《湿地公约》秘书处或相关官员、专家的邮件和电话往来，沟通和对接履约的日常工作要求。最重要的工作之一，是组织协调各部委指定负责人组成中国代表团参加3年一次的《湿地公约》缔约方大会，和每年一次的常务委员会会议（每年派2～3人参加）。在每次缔约方大会之前，还会召开亚洲区域预备会议（Ramsar Pre-COP Asia Regional Meeting），提前讨论和商定亚洲各缔约国湿地公约战略计划的执行情况、亚洲湿地区域动议报告、当前履约面临的主要问题，以及将在下一届缔约方大会上提交讨论的决议草案等进行深入讨论交流。此外，履约办还需要负责组织、开展、管理和评估湿地保护方面的国际合作项目。所有的这些工作，因为并不仅仅是林业的工作范畴，所以履约办其实需要扮演上传下达和左右平衡协调的多重工作，对接各相关部委和部门，确保大家信息对称、共识清晰、合作紧密、目标达成。

《湿地公约》发展大事记

1971年2月2日，瑞士，《湿地公约》在瑞士签订。

1975年12月，《湿地公约》正式生效。

1980年11月，意大利卡利亚里（Cagliari），第一届缔约方大会，规定了国际重要湿地标准。

1982年12月，法国巴黎联合国教科文组织总部，缔约方特别大会，通过《湿地公约》修正。

1984年5月，荷兰格罗宁根（Groningen），第二届缔约方大会，制定了《湿地公约》实施框架。

1987年5—6月，加拿大里贾纳，第三届缔约方大会通过自愿原则决议，修改了国际重要湿地标准和建立湿地合理利用工作组。

1989年7月，瑞士蒙特勒市（Montreux），第四届缔约方大会，确定会标，设立湿地保护基金。

1991年12月，巴基斯坦卡拉奇，《湿地公约》第一次亚洲区域会议。

1993年6月，日本钏路，第五届缔约方大会，决定建立科技审评组。

1996年3月，澳大利亚布里斯班，召开了第六届缔约方大会。大会通过了1997—2002年战略计划。

1999年5月，哥斯达黎加，第七届缔约方大会，决定编纂一套工具书，正式确认国际鸟类联盟、世界自然保护联盟、湿地国际和世界自然基金会为《湿地公约》的伙伴组织。

2002年11月，西班牙瓦伦西亚，第八届缔约方大会。

2005年11月，乌干达坎帕拉，第九届缔约方大会，中国第一次当选为《湿地公约》常委会成员国。

2008年10月，韩国昌原，第十届缔约方大会，中国连任《湿地公约》常委会成员国。

2012年7月，罗马尼亚布加勒斯特，第十一届缔约方大会。

2015年6月，乌拉圭埃斯特角城，第十二届缔约方大会。

2018年10月，阿联酋迪拜，第十三届缔约方大会。

5.2 尽职：代表中国登上国际舞台

争取连任《湿地公约》常务委员会成员国

2005年，《湿地公约》签订后首次在非洲大陆举办缔约方大会。本次大会的主题为“湿地与水——人类可持续发展的生命线”，来自147个国家和地区的近千名代表汇聚在乌干达首都坎帕拉，参加了为期8天的会议，通过了20多项议程，其中包括选举出由16个国家组成的新一届《湿地公约》常务委员会。中国就是在此次会议上首次当选《湿地公约》常务委员会国家，以更为专业和重要的形象，正式登上国家间湿地保护交流和合作的国际舞台。

参加第十届《湿地公约》缔约方大会中国代表团合影

《湿地公约》常务委员会成员国是从全球《湿地公约》成员国中选举产生的，每三年换届一次，最多可连任两届。《湿地公约》常务委员会是《湿地公约》的决策机构，也是该国在相关领域的行业认同及国际地位的客观体现和权威认证。

2008年10月28日，《湿地公约》第十届缔约方大会在韩国昌原举办，大会的主题是“健康的湿地，健康的人类”。来自五大洲的100多个国家和地区以及几十个国际自然资源保护组织的1000多名政府和非政府组织代表参加了会议。韩国总统李明博在开幕式上致辞，联合国秘书长潘基文以视频形式向大会召开表示祝贺。中国政府派出了由国家林业局牵头，外交部、环境保护部、水利部、农业部、海洋局和香港渔农自然护理署的13名成员组成的代表团参会。

此时，中国常务委员会成员国三年任期即满，争取连任势在必行。这一年也是湿地中心正式成立以后首次作为牵头机构组织协调中国代表团参加缔约方大会，意义独特而深远。代表团出发之前就已经明确了这次参会最重要的任务，就是要积极争取成功连任。

后海湾弹涂鱼世界

常务委员会成员的提名和投票选举都是缔约方大会上的正式议程和会议内容，因此除了会前认真准备中国政府履约工作报告等必要的业务工作，争取一切机会在会议期间开展外交，争取更多的国家支持也非常必要。

当时还没有视频会议这样便捷高效的通讯和交流形式，湿地公约的各缔约国代表平时并没有太多机会直接面对面交流，一般都是通过群发邮件的方式彼此知会相关讯息，因此三年一度的缔约方大会，也被各国代表戏称为“网友见面”的好机会。中国代表团一到韩国昌原，就马上积极行动起来。他们在欢迎晚宴上就主动地去和各个国家代表团的成员打招呼、交朋友，并且直言来意。中华民族礼尚往来的传统更是发挥了积极的催化效应，我们准备的有中国特色的小礼物，比如印有熊猫图案的领带、景泰蓝艺术的小工艺品等，深受各国代表的欢迎，圆满地扮演了外交大使的角色，不仅敲开了各国代表团的门，而且成功搭建起友谊的桥梁。

会议正式进入表决议程时，可以说有惊无险。我们的友好邻邦巴基斯坦代表团首先举手，表示愿意提名中国连任，10多个在亚洲区域会议上早就是老朋友的亚洲国家代表团也争相呼应。实际上整个投票选举的过程可谓一帆风顺，在没有任何异议的情况下中国代表团顺利当选连任，代表团的同志们这才算正式卸下重负，可谓不辱使命。

事后，当时的中国代表团团长马广仁回忆说，中国之所以能如愿成功地连任为《湿地公约》常务委员会国家，取决于多个原因。

首先是我国湿地保护工作成绩十分出色亮眼。虽然当时中国加入公约时间不久，但是因为政府高度重视，伴随着履约工作的有序开展，中国的湿地保护工作可谓得到了日新月异的发展，不论是专业科学领域的深入发展、业务部门和行业规章制度的建立完善，还是相关保护恢复、调查研究和科普宣教工作的开展，都取得了举世瞩目的成果。许多发展中国家表示，中国的湿地保护工作案例和经验是值得他们学习和借鉴的模式，这充分说明了中国的湿地保护工作确确实实得到了国际社会特别是亚洲各国的普

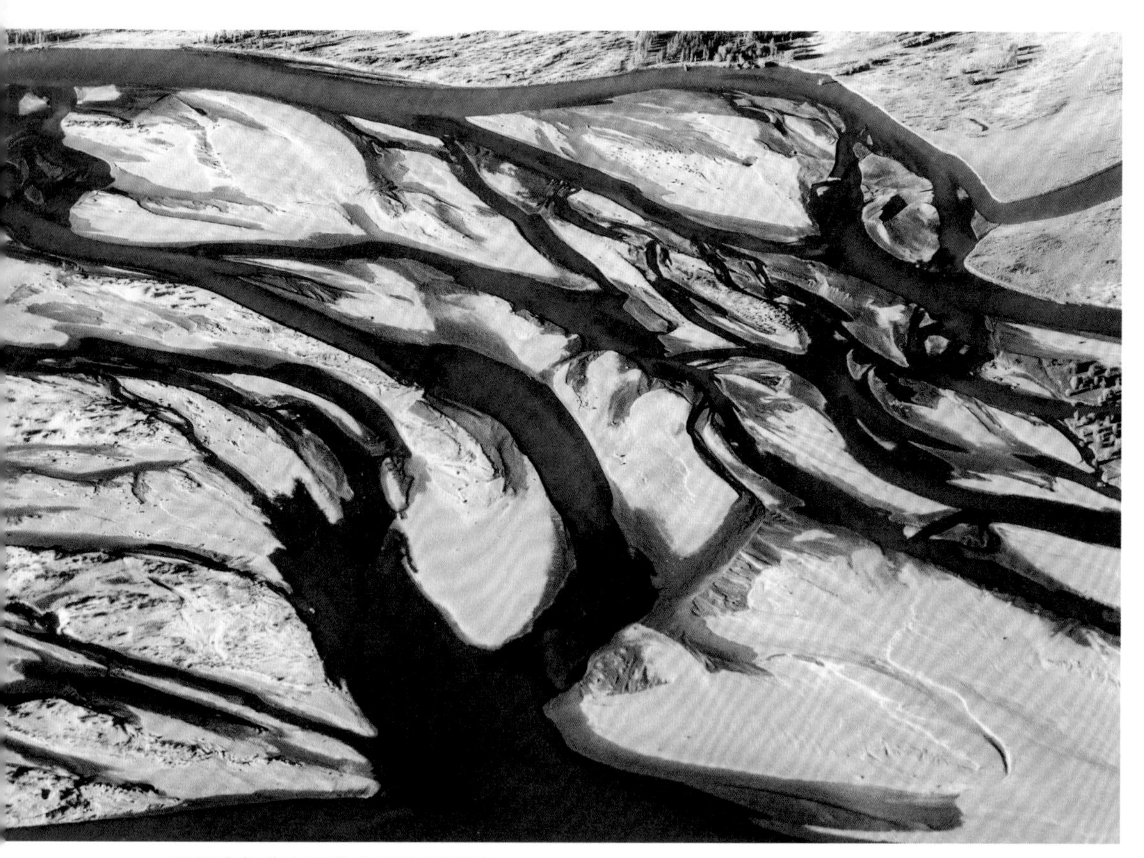

西藏雅鲁藏布江曲水段的河漫滩

遍认可，也体现了亚洲各国在湿地保护和合理利用等相关领域对中国的支持、信任和赞赏。

其次是通过宣传教育推动湿地主流化工作卓有成效。中国政府向来把人民群众的需求放在第一位。在湿地保护和管理事业中，也一直把增强全社会湿地保护意识作为重点工作。早在加入《湿地公约》之前，中国政府就已经在全国范围开展湿地保护相关的科普宣传活动。正式加入《湿地公约》之后，履约办通过系统开展宣教活动，自上而下和自下而上双管齐下，借助电视、广播、报纸等媒体平台，联合教育系统和各类学校，充分发挥各类湿地自然保护地的社会功能，向国内外社会公众广泛宣传了中国湿地的现状、重要的保护价值、开展保护工作的紧迫性和已开展保护工作取得的成效等。湿地中心成立以后，湿地这个概念无论在政府工作、科学研究还是社会公众的普遍认知领域，都逐步成为主流议题，很快在全国范围得到宣传和普及。

再次是我国国际地位的不断提高的侧面推动。在中国政府强有力的领导下，随着生态文明建设进程的不断有序推进，中国的国力日趋强盛，国际上的影响力也逐渐增强，成为全世界最有影响力的经济体之一，也因此不断引起越来越高的国际关注。从某种意义上来说，这也为中国申请连任常务委员会国家起到了积极的侧面推动作用。可以说中国的申请和连任既有一种主观上“舍我其谁”的自信，更有一种客观上“非他莫属”的成员国共识。

事实上，中国连任《湿地公约》常务委员会成员国，确实在我国湿地保护事业的发展历程中具有里程碑性的意义，因为这不仅体现了世界对中国湿地保护事业的积极肯定，而且同时也对促进国内湿地保护和管理工作的专业化、系统化、主流化以及在全国范围内的深入开展，带来了很好的平台机遇和专业支撑。当然，站上更高的国际舞台，也意味着我国的湿地保护与管理事业将面临更高标准的工作要求，以及更为严峻的专业挑战，国际社会特别是亚洲各国将更加关注中国的湿地保护工作，这对我们做好湿地工作提出了更高的期待。另外，我们还要切实承担起《湿地公约》常务委员会成员国的责任，按照《湿地公约》的宗旨和要求，进一步拓展我们在国际上的合作领域，并在更大范围和更深层次参与《湿地公约》的各项事务，特别是要更加关注和支持《湿地公约》在亚洲地区的推动和发展。

插曲：毫不含糊地处理达赉湖事件

2008年在韩国参加第十届《湿地公约》缔约方大会之际，还发生了一件重要的插曲，这件事情一度让代表团非常紧张，担心影响中国履约工作的整体汇报和国际评价。当然，这件事情最后得到了妥善的处理，不仅没有影响我国的常务委员会连任计划，更重要的是，为推动我国国际重要湿地未来的严谨、规范管理发挥了积极的作用。

缔约方大会召开前夕，《湿地公约》收到讯息，有环保志愿者在《悉尼先驱导报》上发布在内蒙古达赉湖取水拍摄到的湖水缩小的照片，同时配以个人现场观察到的信息文字描述。达赉湖是2002年经中国政府提名，《湿地公约》秘书处审核通过加入名录的中国第二批国际重要湿地之一，因为是通过国际媒体发布，这条新闻当然也引起了公约秘书处的高度关注，并将其作为国际重要湿地管理的一个的典型案例，写入当年大会的报告中。

得知此消息时，代表团对如何在会上应对此事高度重视。因为如果处理不当，不仅可能影响当年的常务委员会连任计划，还有可能让达赉湖被列入《湿地公约》的黑名单，成为负面案例被记录在册，这是中国政府绝对不愿意看到，也不可能接受的结果。

大会召开之前几天，马广仁主任要求开展达赉湖现场调研，搞清楚情况。调查报告很快就提交上来。原来是当地的巫山土木矿用水项目原计划从河道里取水，但是距离太远，施工方看到天然湿地近在咫尺又没有特别的工程项目在利用其水资源，便自作聪明，临时改变施工方案，计划直接从达赉湖里取水。这个项目不仅没有预先的申报备案，现场施工更没有提交有关部门申请审核。

会议中，秘书处的工作报告中果然点名提及了达赉湖的问题。大会报告一结束，中国代表团马上就举手发言，由成员中英语最好的外交部代表发言，报告了此前准备好的关于中国政府对此事件的快速反应、调查情况及采取的处理措施等解释说明。因为陈述清晰且措施得当，没有任何缔约国对此表示异议或引发现场争论，这件事情在论坛上得到了平稳的应对。

达赉湖事件的发生，还从侧面暴露出我国社会各界对湿地保护的意识还相当薄弱，甚至从政府层面来说也没有完全理解和重视湿地保护的重要性，尤其是国际重要湿地管理的严肃性。因为达赉湖地处偏远，其申报成为国际重要湿地的消息虽然是专业领域的大事，但是当地政府并未充分重视此事，普通公众更是对此知之甚少。因此，这件如此触目惊心的事件发生之后，国内还没有意识到其严重性，却在国外的媒体上被公布出来，让湿地中心和履约办实在措手不及。

达赉湖（来源：呼伦湖自然保护区管理局）

但问题既然暴露出来了，怎么处理却依然是个问题。当地主管领导显然没有湿地保护的意识，坚持基础工程建设有其必要性，对国际重要湿地这块品牌所代表的国家形象和政治意义缺乏认知。自治区林业厅之前的工作比较限于业务层面，对相关领导的“上传”显然还不够有效，在紧急事件的处理上应对乏力。

马广仁主任马上亲自带领湿地中心相关部门的同事一同赶赴现场。调查组到达呼伦湖事发地的时候，看到现场的工程已经停下来了。当时计划铺设直径60厘米的地下取水通道，铺设管道的坑已经挖好了，还有一段排水管已经预埋，施工人员虽然已经撤离，但是还有一些工程设备留在原地。调查组感到触目惊心，如果这件事情不被发现，相关项目神不知鬼不觉地启动，会对国际重要湿地造成多么巨大的破坏，而且这种破坏很可能是不可逆的、永久性的。

马广仁主任在工作现场会上严肃批评了当地国际重要湿地保护和管理工作中的失职问题，也对当地政府分管领导义正词严地传达了国际重要湿地保护的国家政策和有关要求，以及该事件被国际媒体披露后已经产生的恶劣影响。

回到北京后，马广仁主任马上会同国家发展和改革委员会、环境保护总局、财政部等“中国履行《湿地公约》国家委员会”成员单位共同开会讨论此事的处理办法。会后，由国家林业局起草、相关成员单位共同行文给内蒙古自治区人民政府，要求严肃处理达赉湖国际重要湿地被破坏一事，切实履行公约职责，积极消除已产生的国际负面影响。公文一经发出，马上引起当地政府高度重视，他们这才意识到这件事不是林业一个部门业务上的“小事”，而是真正关乎中国政府在世界上的国家声誉的一件大事。当地的相关负责人、责任人等马上赶到北京，在国家林业局湿地保护管理中心办公室，对整个达赉湖事件进行了全面检讨，详细汇报了事件调查的前因后果和现有处理意见，并承诺后续严格整改到位。经过这件事，他们感到深深的懊悔：自己手中有国际重要湿地这么一块金字招牌，但有关部门竟然完全没有意识到。会议之后，该工程建设项目被彻底终止，相关施工现场造成的破坏被限期恢复。达赉湖终于又恢复了它水清草绿、鸟飞鱼跃的自然景象。

事情过后很多年，回想起我国国际重要湿地建设管理的历程，达赉湖事件还是让履约办的同志们难以忘怀：现场看到的湿地被破坏的情景，与当地政府沟通博弈中的坚持，回到北京与各部委沟通的紧迫，最终处理完成之后的如释重负。很庆幸的是，这件事情的起因可能让人措手不及，但履约办不仅非常得体有效地应对了缔约方大会上的危机，而且并没有在问题的处理上放松懈怠，任由地方解决问题，而是快速应对，顶住压力，抓住问题的重点，协调各方力量最终妥善解决了这一复杂事件，并为中国的乃至全球的国际重要湿地保护立下规矩，提供了正面的案例经验。马广仁和他的团队知道，达赉湖事件，绝不仅仅是达赉湖当地或内蒙古自治区地方上的问题。达赉湖事件反映出来的，恰恰是中国当时自上而下，从政府到公众，湿地保护意识的薄弱，以及湿地保护措施的不足。达赉湖事件，既是一个教训，更是一个机遇，它推动中国的国际重要湿地保护和管理向更加规范、科学、有序的方向迈进了一大步，也为中国真正在国际上树立湿地大国的形象贡献了有说服力的案例和经验。

自主开展国际重要湿地生态状况评估并发布公报

中国从1992年加入《湿地公约》并完成了第一批国际重要湿地的提名后，一直按照《湿地公约》要求分批审核并提名国内具有重要保护价值的湿地，加入国际重要湿地的名录。但与此同时，我国发现《湿地公约》对国际重要湿地的管理是相对比较开放的，并高度依赖各国作为主体来具体开展的，公约对列入名录的湿地的资源价值、管理现状等没有组织系统全面的调查，也没有约定统一的保护恢复和监测研究等管理方法。但是湿地中心认为，中华人民共和国国际湿地公约履约办公室是代表中国政府履行公约要求，并且国际重要湿地也是国内所有湿地类型中自然保护地等级最高、保护价值最显著、保护需求最迫切的类型，我们理应加强对其的科学保护和系统管理。

从2008年开始，在财政部的支持下，国家林业局设立了湿地监测与管理项目。其中一个重要的内容，就是通过项目实施，全面调查并基本掌握我国国际重要湿地的基础数据，并根据监测调查结果综合评价我国国际重要湿地资源管理状况。

2009年7月至11月，中华人民共和国国际湿地公约履约办公室对截至2008年年底被《湿地公约》批准列入的中国境内36处国际重要湿地的生态状况进行了全面综合的评估，并发布了《中国国际重要湿地生态状况公报》（以下简称《公报》）。评估根据2005年至2008年的相关监测数据结果开展，评估结果则将为中国国际重要湿地的保护管理和履行《湿地公约》等工作提供科学依据。

根据国际重要湿地的主要保护对象和湿地类型的不同，此次评估将我国的国际重要湿地划分为3种类型，即濒危物种保护类型（4个）、近海与海岸湿地类型（10个）和内陆湿地类型（22个）。为开展针对性的评估，对不同类型的国际重要湿地分别设计了不同的评估指标，评估结果显示参与生态评估的36处国际重要湿地总体状况较好，除3处国际重要湿地的生态状况为“中”外，其余均为“优”。具体分类评估结果如下。

4处濒危物种保护类型的国际重要湿地以濒危物种种群数量

变化率和濒危物种栖息地面积变化率为评价指标，评估结果显示，整体生态状况良好，除大连斑海豹国家级自然保护区因受气候变化影响海冰数量减少、结冰期缩短、生态状况评价为“中”外，其余均为“优”，且不同程度地监测到主要保护物种野外种群数量增加的趋势。

10处近海与海岸湿地类型的国际重要湿地以湿地面积变化率、植被覆盖变化率、物种多度变化率、水鸟数量变化率、濒危物种数变化率、植物入侵物种、土地（水域）利用方式变化率为评价指标，评估结果整体生态状况较好，除上海崇明东滩国家级自然保护区和江苏盐城国家级自然保护区的生态状况为“中”外，其余均为“优”。一些指标甚至出现增长，如米埔内后海湾国际重要湿地的潮间带红树林覆盖率增加了11%；山口红树林自然保护区湿地面积增加了3%以上；广东海丰湿地水鸟物种数量和濒危物种数量分别由2005年的163种、31种增加到2008年的193种、40种。

湿地里的灰雁

2处被评为“中”的国际重要湿地面临的最大威胁均为外来物种互花米草的入侵，其中，崇明东滩自然保护区范围内互花米草面积占比达到36.65%，盐城国家级自然保护区超过20%。此外，由于实验区部分滩涂被围垦和水产养殖，导致了盐城国家级自然保护区的植被覆盖率和土地利用方式发生变化，植被覆盖率由2005年的3.5万公顷变化为2008年的3.4万公顷，减少了近1000公顷。

22处内陆湿地类型的国际重要湿地以湿地面积变化率、水源补给状况、地表水水质、地表水富营养化程度、植被覆盖变化率、物种多度变化率、水鸟数量变化率、濒危物种数变化率、植物入侵物种、土地（水域）利用方式变化率为评价指标。总体评估结果良好，所有结果均为“优”，一些评价指标甚至出现增长，如扎龙、大山包、鄂陵湖、拉什海的湿地面积出现增长，若尔盖、向海、拉什海的植物和鸟类等物种数量均有不同程度的增加。

但内蒙古达赉湖国家级自然保护区由于气候变化导致的地表径流减少，湿地面积减少了13400公顷，且湖泊水质变差，为劣V类水。湖北洪湖受雨季排水等问题影响导致喜旱莲子草（俗称水花生）、凤眼莲（俗称水葫芦）等外来物种被引入并蔓延，2008年洪湖湿地水花生、水葫芦面积占湿地植被面积的比例为4.1%。这些明显的问题也在评估报告中被严肃指出。

《公报》还对中国国际重要湿地面临的主要威胁和问题进行了总结，具体包括：①外来物种入侵；②湿地周边环境变化产生的影响；③围垦、养殖、工程建设等改变了湿地的使用性质；④人类活动干扰；⑤湿地水体的富营养化等。

基于评估结果，《公报》对未来的工作提出了4个重点的建议：①加强湿地保护立法，从法律法规和制度上加强保护，建立湿地生态补偿等机制，把国际重要湿地纳入主体功能区规划的禁止开发区范畴，明确湿地在全国土地利用规划中的地位；②实施湿地生态保护和恢复工程；③加强对外来物种的监测和控制；④加强对国际重要湿地周边地区和上游的综合治理。

编制《公报》，是我国积极履行《湿地公约》责任与义务的表现，也是为我国进一步加强湿地保护与管理的工作提供依据。通过监测国际重要湿地生态特征的变化情况，找出威胁因子，分析变化原因，可以及时提出加强国际重要湿地监督管理的具体措施；更有针对性地推进湿地保护恢复工程建设，提高建设成效；巩固、扩大湿地建设的成果，并对湿地保护管理的政策制度进行积极探索，有利于构建政策制度体系。

2011年，《公报》一经正式发布，就在世界范围引起了巨大的反响。这是《湿地公约》签署以来，首次有缔约方从国家层面入手，由政府主导，对所有国际重要湿地的情况进行系统调查和评估，而且还是中国这样的湿地大国。本次国际重要湿地生态状况评估对湿地现状进行了系统、缜密和深入的调查，对湿地生态状况进行了科学、客观和严谨的评估，并提出了务实可行的未来工作建议，不仅是对我国国际重要湿地工作的一次历史性的提升和推进，更对世界范围内如何开展国家层面的国际重要湿地保护和管理提供了非常激动人心，同时又具备实践可行性和必要性的经验。

自此之后，中国国际重要湿地的管理进一步踏上了专业化、

浙江杭州西溪湿地

《中国国际重要湿地生态状况公报》的主要内容和评估结果（2008年）

类型	序号	国际重要湿地中文名称	国际重要湿地编号	面积（hm^2）	位置	加入时间	管理机构	评估得分	评价等级
濒危物种保护类型	1	大丰麋鹿国家级自然保护区	1145	78000	大丰市	2002	江苏大丰麋鹿国家级自然保护区管理处	90	优
	2	大连斑海豹自然保护区	1147	11700	大连市	2002	辽宁大连斑海豹国家级自然保护区管理处	70	中
	3	惠东港口海龟国家级自然保护区	1150	400	惠东县	2002	广东惠东港口海龟国家级自然保护区管理局	90	优
	4	上海长江口中华鲟湿地自然保护区	1730	3760	上海市	2008	上海市长江口中华鲟自然保护区管理处	90	优
近海与海岸湿地类型	5	东寨港	553	5400	海口市	1992	海南东寨港国家级自然保护区管理局	98	优
	6	米埔内后海湾	750	1540	香港	1995	香港渔农自然护理署	100	优
	7	双台河口	1441	128000	盘锦市	2005	辽宁双台河口国家级自然保护区管理局	98	中
	8	上海崇明东滩自然保护区	1144	32600	崇明县	2002	上海崇明东滩鸟类国家级自然保护区管理处	91	优
	9	山口红树林自然保护区	1153	4000	合浦县	2002	广西山口红树林生态自然保护区管理处	97	中
	10	盐城国家级自然保护区	1156	453000	盐城市	2002	江苏盐城国家级珍禽自然保护区管理处	86	优
	11	湛江红树林国家级自然保护区	1157	20279	湛江市	2002	广东湛江红树林自然保护区管理局	100	优
	12	福建漳江口红树林国家级自然保护区	1726	2358	云霄县	2008	福建漳江口红树林国家级自然保护区管理局	97	优
	13	广东海丰湿地	1727	11590	海丰县	2008	广东海丰公平大湖省级自然保护区管理处	98	优
	14	广西北仑河口国家级自然保护区	1728	3000	防城港市	2008	广西北仑河口国家级自然保护区管理处	100	优
内陆湿地类型	15	向海	548	105467	通榆县	1992	吉林向海国家级自然保护区管理局	94	优
	16	扎龙	549	210000	齐齐哈尔市	1992	黑龙江扎龙国家级自然保护区管理局	91	优
	17	鄱阳湖	550	22400	永修县、星子县、新建县	1992	江西鄱阳法胡国家级自然保护区管理局	96	优
	18	东洞庭湖	551	190000	岳阳市	1992	湖南东洞庭湖国家级自然保护区管理局	93	优
	19	鸟岛	552	53,600	刚察县、海晏县、共和县	1992	青海青海湖国家级自然保护区管理局	98	优
	20	内蒙古达赉湖国家级自然保护区	1146	740000	新巴尔虎右旗	2002	内蒙古达赉湖自然保护区管理局	84	优
	21	鄂尔多斯国家级自然保护区	1148	7680	鄂尔多斯市	2002	内蒙古鄂尔多斯遗鸥国家级自然保护区管理局	86	优
	22	洪河国家级自然保护区	1149	21836	农垦建三江分局	2002	黑龙江洪河自然保护区管理局	96	优
	23	南洞庭湖湿地和水鸟自然保护区	1151	168000	沅江市	2002	湖南南洞庭湿地和水鸟自然保护区管理局	93	优
	24	三江国家级自然保护区	1152	164400	抚远县	2002	黑龙江三江国家级自然保护区管理局	96	优
	25	西洞庭湖自然保护区	1154	35000	汉寿县	2002	湖南省汉寿西洞庭湖省级自然保护区管理局	86	优
	26	兴凯湖国家级自然保护区	1155	222488	密山市	2002	黑龙江兴凯湖国家级自然保护区管理局	98	优
	27	碧塔海湿地	1434	1985	中甸县	2005	云南碧塔海省级自然保护区管理所	96	优
	28	大山包	1435	5958	昭通市	2005	云南大山包黑颈鹤国家级自然保护区管理局	98	优
	29	鄂陵湖	1436	65907	玛多县	2005	青海三江源国家级自然保护区管理局	100	优
	30	拉什海湿地	1437	3560	丽江纳西族自治县	2005	云南拉什海省级自然保护区管理局	94	优
	31	麦地卡	1438	43496	嘉黎县	2005	那曲地区自然保护区管理局	96	优
	32	玛旁雍错	1439	73782	普兰县	2005	阿里地区自然保护区管理局	96	优
	33	纳帕海湿地	1440	2083	中甸县	2005	云南纳帕海省级自然保护区管理所	96	优
	34	扎陵湖	1442	64920	玛多县	2005	青海三江源国家级自然保护区管理局	100	优
	35	湖北洪湖湿地	1729	43450	荆州市	2008	湖北洪湖湿地自然保护区管理局	94	优
	36	四川若尔盖湿地国家级自然保护区	1731	166570	若尔盖县	2008	四川若尔盖湿地国家级自然保护区管理局	96	优

系统化和规范化的道路，相关监测、评估工作得到持续开展，其结果不仅对中国以国际重要湿地为代表的各类湿地类型自然保护地提供了重要的科学支撑和管理依据，也持续为国际输入中国湿地管理的经验案例。

2016年，综合之前国际重要湿地调查评估结果的《中国国际重要湿地生态系统评价》一书由科学出版社正式出版。2020年2月2日世界湿地日之际，中华人民共和国国际湿地公约履约办公室正式发布2019年度《中国国际重要湿地生态状况》白皮书。

参加马来西亚亚洲湿地论坛

除了参加《湿地公约》组织的三年一届的缔约方大会和年度专业委员会等全球性的会议和活动，我国也一直积极参与区域性的国际湿地保护事务，特别是《湿地公约》亚太组织和亚洲办事处主办的亚洲区域的湿地履约会议等活动，以及各亚洲国家举办的相关活动。

2011年7月，马来西亚政府在日本机构的资助下在沙巴州政府亚庇市召开面向亚洲各国的湿地主题论坛。这次论坛由沙巴州政府联合马来西亚自然资源与环境部、日本湿地与人间研究会、热带生物保护研究所、马来西亚沙巴州大学等机构共同主办，主题为“综合保护生物多样性，紧密联系森林与湿地”。该论坛得到了《湿地公约》秘书处、《生物多样性公约》秘书处等12家国际权威机构的支持和资助，是一个无论影响力和专业性，都在全球湿地领域内受到普遍关注的活动。鉴于中国近几年在湿地保护方面取得的显著成绩，主办方也主动抛出了橄榄枝，期望邀请时任国家林业局湿地保护管理中心主任的马广仁先生率队代表中国参加会议。

当时中国的湿地保护工作已经初见成效，并得到了《湿地公约》秘书处，特别是亚洲地区的关注和认可，但仍然缺乏系统深入的宣传推广，中国走出去虚心学习比较多，请国外专家学者，特别是各国湿地保护同行来中国实地参访和交流的机会相对较少。虽然《湿地公约》秘书处的相关官员都来过中国湿地考察并给予充分认可，但类似于本次论坛主办方的国外湿地研究领域专家学者对中国湿地保护和管理的工作还缺乏直观深入的了解。可能正因为对中国的具体工作了解不多，论坛虽然发出了邀请，但没有在主要议程中安排中国代表团的大会发言。

中国代表团参加马来西亚亚洲湿地论坛

马广仁主任接到邀请后详细询问了对方的参会内容和会议安排，沉默了许久。从个人角度来说，参加这样高规格的湿地主题的专业活动，必然是对个人和团队的一次很好的学习机会。但是，他们并不仅仅代表自己。中国政府不仅已经正式加入《湿地公约》近20年，成立了湿地保护和管理的行政部门，当时也已经连续两届当选《湿地公约》的常务委员会成员国，中国在湿地保护领域突飞猛进的工作成效不仅对抢救性保护中国的湿地发挥了积极的作用，也对《湿地公约》在全球范围开展湿地保护工作作出了巨大的贡献，特别为很多发展中国家、亚洲区域的国家如何平衡保护和发展的关系、探索湿地保护恢复和合理利用的实践路径提供了宝贵的经验和案例。以中国政府当时在全球湿地保护领域的身份和立场，他更要考虑的是如何在国际舞台上为中国政府树立权威专业的形象，夯实行业引领者的地位。

如此考虑之后，马广仁通过湿地国际中国办事处的陈克林主任向主办方转达了回复：中国作为世界湿地大国，《湿地公约》常务委员会成员国，如果参会，理应去介绍中国在湿地保护领域的经验做法和成功案例，如果连大会发言的机会都不安排，舟车劳

马来西亚亚洲湿地论坛接待中国代表团参观　　马广仁主任在马来西亚亚洲湿地论坛期间考察当地湿地

顿越洋参会的意义不大，中国代表团将不会前往巴沙。而且，同年10月，第六届亚洲湿地论坛将由中国政府在无锡市举办，届时也会邀请各国代表团参加。“按照国际惯例和外交对等原则，我们的对外邀请和会议议程安排也会参照此次论坛的做法。”马广仁主任坚定地说。

不出预料，上述反馈传递到主办方，他们立即意识到了自己之前工作安排的疏忽和不当，并第一时间重新签发了邀请函，而且声明在主论坛的开幕式环节特别邀请中国代表团的代表致辞，中国代表团也欣然接受邀请并率队参会。如期抵达哥打基纳巴卢市后，主办方还特别安排专人全程陪同参会，并安排乘坐巡护工作船只考察了沙巴州重要的湿地保护区和国家公园，让中国代表团有机会深入全面地了解沙巴州的湿地保护工作。

在别具民族风情特色的开幕式上，所有的受邀国代表都要通过先鸣锣再开讲的方式登台。马广仁主任正式向与会嘉宾、专家和各界代表介绍了中国湿地保护的现状、管理的制度方法和取得的成就，对论坛的举办表示了赞赏，并发出了参加无锡亚洲湿地论坛的热情邀请。这一场短短5分钟的致辞，不仅给会议的主办方和所有参会人员留下了深刻的印象，更是中国政府在世界湿地保护的舞台上庄严而自信地展现国家形象的又一次重要的时刻。

积极树立国际形象，贡献中国智慧

在中国政府的坚强领导下，以国家林业局湿地保护管理中心为代表的中国湿地人的共同努力下，中国作为有责任有担当也有行业示范和代表价值的世界湿地强国的形象不断得到更大范围的行业认同，许多中国湿地行业探索和实践中形成的理念方法，通过《湿地公约》的平台，登上世界舞台得到展示，成为行业示范，被更多国家学习和借鉴。

2015年，我国代表团在乌拉圭埃斯特角城举办的第十二届缔约方会议上提出小微湿地概念和一整套设计、实施的科学技术方法和实践案例，被公约秘书处积极肯定并采纳。

2018年10月25日于阿拉伯联合酋长国迪拜举办的《湿地公约》第十三届缔约方大会上，宣布全球首批18个国际湿地城市，中国常德、常熟、东营、哈尔滨、海口、银川入选。此次会议上，中国代表团大放异彩：原国家林业局湿地保护管理中心主任、中国湿地保护协会副会长马广仁先生获颁《湿地公约》三个奖项中唯一一个个人奖——湿地保护杰出贡献奖。

2018年马广仁先生获颁《湿地公约》“湿地保护杰出贡献奖”

2015年中国代表团在参加《湿地公约》第十二届缔约方大会会议期间考察当地湿地保护项目

5.3 提名：积极申报国际重要湿地

国际重要湿地的申报标准

“国际重要湿地”是由《湿地公约》提出，要求缔约方履行《湿地公约》的重要内容之一，也是促进缔约方切实有效开展其境内重要湿地保护管理工作的直接推动举措。“国际重要湿地”，顾名思义，就是具有国际性重要意义的湿地，这里的意义既包括生物多样性、生态系统服务功能等方面的自然和生态价值，特别是湿地作为水禽栖息地的价值，也包括湿地通过被合理利用而发挥的不可或缺的社会价值。根据《湿地公约》的全称《关于特别是作为水禽栖息地的国际重要湿地公约》可知，最初衡量国际重要湿地的主要标准是水禽的保护需求。因为水禽的迁徙路线往往会跨越国界、远渡重洋，湿地作为水禽栖息、觅食、越冬、繁殖等重要的栖息地，从生物学、生态学、生物多样性保护、水文学、湖泊沼泽学等专业角度评估，都具有国际性的重要意义。因此，对迁徙水鸟的有效保护，往往不是一个保护地、一个国家所能完成的。通过《湿地公约》的约束力，敦促迁徙路线上的各缔约方对各类迁徙水禽开展协同保护，对其栖息地进行有效管理及合理利用，并最终令缔约方接纳并愿意承担湿地保护的相关国际责任。

提名并指定国际重要湿地，是缔约方履行《湿地公约》的重要内容。根据《湿地公约》的要求，凡符合所有基本条件，并具备标准条件之一的，可向《湿地公约》秘书处提出申请，列入《国际重要湿地名录》。

根据《国际重要湿地管理计划指南》，国际重要湿地是国家湿

提名国际重要湿地需要具备的所有基本条件

1 设立有专门的管理机构（原则上为处级），配备有足够的专业技术人员；人员及管理经费纳入地方财政预算；保护管理制度完善

2 湿地周边或流域内生态、环境安全现状及发展趋势良好

3 没有来自湿地区内及周边地区对湿地生态特征产生或可能产生严重影响的威胁

4 湿地区内水质不低于III类；生态需水基本保障

5 湿地区“四至”边界明确、土地权属无争议

6 地方政府重视

提名国际重要湿地需具备其中一项标准条件

1 某一生物地理区内具有代表性、稀有性和独特性的自然或近自然湿地

2 支持着易危、濒危、极度濒危物种或者受威胁的生态群落

3 支持着对维护一个特定生物地理区的生物多样性具有重要意义的植物或动物种群

4 支持动植物种生命周期的某一关键阶段或在对动植物种生存不利的生态条件下对其提供庇护场所

5 定期栖息有2万只或更多的水禽

6 定期栖息的某一水禽物种或亚种的个体数量占该物种全球种群个体总数量的1%以上

7 是鱼类的一个重要觅食地，并且是该湿地内或其他地方的鱼群依赖的产卵场、育幼场或洄游路线

8 定期栖息于此的某一依赖湿地的非鸟类动物物种或亚种的个体数量占该种群全球个体数量总数的1%以上

9 栖息着本地鱼类的亚种、种或科的绝大部分，其生命周期的各个阶段，种间或种群间的关系对维护湿地效益和价值方面具有典型性，并因此有助于全球生物多样性保护

地保护体系的重要组成部分，与湿地自然保护区、国家湿地公园、保护小区、湿地野生动植物保护栖息地以及湿地多用途管理区等共同构成湿地保护管理体系。当时，我国虽然没有专门的湿地法律法规，但大部分国际重要湿地均为省级或国家级自然保护区，这些国际重要湿地按《中华人民共和国自然保护区条例》予以管理，其他不属于自然保护区的国际重要湿地按照我国的其他相关法律法规进行管理。

安徽池州升金湖国际重要湿地

中国的国际重要湿地

1992年年底，林业部代表中国政府，向《湿地公约》执行局提交了国家履约报告，明确了我国保护湿地的执行机构，采取的措施，以及首批提名的6个国际重要湿地的名称、面积和地理坐标。国际重要湿地的提名彰显了中国湿地保护大国应有的风采，截至2020年年底，中国共有64处湿地被列入《国际重要湿地名录》，并根据《湿地公约》要求开展相关的湿地保护工作。

西溪湿地，城市的湿地保护恢复典范

2009年7月，经中国政府提名，《湿地公约》秘书处核准，位

于浙江省杭州市的西溪湿地被正式列入《国际重要湿地名录》。

纵观我国以往被指定的国际重要湿地，对照《湿地公约》对国际重要湿地制定的相关条件，一般意义上都认为国际重要湿地或是在该地区具有代表性、稀有性和独特性的自然或近自然湿地，或者为千千万万水鸟提供了迁徙旅途中的补给或栖息地，又或为珍稀濒危物种的稳定繁衍提供了良好的环境……它们有一个共同点：大部分地处荒野，远离人类活动，与城市特别是大中型城市和人口聚集区保持着相当的空间距离。

因此，当2005年西溪湿地成功获得国家林业局批复成为中国第一个国家湿地公园（试点）单位后，杭州市政府乘胜追击、一鼓作气，进而提出要申请成为国际重要湿地的提议时，很多专家和领导对此并不看好。因为西溪湿地位于浙江省省会城市杭州的

前《湿地公约》秘书长彼特·布里奇华特考察西溪湿地

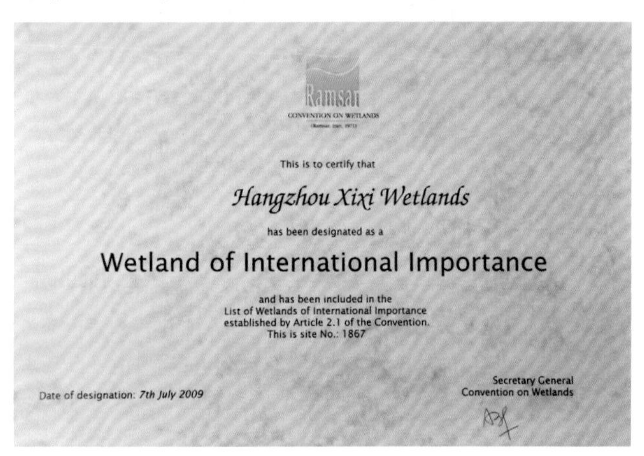

Ramsar
CONVENTION ON WETLANDS

This is to certify that

Hangzhou Xixi Wetlands

has been designated as a

Wetland of International Importance

and has been included in the
List of Wetlands of International Importance
established by Article 2.1 of the Convention.
This is site No.: 1867

Date of designation: *7th July 2009*

Secretary General
Convention on Wetlands

西溪湿地被列入《国际重要湿地名录》

市中心，是从一片曾经的鱼塘农田的基础上恢复重建而形成的，并且湿地周边就与城市居住区相连，人类活动对湿地的干扰是难以完全避免的。另外，西溪湿地无论是总面积，还是湿地类型的多样性和功能的完整性都相对受限，如何满足《湿地公约》对国际重要湿地从“生态系统”“水鸟”“生态服务功能”等原则上设立的评价标准？西溪湿地申请成为国际重要湿地，既是对西溪湿地的保护恢复成果和管理成效从国际和专业视野上的一次全面审视，也掀起了湿地专业领域对国际重要湿地标准与意义的新一轮讨论。

西溪湿地是由当地居民上千年的农耕利用形成的自然－人工复合湿地生态系统，以池塘为主体（包含水产池塘、农用池塘），涉及河渠、淡水湖泊、天然河流及草本沼泽等多种湿地类型，是中国近自然河流湿地与水产养殖池塘类型的人工湿地复合体的典型代表，在长江中下游等中国人口最密集、社会经济发展程度最高的地区极具典型性和代表性。通过国家湿地公园的建设，既确保了西溪独特珍贵的自然湿地生态系统得以有效保护，基于西溪湿地的独特存续形式和自然景观所凝结形成的千年延续的湿地文化也得以被珍视、传承和不断丰富。同时，西溪湿地属太湖水系，与东苕溪和运河相连，主要由池塘和河流两个重要的生态系统组成，水质良好，饵料丰富，是鱼类重要的索饵和繁殖场所。西溪湿地已监测到淡水鱼类99种，约占太湖流域已知淡水鱼类的58.2%，其中，经济价值较高的鱼类约有38种，占总数的38.4%。

2005年西溪湿地启动申请，2008年2月，同批申请的6块湿地，包括同处在大都市周边的上海市中华鲟国家级自然保护区，通过《湿地公约》秘书处认定成为我国第四批国际重要湿地，西溪湿地遗憾出列。到2009年年初，依然面临反复论证和评审专家的一些追加问题，西溪湿地有理有据地给予了回复，特别是没有刻意去迎合某些评审的意见，而是坚持了自己的申请依据和原则，确保了西溪湿地作为城市中湿地合理利用的案例，以其独特地形和代表性作为申请的关键依据，并最终于2009年正式获批。

西溪湿地申报国际重要湿地，具有特别的时代意义和实践价值。它告诉人们，自然保护并不是只能去遥远的荒野，更不是对于普通人的生活来说遥不可及或毫不相关的事情。在大城市中，在我们生活中，也有值得我们关注和保护的自然资源。更重要的是，我们身边的自然，对于改善人居环境，优化城市的绿色空间，具有不可取代的价值，而它们又往往面临着人类活动干扰的威胁，因而特别需要被关注，甚至是进行抢救性的保护。

西溪湿地（摄影：俞肖剑）

两个九年，南矶湿地站上世界舞台

2020年2月2日，《中国绿色时报》的编辑给江西鄱阳湖南矶湿地国家级自然保护区管理局局长胡斌华打来电话，请他提供一张能够代表南矶湿地特色的湿地景观照片。胡斌华一听便本能地马上想到，这应该是国际重要湿地申请的结果要正式公布的讯号。打开电脑里整理有序的图片资料库，他握住鼠标的手却有点难以抉择。这片湿地是他从大学毕业就投身其中，已经工作了十几年的地方，在他眼中，无论哪个季节、哪个角度，甚至每个物种的照片，都有着独特的自然之美。但是对普通读者而言，最有代表性和震撼力的，一定是从空中俯拍的作品：照片中的南矶湿地从顺着河流的走向呈扇面状铺展开来，如同伸开五指的大手，又如同大树不断分叉生长的枝干，水面和滩涂错落有致地交织着，将赣江和中国最大的湖泊鄱阳湖完美地连接起来，草沙参差、江湖交织、水陆相融，生动演绎了河口三角洲壮阔而又生机盎然的湿地画卷。

提交照片后胡斌华就陷入了忐忑的等待：直觉让他对自己的判断充满信心，但之前漫长的申报过程又让他不敢轻言乐观。官方正式消息的发布一直等到当年的9月4日，国家林业和草原局发布2020年第15号公告——经《湿地公约》秘书处按程序核准，我国新指定的7处湿地被正式列入《国际重要湿地名录》，生效日期为指定日：2020年2月3日。至此，我国国际重要湿地增至64处，南矶湿地便是这最新列入的七处湿地之一。鄱阳湖西南岸河口三角洲的壮阔景观不仅在世界湿地日登上了《中国绿色时报》，而且终于正式地登上了国际舞台，成了国际重要湿地！胡斌华悬着的心，终于平稳地落了下来。整整九年！他和团队的努力和坚持终于等到了世界的认可！

南矶湿地是赣江北支、中支与南支汇入鄱阳湖区域冲积形成的扇形展布的三角洲，是在全球都非常有代表性的典型内陆河口湿地。每年随着湖水涨退，南矶湿地拥有鄱阳湖区最密集的季节性子湖泊，既是各种鱼类的产卵场、繁殖地，各种南迁东南亚、

迁徙的鹬群

澳洲的候鸟停留、补给的驿站，也是白鹤、东方白鹳等越冬候鸟栖息、繁衍的安定港湾。

20世纪90年代，南矶湿地作为世界同纬度地区且位于大城市周边的较少被人类活动影响并保存完好的内陆河口三角洲湿地生态系统，其独特性、代表性和研究价值逐步受到世界关注。在江西省和南昌市林业行政主管部门的努力下，1997年江西省政府批准建立江西南矶山省级自然保护区，由南昌市负责建设与管理。1999年，南昌市野生动植物保护管理站增挂“南昌市自然保护区管理站”的牌子，兼顾全市自然保护区特别是南矶山的管理工作。直到2000年11月全国政协人资环委湿地课题考察组到南昌考察，鄱阳湖的南矶山才随同“湿地”这一新鲜名词进入南昌市领导的视野。2003年初，南昌市政府同意启动南矶山申报晋升国家级自然保护区，综合科学考察等工作由胡斌华具体负责。

申请晋升时，有领导不理解：鄱阳湖已经有一个国家级自然保护区，有必要再建一个吗？在原来基础上扩大不可以么？

对此，胡斌华和团队早有坚实的研究佐证。首先，已有的国家级自然保护区面积只占鄱阳湖总面积的5%，不足以支撑整个鄱阳湖的保护工作。孤掌难鸣，这个就好比下围棋，“金角银边草肚皮”，要几足鼎立才能保护好它。

第二，两个保护区自然属性和保护价值不同。鄱阳湖国家级自然保护区处在鄱阳湖的西北角，由9个季节性子湖泊构成，水沙条件稳定，没有明显的淤涨沉积等地貌变化，湿地演替相对温和，湿地景观相对静态。而南矶湿地是赣江三条支流的河口与鄱阳湖主湖区交汇处典型的季节性内陆河口三角洲，加之受到赣江、抚河、信江、鄱阳湖之水涨落的直接影响，湿地演替一直都表现得相当剧烈，其独特性和珍稀性不言而喻。另外，距离省会城市仅40公里，保护区生态系统更显脆弱与敏感，迫切需要坚强而有效的保护。

第三，当时国家号召不同的主体来参与保护区建设，南昌市又有这样的积极性，增加了对自然保护的投资，同时，良性竞争也有助于鄱阳湖的生态保护呈现百花齐放的理想态势。

胡斌华和团队就这样兢兢业业、严谨细致地一边学习、一边准备相关的申报资料。

2005年5月和11月，南矶湿地自然保护区先后通过国家林业局和国家环境保护总局组织的国家级自然保护区晋升评审，正式公布晋升只剩最后一道程序：征求各部委意见并获得正式同意确认。

2007年12月，国家林业局的这份关于南矶湿地自然保护区升级的征求意见函被送到当时分管水生野生动物保护处的农业渔政指挥中心李彦亮副主任的办公桌上。那两年，为了南矶湿地的申请，李主任已经和江西的同志有过几次沟通，主要的关切还是保护区能否处理好和当地社会经济发展，特别是社区和百姓生计的关系。鄱阳湖历史上一直是我国重要的农业和渔业生产区，很多当地老百姓世世代代以农耕和渔业为生，南矶湿地又地处南昌市辖区的特殊区位，如果处理不好这些问题，会带来深远的社会影响。

经过这几年项目的不断论证、方案的优化，特别是社区发展和渔民生计方面有很多改进。在江西省提供的材料中特别强调，保护区已经和当地的渔业部门、社区分别签署了合作备忘录和共管协议，而且明确，只要渔民能够根据《中华人民共和国渔业法》的要求作业，不影响湿地和水鸟保护，在没有实际可操作的补偿和转产方案出来之前，不会要求渔民退出保护区。而且，渔民作业区域如果有水鸟栖息，保护区会考虑通过生态补偿等方式解决对渔民造成的经济损失。

“设立南矶湿地国家级自然保护区，最主要目的是把这块独特而珍贵的河口三角洲抢救性地保护下来。”看到报告结尾的这句话，李主任微微点头。“我们的出发点是一样的，都是希望能做好保护。渔业和水生野生动物、湿地和水鸟，本来就是息息相关，需要协同保护的。保护也是为了更好的合理利用和未来的可持续发展，为了生命长江的共同目标。”最终，农业部在征得江西省农业厅同意设立南矶山国家级自然保护区的意见后，复函国家林业局，同意设立南矶山国家级自然保护区。

农业部在关键时刻给予的支持，为南矶湿地顺利申报成为国家级自然保护区划下了决定性的一笔。很快，胡斌华就从分管处长那里得知农业部同意复函的消息，趁热打铁，他和团队完成了最后的申报程序，让南矶湿地赶上了末班车。

2008年1月14日经国务院批准正式升级为“江西鄱阳湖南矶湿地国家级自然保护区”，之后南昌市批准在南昌市林业局下成立南矶湿地国家级自然保护区管理局，副县级建制。从1999年到2008年，从省级到国家级，这一步跨越整整用了九年时间！

正式升级为国家级自然保护区后，南矶湿地得到了更多的支持和关注，但这还不够。南矶湿地的保护价值不仅仅是国家级的，更具有世界性的意义，应该树立一个新的目标，那就是国际重要湿地！

虽然有之前保护区升级“三级跳”的经历，但没有想到，从2011年正式提交加入《国际重要湿地名录》的申请，到2020年2月3日，经《湿地公约》秘书处核准被列入《国际重要湿地名录》，这一步跨越，再次经历了九年！

根据申报国际重要湿地的标准，南矶湿地几乎满足所有的基本条件和标准条件，但考虑到部分生态特征有变化性，申报团队最终选择了最有把握的三条。

首先，作为我国面积最大的典型淡水湖泊和内陆河口三角洲，具有代表性、稀有性和独特性。

其次，每年秋冬，数以万计的候鸟在此越冬，其中有多个濒危和保护物种种群数量超过其全球种群数量的1%。

第三，河口湿地为大量水生生物产卵场和索饵场，也是长江中下游多种鱼类的主要洄游通道甚至最后的避难所，对于鄱阳湖、江西和长江流域渔业资源保护与可持续利用具有重要意义，同时也是除长江干流之外，长江江豚的最大种群所在地。

2013年第一次正式申报，专家考察评估各方面都顺利，但是因为江西省在筹备建设鄱阳湖水利枢纽工程，从整个流域的系统保护来看，共识尚不清晰，很难预判未来的走向。国家林业局湿地保护管理中心认为等待条件成熟，本身是对南矶湿地的一种保护，对国际重要湿地这一荣誉的审慎，也是对《湿地公约》的尊

江西南矶湿地的斑背大尾莺

重。之后，2015年和2017年两次申报，还是同样的考虑，暂时搁置。

2019年再次申报，恰逢江西省举办鄱阳湖国际观鸟周，整个江西省从政府到民间，对湿地和水鸟保护空前关注和认同，积极期待在国际上展示江西省生态保护的态度和成绩。

12月上旬观鸟周结束，2020年1月出现新冠疫情，激发了全社会对自然保护、野生动物保护前所未有的关注。南矶湿地的申报材料，也终于被列入国家林业和草原局党组会讨论决议的最终提名名单。2月2日是世界湿地日，《中国绿色时报》正式公布了《湿地公约》新指定的七处国际重要湿地名单，南矶湿地名列其中，而且，刊发该消息选用的就是赣江河口与鄱阳湖交汇的三角洲航拍照片，这是南矶湿地最具代表性的景观。南矶湿地孜孜不懈的申报之路，再得圆满。

事实证明，保护等级的不断提升，不仅强有力地推动了对南矶湿地的有效保护、深入科研和公众宣教，而且还对江西省的整个自然保护行业带来了显著的正面影响。在后来与鄱阳湖保护相关的议题上，因为有两个国家级自然保护区和国际湿地互相支撑，在保护和开发的博弈中，为坚守保护奠定了很好的格局。

中国加入《湿地公约》20周年

中国加入《湿地公约》的1992年，是中国社会主义市场经济的开局之年。社会经济的高速发展必然带来对于自然资源需求的迅猛增长，而湿地作为当时还不受重视，甚至在科学性上定义尚且模糊不清的自然资源类型，也必然受到来自人类活动的巨大压力。湿地的分布又恰恰和人口密集、社会经济高度发展的区域紧密耦合，来自城市建设、工农业发展对湿地生态系统造成的负面影响尤为明显而且剧烈。而中国毕竟还是一个发展中国家，人口基数巨大，人均自然资源有限，发展压力巨大，在自然保护领域的投入对很多地方的政府而言是沉重的压力。在这样的现实条件下，中国政府仍然将履行《湿地公约》义务、承担国家责任放在第一位，全力投入我国湿地保护事业，选择与国际社会的有识之士同行，承担湿地大国的应有义务。这表明了中国对人类命运和民族前途的高度负责态度。

到2012年，中国政府加入《湿地公约》届满20年，其间认真履行《湿地公约》义务，严格执行《湿地公约》决议，将湿地保护纳入了国民经济和社会发展计划，并列入了各级地方人民政府的议事日程。与此同时，建立了专门的湿地保护管理机构，健全湿地保护管理体系，并且积极制订专门的湿地保护法规，完善湿地保护的法律制度。在法治的前提下，统筹协调湿地保护管理机制，形成湿地保护的合力，以适应新形势下湿地保护管理的需要。为了系统总结相关工作的成果和经验，也为了进一步向《湿地公约》秘书处和国际社会传达中国政府坚定不移的湿地保护战略和履约信心和决心，2012年12月14日，国家林业局在北京隆重举办了高规格的"纪念中国加入《湿地公约》20周年座谈会"。时任国务院副总理回良玉、国务院副秘书长丁学东、国家林业局局长赵树丛出席座谈会，时任《国际湿地公约》秘书长安纳达·特艾格受邀参会，国家林业局副局长张永利主持。

回良玉副总理在讲话中特别指出，湿地是珍贵的自然资源，也是重要的生态系统，具有多种不可替代的综合功能。加入《湿地公约》20年来，中国政府高度重视并切实加强湿地保护与恢复工作，积极履行《湿地公约》规定的各项义务，全国湿地保护体系基本形成，大部分重要湿地得到抢救性保护，局部地区湿地生态状况得到明显改善，为全球湿地保护和合理利用事业作出了重要贡献。

国家林业局举办纪念中国加入《湿地公约》20周年座谈会

回良玉副总理还强调，中国湿地面积占国土面积的比例远低于世界平均水平，并面临气候变化和人类活动的影响，湿地面积减少、功能退化的趋势尚未得到根本遏制。各级各方面要把湿地保护摆上更加突出的位置，与经济社会发展各项任务统筹考虑，落实好湿地保护责任；要积极推进法制建设，建立湿地保护长效机制，强化宣传教育，提高全民湿地保护意识；要切实加大投入，实施好湿地保护恢复重大工程，不断扩大湿地面积，增强湿地生态系统稳定性，进一步改善生态和民生。

回良玉副总理最后表示，中国政府将一如既往地履行《湿地公约》责任，与《湿地公约》秘书处、其他各缔约国及有关国际组织深化合作，与国际社会协调一致行动，相互学习借鉴，为推动全球湿地保护与合理利用、促进世界可持续发展作出应有贡献。

赵树丛局长在会上以《加强湿地保护 建设生态文明》为题发表讲话，他总结了中国政府加入《湿地公约》20年来我国湿地保护工作取得的成果，也强调了湿地面积减少、功能退化、生物多样性下降的问题依然突出，并表示今后将按照党的十八大精神，认真履行国际公约，继续加强湿地保护，推动湿地保护工作再上新台阶。

“只有以党的十八大精神为指引，深刻认识中国特色社会主义事业“五位一体”总体布局和大力推进生态文明建设的战略部署，加大湿地生态系统保护力度，才能为建设美丽中国、实现中华民族永续发展贡献新的力量。”时任中华人民共和国国际湿地公约履约办公室主任马广仁说。

20年履约风雨兼程，中国从加入《湿地公约》那个具有划时代意义的历史转折点开始，将制度建设、体制创新、系统保护、科学修复、合理利用等策略融为一体，逐步形成国家、区域、部门、地方和项目区的多层次湿地保护规划体系，为在全国范围内有序、有效地开展湿地保护工作奠定了坚实的制度和方法基础。

20年履约春华秋实，中国人更加深刻地认识到，湿地不仅是生态、经济、社会可持续发展的重要支柱，它更是人类文明的“摇篮”，成为人类文明的重要载体，成为连接世界各国的重要纽带，它的健康是华夏子孙的深切期盼，也是世界人民的共同愿景。

湿地保护任重道远

——我国加入《湿地公约》20周年成就综述

《经济日报》2012年12月12日第13版　本报记者刘惠兰

湿地与森林、海洋并称为全球三大生态系统，被誉为“淡水之源”“地球之肾”“气候调节器”和“生物基因库”。

我国是世界上湿地资源最为丰富的国家之一。据2003年完成的全国第一次湿地资源调查，我国单块面积在100公顷以上的湿地总面积3848.55万公顷，包括滨海、河流、湖泊、沼泽等自然湿地，以及库塘等人工湿地。但我国自然湿地面积占国土面积的3.77%，远低于世界8.6%的平均水平。

20年前，我国政府以对社会、对人类、对子孙后代高度负责的态度，正式加入了《湿地公约》，这是我国湿地保护管理工作的一个里程碑。20年来，我国认真履行公约义务，严格执行公约各项决议，建立了专门的湿地保护管理机构，健全湿地保护管理体系，使我国湿地保护事业得到健康蓬勃的发展，在国际上树立了良好的生态大国形象。

20年来，我国湿地保护取得了令人瞩目的成就。全国湿地保护面积大幅增加，全国湿地保护体系基本形成。全国许多重要的自然湿地得到抢救性保护，重要区域的湿地生态系统得到有效恢复，一些流域湿地综合治理取得明显成效，很多湿地防灾减灾、供水和净化水质等功能得到维护。

我国湿地保护的巨大成绩，赢得了国际社会的广泛赞誉。2004年，湿地国际将首个“全球湿地保护与合理利用杰出成就奖”授给中国。2012年，《湿地公约》秘书长安纳达·特艾格先生称：“中国向发展中国家展示了一条湿地保护与合理利用的成功道路。”

构建履约管理体系　推动湿地保护立法

自加入《湿地公约》之后，我国从国家到地方湿地保护与履约管理机构逐步建立，为湿地保护提供了组织保障。1992年，国务院授权原林业部代表中国政府履行《湿地公约》。2005年8月，“国家林业局湿地保护管理中心”也即“中华人民共和国国际湿地公约履约办公室”成立。2007年，经国务院批准，成立了由国家林业局担任主任委员单位、16个部委局共同组成的“中国履行《湿地公约》国家委员会”。此后，各地湿地保护管理专门机构纷纷成立。

20年来，湿地保护立法工作全面推进。一系列有关自然资源和生态环境保护的法律法规先后颁布实施，其中，《中华人民共和国森林法》《中华人民共和国野生动物保护法》《中华人民共和国水法》《中华人民共和国环境保护法》，《中华人民共和国海洋环境保护法》《中华人民共和国渔业法》等法律法规及实施条例，为湿地保护和利用发挥了作用。14个省（自治区、直辖市）也出台了省级湿地保护条例。

为加强湿地保护和管理，国务院还颁布了《中国21世纪议程——中国21世纪人口、环境与发展》白皮书、《跨世纪绿色工程规划》《全国湿地保护工程规划（2002—2030）》，批准实施了《全国土地利用总体规划纲要》《全国湿地保护工程实施规划（2005—2010）》，印发了《关于加强湿地保护管理的通知》等一系列政策性文件，湿地保护纳入了国民经济和社会发展规划，提出了“保护优先、科学恢复、合理利用、持续发展”的方针，明确了我国湿地保护的总体思路、发展目标和工作任务。

国家林业局和有关部委认真贯彻落实国务院关于生态建设和湿地保护的精神，先后编制、颁发和实施了《中国生物多样性保护行动计划》《全国野生动植物保护及自然保护区建设工程总体规划》《全国水资源综合管理规划》《国家湿地公园管理办法》等一系列湿地保护具体规章办法，特别是2000年国家林业局等17个部（委、局）联合颁布的《中国湿地保护行动计划》，成为各部门和各级政府开展湿地保护工作的行动指南。这些法律法规的颁布和实施，使我国湿地朝着依法保护管理的方向迈出了重要一步。

完善湿地保护政策　工程带动湿地保护

“十一五”以来，我国采取多种措施，使湿地得到更为有效的保护，合理利用湿地的模式逐步形成，对国家生态安全和经济社会可持续发展的保障作用进一步凸显。

据统计，“十一五”期间中央累计投入14亿元，地方配套超过17亿元，完成了205个湿地保护和恢复示范工程，恢复湿地近8万公顷，有效促进和改善了项目区生态脆弱和退化湿地的生态状况。同时，全国水污染防治、水资源调配与管理、全国海洋功能区划等重要规划，均实施了湿地生态保护与恢复、生物措施防治面源污染等重点工程，直接保护和维护了重要湿地的生态功能，为以工程措施和生物措施保护恢复湿地起到了较好的示范作用。

“十一五”以来，我国坚持工程带动、项目突破和规划区划相结合，通过建立湿地自然保护区、发展建设湿地公园、建设湿地保护小区等多种方式，对自然湿地进行了有效保护，湿地保护面积进一步扩大。

至2011年，我国共建立湿地自然保护区550多处、国际重要湿地41处、湿地公园400多处，约50%的自然湿地得到了有效保护。主要江河源头及其中下游河流和湖泊湿地、主要沼泽湿地得到抢救性保护，局部地区湿地生态系统得到有效恢复。湿地保护面积大幅增加，为国土生态安全提供了保障。

建立长效机制　生态民生双赢

国家林业局认真履行国务院赋予的全国湿地保护组织协调指导监督和《湿地公约》履约职责，初步探索出了一条以改善生态和改善民生为目标、以规划为先导、以自然湿地保护为重点、以国家重大项目为抓手、以立法和制度建设为保障、以科学技术研究为支撑、以宣传教育为手段、以履约和国际合作为动力的湿地保护路子。

2009年“中央一号文件”明确，“启动湿地生态效益补偿”。湿地保护成为生态建设的崭新内容，成为生态惠民的重要领域。通过合理调整保护与利用的关系，积极探索湿地促进绿色增长的有效模式，引导农牧民、渔民转变生产生活方式，合理利用各种湿地资源，逐步实现生态保护与农民增收平衡发展。

20年来，在一系列湿地保护工程和国际合作项目的带动下，湿地生态种植养殖、湿地生态旅游等新兴产业蓬勃发展，为解决群众就业、增加农民收入、改善城乡群众生产生活环境等作出了重要贡献。湖北洪湖通过实施湿地保护与恢复项目，增加湿地经济作物种植面积近8000公顷和鱼类10多种，经济效益明显提升。2010年，全国湿地公园接待游客数量近2000万人次，旅游收入近50亿元。

我国湿地保护事业虽然取得了显著成效，局部地区湿地生态状况有了明显改善，但是整体上全国湿地仍面临干旱缺水、开垦围垦、泥沙淤积、水体污染和生物资源过度利用等严重威胁，湿地面积减少、功能退化的趋势尚未得到根本遏制，湿地仍然是最脆弱、最容易遭到侵占和破坏的生态系统。

目前，我国还缺乏一部湿地保护专门法规，国家林业局在广泛调研的基础上已经完成了《中华人民共和国湿地保护条例(草案)》的起草工作，正与相关部门进行协调沟通。

国家林业局局长、中国履行《湿地公约》国家委员会主任赵树丛表示，湿地保护任重道远，要按照党的十八大精神，把湿地保护作为生态文明建设的重要内容和生动实践，坚持节约优先、保护优先、自然修复为主的方针，以改善生态、改善民生为目标，大力实施重点生态工程，继续完善湿地保护制度，不断优化湿地保护空间布局，努力扩大湿地面积，增强湿地生态系统稳定性，把湿地保护工作推上一个新台阶。

国际合作

中德合作中国湿地生物多样性保护项目

根据中德两国政府2008年11月27日北京会谈所达成的有关中德技术合作的谅解备忘录，双方决定开展中国湿地生物多样性保护技术合作项目（以下简称“项目”）。项目执行单位为国家林业局，项目中方实施单位为国家林业局湿地保护管理中心，德方实施单位为德国国际合作机构（GIZ）。项目金额为600万欧元，中德双方各投资300万欧元，项目期4年（2010—2014年）。

项目旨在通过开展能力建设，采用综合生态系统管理方法制定和探索可持续湿地生物多样性管理模式，提升湿地生物多样性保护管理水平，为我国其他地区湿地生物多样性保护提供经验和借鉴，为推动我国湿地生物多样性保护和资源可持续利用作出贡献。项目范围涉及黑龙江、浙江、山东3省4个自然保护区，主要活动包括：举办和参与国内外会议、专家研讨会、保护工作人员能力建设培训，制定年度计划、协调机制、管理方案，合作开展

山东黄河三角洲国家级自然保护区绿色的草甸（摄影：丁洪安）

山东黄河三角洲国家级自然保护区黑嘴塍鹬（摄影：刘月良）

示范项目的执行、监测和评估。项目主要产出及成果包括提出生态补偿方案建议、协调机制建立和组织结构相关建议、开展GIS系统建设与培训、编制湿地保护网络建议和运行建议报告、《湿地环境教育手册》《湿地保护管理手册》、协助黄河三角洲国家级自然保护区申报国际重要湿地及《国际重要湿地管理办法》有关内容。项目实施对各级林业主管部门起到了优秀的示范作用，对国家和地方层面生态补偿政策及相关规定、成立保护网络管理机构起到了积极推动作用，为相关部门决策、政策、预算中考虑湿地保护、工作中积极推广湿地教育解决了关键技术难题，在国际重要湿地管理上与国际接轨，为《湿地公约》履约工作奠定了良好基础。

GEF中国湿地保护体系规划型项目

GEF中国湿地保护体系规划型项目于2013年11月启动，GEF赠款总额为2600万美元，是我国湿地保护领域的最大国际赠款项目，包括1个中央层面的项目和6个省级层面的项目，分别在内蒙古、黑龙江、安徽、湖北、江西、海南和新疆实施。国家林业和草原局牵头整个项目的执行工作，并负责具体实施中央和大兴安岭项目；安徽、湖北、江西、海南和新疆等省（自治区）林业主管部门以及相关保护地负责各自项目的实施工作。除联合国粮农组织(FAO)担任江西项目的国际执行机构外，其他6个子项目由联合国开发计划署(UNDP)担任国际执行机构。

项目通过支持编制包括《湿地保护修复制度方案》在内的一系列重要政策文件、法规和技术指南等，极大地推动了湿地生物多样性保护工作的主流化。通过增加保护地面积，提升保护地管理能力，助推国际重要湿地提名，开展湿地保护地监测培训与能力建设、国际湿地城市认证和国内外培训等活动，积极有效地推动了湿地保护地管理有效性的提升。通过6个子项目的地方实践，与中央项目成果形成了互补性的有机整体，促使中央层面的政策和方案设计、方法、工具能及时应用于地方实践中，推动了项目成果的可持续性和可推广性。

为积极宣传和推广项目取得的积极成果，增强项目的可持续性和影响力，项目实施单位对项目的实施经验和有益做法进行整理汇编，出版了“GEF中国湿地保护体系规划型项目成果系列丛书”，对我国湿地保护管理工作具有较高的参考价值。

在有关各方的共同努力下，GEF湿地规划型项目进展顺利，由UNDP作为国际执行机构的6个子项目全部以“满意”的评级结果顺利通过了最终评估。评估专家对各项目的组织领导力、示范推广价值、跨部门合作以及足额配套支持都给予了高度评价。

作为中国率先采用规划型模式实施的生物多样性项目，项目组成员在跨地区、跨部门协调方面付出了巨大的努力，为规划型项目实施进行了多项有益尝试，为生物多样性领域进一步推广规划型项目模式提供了经验。

中国滨海湿地保护管理战略研究项目

保尔森基金会与中华人民共和国湿地公约履约办公室、中国科学院地理科学与资源研究所合作，在内蒙古老牛慈善基金会资助下，为保护和管理中国沿海湿地制定了国家蓝图，拟定了保护战略和行动计划并开展能力建设。

国家林业局履约办、中国科学院地理科学与资源研究所、保尔森基金会与老牛慈善基金会合作签约仪式

2014年2月26日，保尔森基金会与老牛慈善基金会正式建立合作关系。老牛慈善基金会提供100万美元赠款，用于支持包括滨海湿地保护战略研究项目在内的三个优先项目。同日，中华人民共和国国际湿地公约履约办公室、美国保尔森基金会、中国科学院地理科学与资源研究所共同签署了三方合作协议，中国滨海湿地保护管理战略研究项目启动。北京林业大学、北京师范大学、首都师范大学、中国科学院烟台海岸带研究所等参加了本项目。

项目指导委员会主任为：陈宜瑜院士、亨利·保尔森（Henry Paulson）先生，委员为苏纪兰院士、马广仁主任、牛红卫女士、于贵瑞研究员、斯派克·米林顿（Spike Millington）先生。项目组人员包括：雷光春、张正旺、于秀波、张明祥、侯西勇、洪剑明、姜鲁光。

该项目的目标是：分析中国滨海湿地现状、变化趋势和管理中存在的问题，总结中美湿地保护典型的经验与教训，制订中国滨海湿地保护管理的战略、政策框架与优先行动，为决策者提供

中方代表团与保尔森基金会代表在美国旧金山合影

可操作的政策建议，为业务部门提供行之有效的管理工具。

2014年4月17—18日，在北京召开项目研讨会暨第一次工作会议。项目组指导委员会、成员和支持专家与会。老牛慈善基金会、红树林基金会、阿拉善SEE基金会、WWF、世界自然保护联盟、国际鸟类联盟等众多机构参加。

该项目历时20个月，评估了中国滨海湿地现状和面临的主要威胁；分析总结了滨海湿地不同的保护管理模式；开展了迁徙水鸟及其滨海栖息地保护空缺分析，甄别出了亟须保护的重要滨海湿地；为中国滨海湿地保护战略提出了政策框架和行动计划。

2015年10月19日，中国滨海湿地保护管理战略研究项目成果发布会在中国科学院地理科学与资源研究所举行。陈宜瑜院士主持开幕式并讲话，保尔森基金会主席亨利·保尔森先生和国家林业局副局长彭有冬先生致词，国家林业局湿地保护管理中心主任马广仁先生、保尔森基金会蔡雯欣总裁、老牛慈善基金会王永红总监、中国科学院促进发展局冯仁国副局长等出席会议。会议邀请了国家部委、联合国机构、国际环保组织、国内环保组织等的代表，共有150余人参加。

该项目的成果产生了良好的后续影响。例如，2016年3月22日，北京市企业家环保基金会已启动“任鸟飞”项目，针对24种濒危水鸟和107块滨海湿地保护空缺，组织草根环保（“小伙伴”）组织开展濒危水鸟与关键栖息地的保护。2016年6月19日，环保部与保尔森基金会签署协议，共同促进滨海湿地保护，并划定滨海湿地保护生态红线。2018年7月14日，国务院印发《关于加强滨海湿地保护 严格管控围填海的通知》，该项目所提出的许多政策建议被采纳。2018年12月，全球环境基金（GEF）理事会批准“增强中国东中部水鸟迁徙路线湿地保护网络管理有效性”项目，这也是GEF第七增资期最大的单体项目，GEF信托基金赠款893.242万美元，国内配套资金7820万美元。2021年5月11日，国家林业和草原局、联合国开发计划署（UNDP）在东营启动该项目。

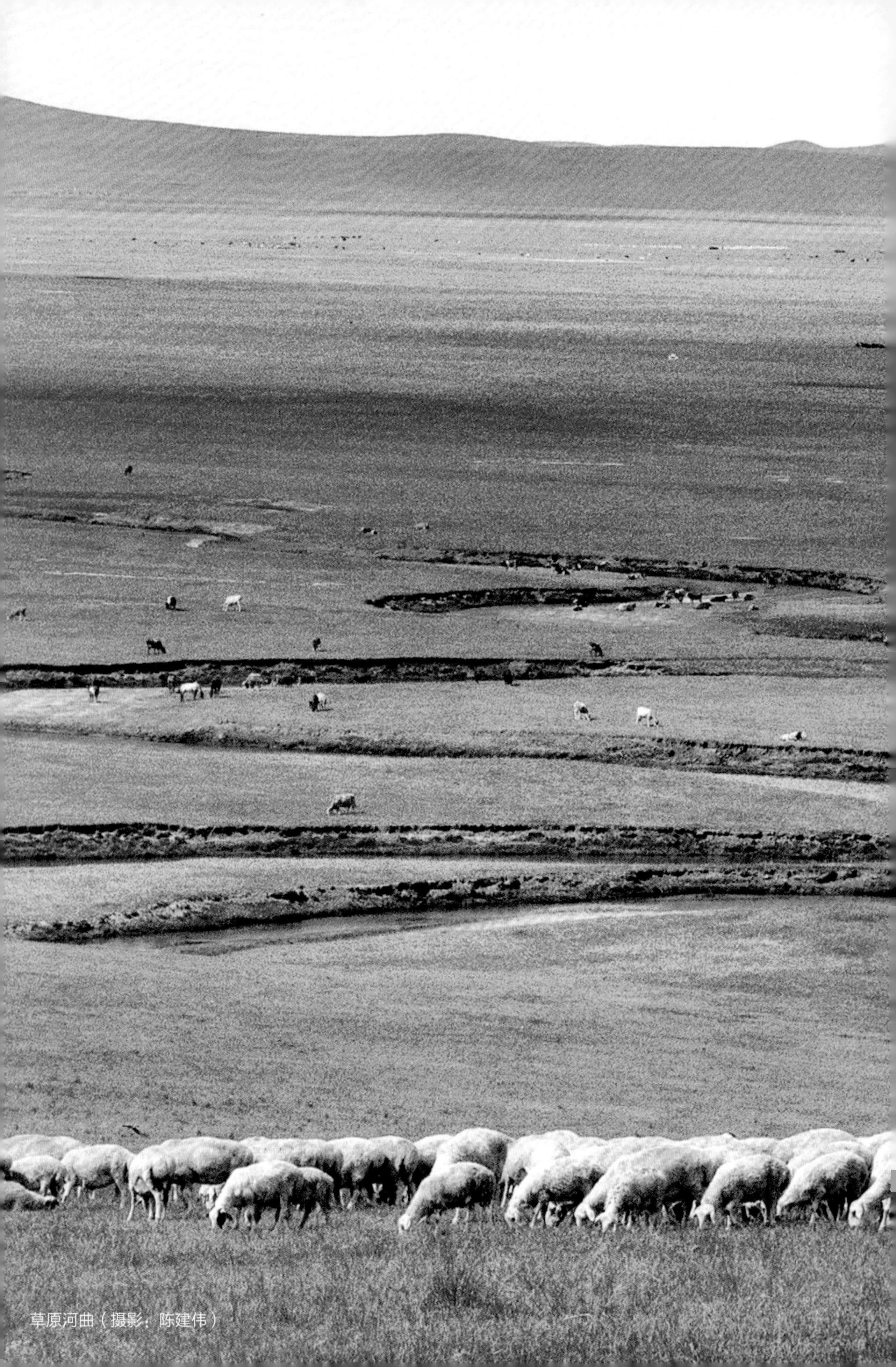

草原河曲（摄影：陈建伟）

第六篇

精进不觉

——湿地保护的科研支撑

以科学研究
指引湿地保护和管理的方向和路径。

6.1 深远悠久：中国湿地保护的科研探索和积淀

中国在湿地保护相关领域的科学研究，特别是针对湖泊、河流、沼泽等湿地类型的科学研究体系的出现和发展，可以追溯到20世纪初，并且经历了从自然资源为导向，到地质科学为导向，最终到生态学为导向的发展历程。新中国成立之后，我国的科学研究体系不断朝正规化、系统化、专业化方向发展，一些在湿地相关领域深耕科研的机构和团队，从没有停止过他们脚步。

湿地科研的发展，培育了全国各地诸多的科研机构和平台，它们的研究内容既有交叉重复的部分，也有自身独有的研究方向，彼此之间既存在竞争也存在合作，但更多的是一种合作关系。

湿地生态健康、功能和价值评价

面对中国湿地评价工作起步较晚、缺少湿地生态评价专门部门和行业标准的现状，为了使中国的湿地管理工作有据可依，2009年国家林业局湿地保护管理中心根据国家林业局主要领导的指示，委托中国科学院遥感应用研究所牵头8家单位联合研发了一套既科学合理又切实可行的湿地生态系统评价指标体系。指标体系由健康、功能、价值三部分组成，其中，健康评价共5类13个指标，功能评价共4类7个指标，价值评价共4类8个指标，由这些指标组成的评价体系科学合理、可操作性强，符合“可监测、可报告、可操作”原则，填补了中国湿地生态系统定量监测评价领域的空白，处于国际领先水平，并于2012年2月通过了国家林业局科学技术委员会论证。

湿地生态系统评价指标体系科学技术委员会专家论证会

为了对制定的湿地生态评价指标体系展开全面示范应用，国家林业局湿地保护管理中心组织中国科学院遥感与数字地球研究所、国家林业局西北林业调查规划设计院、国家林业局华东林业调查规划设计院3家单位首先对中国的45处国际重要湿地（米埔内后海湾除外）开展了评价工作。从2012年7月开始到2014年11月，历时2年多在20个省（直辖市、自治区）湿地主管部门和各湿地管理部门的通力协作和大力支持下，深入各国际重要湿地，通过对收集资料的数据处理和指标计算等评价流程实现了世界范围内首次在国家水平上对所有国际重要湿地开展生态系统评价。评价结果为中国国际重要湿地的保护管理和履行《湿地公约》等工作提供科学依据。2015年6月26—29日，国家林业局湿地保护管理中心在北京野鸭湖国家湿地公园举办了“京津冀地区湿地生态系统评价”培训班，该培训班是继2013年11月在山东东营黄河三角洲湿地举办的首届培训班之后的第二届。同时，面向京津冀地区的19处国家重要湿地开展湿地生态系统的健康、功能和价值评价工作，为京津冀地区的湿地生态建设和保护管理工作提供了重要的科学数据支撑和决策服务支持。2016年至2017年，为了进一步促进湿地生态系统评价体系从科研到生产的转化，提高全国湿地价值评估的科学性和代表性，掌握长江经济带国家重要湿地

“2015年京津冀地区湿地生态系统评价”培训班合影

生态情况，国家林业局湿地保护管理中心组织中国科学院遥感所，国家林业局华东调查规划院、西北调查规划院、昆明勘察设计院4家单位完成了对上海、江苏、浙江、青海等5个省份18处重要湿地的评价工作。

通过对上述国际重要湿地和国家重要湿地的生态系统健康、功能和价值评价，全面掌握了我国重要湿地的生态状况、变化趋势，对规范我国湿地评价、明确全国湿地保护的重点和方向、制定合理的湿地保护与利用对策具有重要意义。

华东师范大学河口海岸国家重点实验室——湿地理论研究和出版的拓荒者

在中国高校中最早开始湿地科学的系统研究的最有代表性的应该是华东师范大学河口海岸国家重点实验室以陆健健教授为代表的科研团队。陆健健教授20世纪80年代末就受亚洲湿地局（Asian Wetland Bureau，AWB）的委托，开展中国境内的湿地资源调查研究，在1989年出版的《亚洲湿地名录》中国部分的框架基础上，结合大量一线调查研究，以及广泛收集整理国内外专家的研究成果和专业意见基础上，进行梳理补充和修改增补，并于1990年出版第一本全面系统介绍我国湿地的科学专著《中国湿地》。该书梳理了我国各省（直辖市）（包括台湾和香港地区）共217块，总面积23万多平方公里的湿地，涉及已建自然保护区95个。书中以条目形式介绍了每块湿地的地理位置、面积、水文、气候、植被、湿地动物、湿地资源等方面的内容，尤其是其中湿地鸟类部分，是比较早对中国湿地水禽进行系统详细介绍的专著。此书后来荣获教育部优秀学术著作奖，是目前为止湿地领域被引用率最高的一本专著，也被公认为是开拓我国科学研究的一本具有奠基意义的重要学术著作。

华东师范大学河口海岸国家重点实验室于1989年由国家计划委员会批准筹建，1995年12月通过国家验收并正式向国内外开放，主要从事河口海岸的自然生态与环境应用基础研究，开拓了我国在长江口及滨海湿地领域的系统科学研究和一线实践工作。

中国科学院湿地生态与环境重点实验室——最早的湿地研究大本营

中国科学院东北地理与农业生态研究所湿地生态与环境重点实验室成立于1997年，2008年进入院级重点实验室序列。湿地科学是研究所长期研究形成的优势领域和重点学科发展方向，围绕湿地生态学、湿地水文学、沼泽学、泥炭地学开展原始性科学创新，突出湿地关键物理、化学与生物过程、生态系统演变与环境效应、受损生态系统的恢复重建与生态保育、湿地水土优化调控与高效利用等关键科学问题开展深入研究，为我国生态保护、环境建设与农业发展提供重要的科学理论与相关的关键技术支撑。在湿地生态系统的理论、技术与方法研究等方面，均在国内外产生了重要影响，为我国湿地科学和环境科学领域培养了大批专门人才，为湿地科学理论体系的发展和国家生态安全保障、粮食安全与水安全保障作出了重要贡献。

实验室由吕宪国研究员担任主任，主要定位与目标是面向湿地科学的国际前沿和国家需求，以流域为单元，以湿地系统形成、

四川高原湖泊湿地

演化的关键物理、化学、生物过程研究为核心，开展湿地生态过程与功能、湿地修复与管理、湿地环境变化区域效应及其资源可持续利用研究，揭示湿地复合生态系统中人与自然的相互作用关系，为发展湿地科学理论体系和保障国家生态安全、粮食安全与水安全作出重要贡献。具体研究方向包括湿地关键生态过程与服务、退化湿地生态系统恢复与管理、湿地环境变化区域效应与资源可持续利用等。实验室研究重点包括湿地演化过程及生态系统服务功能研究，沼泽湿地碳、氮循环的关键生物地球化学过程研究，退化湿地修复技术与优化管理模式研究，湿地农田化的区域环境效应及湿地资源可持续利用模式研究等。

东北林业大学——
全国第一个建立“湿地科学”本科专业的大学

东北林业大学对我国湿地科研最大的贡献，应该是他们率先建立了“湿地科学”本科专业。湿地保护和资源的合理利用急需各类湿地保护与管理的专业人才，然而，当时国内仅有的湿地领域研究机构主要培养的是高层次研究型人才，尚没有成立与湿地相关的本科专业，已不能满足国家对湿地保护与管理专业不同层次人才日益增长的需要。2007年国家林业局湿地保护管理中心正式成立之后，湿地保护和管理工作的重要性和紧迫性，和人才培养体系的薄弱现状之间的矛盾更加凸显。为了满足我国对湿地资源保护专业的人才需求，促进国家的可持续发展，成立湿地保护与管理本科专业势在必行。

在马广仁主任的关心和推动下，在对学科发展具有高度责任感和科研开创极具敏锐度的东北林业大学领导的支持下，由东北林业大学野生动物资源学院牵头，于2008年12月成立了湿地科学本科专业人才培养方案论证小组。湿地科学系于洪贤教授任组长，副组长为李晓民教授，成员为湿地科学系全体教师。专业培养方案修订历时5个月，召开讨论会10次，分别就专业定位、培养目

水雉与白鹭

标以及国内外院校调查分析等内容进行了系统深入的讨论。

2009年3月31日，“湿地科学”本科专业研讨及人才培养方案论证会召开，主席为中国科学院东北地理与农业生态研究所的刘兴土院士，组员为东北林业大学的马建章院士、国家湿地保护管理中心的马广仁主任、中国科学院东北地理与农业生态研究所主任吕宪国研究员、扎龙湿地自然保护区管理局局长李长友高级工程师、黑龙江省林业厅野生动物管理处处长陶金以及东北林业大学有关教师。会议论证通过了学科设立方案，确定东北林业大学设立全国第一个“湿地科学”本科专业。

东北林业大学的湿地保护与管理专业是一个涉及水文学、土壤学、生物学、生态学、管理学等多学科交叉的综合专业。结合我国对湿地人才的需求多样性，参考国外人才培养的先进模式，在“湿地科学”本科专业的培养计划、课程设置中制定了一系列具有特色的培养方式，为国家培养基础知识扎实、具有解决实际能力的湿地保护与管理的专业人才。

除了人才培养体系的建立，东北林业大学在湿地科研领域也一直发挥着非常重要的作用。2009年至2017年，东北林业大学持续深入开展了大量湿地保护、管理与生态监测等方面的研究课题。

国家高原湿地研究中心——第一个国字头湿地研究中心

国家高原湿地研究中心是在国务院批准的《全国湿地保护工程规划》框架下，为加强高原湿地科学研究，依托西南林学院，于2007年设立的专门针对我国高原湿地保护的国家级研究机构。

中心的成立历史可以追溯到2005年。当年2月，云南省林业厅和中国科学院昆明分院牵头，联合多家科研单位共同组建“云南高原湿地研究中心”。在《全国湿地保护工程规划（2002—2030年）》的基本框架下，2007年12月，国家林业局出具《关于同意依托西南林学院成立国家高原湿地研究中心》的复函，并于2008年5月正式成立“国家高原湿地研究中心”，依托西南林学院建设。

国家高原湿地研究中心在昆明正式挂牌

《光明日报》(2008年12月29日06版） 本报记者任维东

本报昆明12月28日电（记者任维东）正值西南林学院隆重庆祝建院30周年之际，国家高原湿地研究中心日前在西南林学院正式挂牌。

这一研究中心是在2007年国务院批准的由国家林业局、国家发展和改革委员会等7部委联合上报的《全国湿地保护工程规划》框架下，为加强高原湿地科学研究设立的专门针对我国高原湿地保护的国家级研究机构，成立于2008年，对于加强高原湿地资源的保护研究，促进区域生态、经济和社会可持续发展具有重大意义。

国家高原湿地研究中心由国家林业局领导，依托西南林学院，以理事会进行管理，联合相关科研部门，发挥各部门、单位的学科优势，建立联合创新的开放平台，主要围绕高原湿地生态系统结构与功能特征，以青藏高原、蒙新高原、云贵高原湿地生态环境和生物多样性研究为重点进行学科布局，开展高原湿地演替过程与退化机理、高原湿地与气候变化等的基础研究，以及高原湿地保护与恢复等适用技术的研究。

高原湿地在我国的生态区位上是非常重要的，是我国“两屏三带”生态安全战略格局“青藏高原生态屏障、黄土高原—川滇生态屏障和北方防沙带”的重要组成部分，分布面积占全国湿地总面积的近一半，发挥着“中华水塔”“碳汇”以及生物多样性与特有性保育等重要生态功能。在国家越来越重视环境、重视生态保护工作的历史发展局势下，开展高原湿地研究、实施高原湿地保护工作尤为重要，这事关国家生态安全、经济社会可持续发展，因此也可以认为高原湿地的研究与保护工作是国家实现全国湿地保护战略目标的主战场之一。

在谈及国家高原湿地研究中心成立对我国湿地研究领域的意

义和贡献时，现任西南林业大学郭辉军校长表示："国家高原湿地研究中心是2007年国家林业局批准成立、依托西南林学院建设的，以高原湿地为主要研究对象的国家级研究机构，是当时获批开展湿地研究和技术服务的唯一国家平台，在发展历史上具有一定的里程碑意义。"随着以专门开展湿地科学研究工作为主要任务的湿地科学研究平台的建立（这也标志着我国在湿地科学研究方向的投入不断加大），科研机构在科学研究、学科建设以及服务于地方湿地保护与发展的重要性日益凸显。国家希望通过国家高原湿地研究中心，针对国家与地方对高原湿地保护与恢复的科技需求，开展一系列的基础性、应用性科学研究、社会服务和人才培养工作，为高原湿地的保护提供有力的科技支撑。"我想这也是西南林业大学国家高原湿地研究中心成立的主要目标。"郭校长对此深有感触。

依托国家高原湿地研究中心的发展基础，2016年11月西南林业大学又成立了国内唯一一个以湿地命名并招收湿地保护与恢复专业学生的实体学院"西南林业大学湿地学院"，国家高原湿地研究中心成为"湿地学院"的科研支撑平台。在西南林业大学湿地学院的成立的引领之下，全国其他高校也相继设立湿地学院或以

云南香格里拉碧塔海省级自然保护区

湿地科学为主要研究任务的机构、科研平台。例如，2019年江苏盐城师范学院联合北京林业大学、华东师范大学和南京林业大学成立湿地学院，成为江苏省第一个湿地学院。

早在国家高原湿地研究中心成立之初的2007年，国际湿地研究工作就已经取得了令人瞩目的成就。中心成立之后，在湿地生物多样性、湿地环境科学与工程、湿地环境与健康、湿地环境监测与信息化、湿地环境资源保护与利用5个研究所和1个公众教育部的研究架构基础上，针对高原湿地面临的问题，聚焦于湿地生物多样性及其维持机制、湿地生态系统关键过程、湿地演化与环境响应3个研究方向，在高原湿地水陆交互作用、湿地功能区划、高原湿地湖滨结构与功能、生物多样性保护、生态恢复等领域取得了许多重要研究成果，出版了有关自然保护区、生物多样性等湿地方面的专著10余部，发表了200余篇相关研究论文。取得的研究成果从理论上为云南省湿地的保护与合理利用提供了技术支持，并在国家层面支持了湿地履约工作。

中国林业科学研究院湿地研究所

2007年开始，国内各大高校和相关研究机构开始越来越重视湿地相关的科研和人才培养体系的建立，各地也陆续自主设立的湿地专业研究方向，培育相关的团队。但由于我国湿地研究起步较晚、结构分散、规模小，各个高校和研究机构的湿地方向挂靠专业相对比较混乱，在全国层面很难形成湿地科学的清晰学科体系，这从某种程度上来说阻碍了湿地科学作为学科的系统化、专业化发展。因此，建立独立的湿地研究机构来综合系统地开展湿地研究，促进湿地学科的快速发展，成为行业发展的一个迫切需求。

中国林业科学研究院湿地研究所就是在此行业背景下建立的。2009年11月30日，国家林业局党组书记、局长贾治邦，局党组副书记、副局长李育材，副局长祝列克、印红，总工程师姚昌恬等领导一行，来到中国林业科学研究院，出席了湿地研究所的成立仪式。这从某种程度上也代表政府对研究所成立对推动行业科研体系发展所发挥的重要作用给予了肯定。中国林业科学研究院分党组书记、院长张守攻主持剪彩仪式。

贾治邦局长在成立仪式上指出："建立湿地研究所是根据中央对林业的新定位、新要求，与时俱进地发展现代林业，努力建设和保护好森林、荒漠、湿地三大生态系统和保护生物多样性的实际需要，是保护湿地资源、维护国家生态安全、应对气候变化的需要，也是履行《湿地公约》、加强湿地科学研究的迫切要求。"贾局长也提出要求："各有关部门要积极支持中国林业科学研究院的湿地研究工作，在新机构运行、人才引进、实验室建设等方面加大力度，努力创造良好的工作条件。"

中国林业科学研究院湿地研究所是专门从事湿地研究的事业单位，其学科方向及重点研究领域包括：湿地生态系统的生态特征、湿地功能的价值评价与作用机理；湿地生态系统物质平衡、时空动态变化过程及演变的动力学机制；全球变化和人类活动影响下湿地生态系统的演替过程与环境效应；湿地生态系统及生物多样性保护；湿地重建及退化湿地的生态恢复技术；湿地景观设计与规划管理等。为此，中国林业科学研究院湿地研究所设置了包括湿地景观设计研究室、湿地恢复研究室、湿地生态过程与环境效应研究室、湿地规划与管理研究室、生物多样性研究室、中国湿地生态系统定位研究网络中心等在内的多个研究小组。

北京大学国家湿地保护与修复技术中心

2010年11月4日，由国家林业局批准，依托北京大学建立的"国家湿地保护与修复技术中心"（以下简称"中心"）在北京宣布正式成立。时任国家林业局党组成员陈述贤，湿地保护管理中心马广仁主任，"中心"第一届理事会理事长、北京大学常务副校长林建华教授，北京大学工学院陈十一院长等出席了揭牌仪式。

在揭牌仪式上，陈述贤介绍了近年来我国湿地事业的发展和面临的严峻形势，指出我国湿地保护与可持续利用亟须进行多学

云南昭通大山包黑颈鹤国家级自然保护区

科综合交叉、多行业统一协调、多技术综合集成的联合攻关，以找到适合我国具体情况的理论、技术和方法，并需要进行大量的湿地科技人才教育与培训。陈述贤表示，以北京大学为基地的国家湿地保护与修复技术中心的建立，顺应了国家的重大需求。陈述贤对“中心”寄予了很高的期望，希望“中心”日后为国家湿地保护事业作出卓越的贡献。

马广仁主任进一步介绍了我国湿地保护事业的具体成就，以及国际湿地管理机制，并对“中心”的具体发展方向和工作重点提出了具体要求。他希望“中心”能够在北京大学的领导下，通过多学科综合交叉、多技术综合集成、产学研联合攻关的科研模式，系统研究和开发湿地保护、修复重建与可持续利用相关的科学理论、工程技术与实施方案，大力开展人才教育培训与国内外

宣传等方面的工作，为国家湿地保护、修复重建与可持续利用工程和管理提供相关的技术支撑和决策支持，使之成为具有国际先进水平的湿地保护与修复技术平台。

“中心”第一届理事会理事长、北京大学常务副校长林建华教授指出，北京大学作为全国学科门类最齐全的大学，在与湿地的认知、保护和利用相关的物理、化学、生态学、生物地球化学、水力学、环境科学与工程、经济学、法学、教育学乃至国际关系等学科方面都有很扎实的基础。他表示，北京大学将组织各相关院系，推动与湿地相关的工学、环境科学与工程、地学、人文科学、社会科学以及医学各学科的联合，积极配合国家林业局的工作，推动国家湿地学科的建设和发展，组织进行相关的人才教育培训以及宣传，为国家湿地保护和生态文明建设积极努力。

国家湿地保护与修复技术中心是北京大学整合与湿地的认知、保护和利用相关的物理、化学、生态学、生物地球化学、水力学、环境科学与工程、经济学、法学、教育学乃至国际关系等学科的基础上成立的跨院系研究机构，旨在通过多学科综合交叉、多技术综合集成、产学研联合攻关的科研模式，系统研究和开发湿地保护、修复重建与可持续利用相关的科学理论、工程技术与实施方案，大力开展人才教育培训与国内外宣传等方面的工作，为国家湿地保护、修复重建与可持续利用工程和管理提供相关的技术支撑和决策支持，使之成为具有国际先进水平的湿地保护与修复技术平台。

中国湿地科学研究的发展，离不开全国各地各类科研院所和湿地科学家们的努力，北京林业大学、北京师范大学、复旦大学、南京大学、厦门大学、重庆大学、中国科学院南京地理与湖泊研究所、中国科学院水生生物研究所、中国科学院测量与地球物理研究所、中国科学院西北院、中国科学院成都山地灾害与环境研究所等在各类湿地研究中作出了贡献。限于本书篇幅，不能逐一介绍。然而恰恰是因为有如此多的团队和项目不断发展、深入开展，才推动了我国湿地科学研究的工作不断深入，也为更好地支持湿地保护和管理工作奠定了坚实的科学和理论方法基础。

6.2 保驾护航：权威专业平台助力行业稳健发展

国家湿地科学技术专家委员会

湿地生态系统的复杂性、敏感性、脆弱性，决定了湿地保护事业面临任务的艰巨性和长期性。随着我国经济社会快速发展，要在人与自然有机联系和矛盾中寻找共生共赢的科学发展道路，在湿地有效保护和有序开发之间找到结合点，归根结底需要强有力的科技支撑。国家林业局湿地保护管理中心成立以来，持续推动实施国家湿地工程包括部门协调、合理规划、项目选点、项目实施、检查验收等多个环节，包含自然保护区建设、湿地公园建设、湿地生态补水、湿地污染控制、湿地生态恢复和综合整治工程、可持续利用、能力建设等多项工作，这些项目的设计和开展涉及植物学、动物学、工程学、管理学等多个学科，每一个环节都需要科学指导和科技支撑。湿地中心的管理团队意识到，加强科技支撑，是推进我国湿地保护法规政策建设的重要基石，是顺利实施全国湿地保护和恢复工程的技术保障，是开展调查监测的基础工作，是提高履行《湿地公约》及国际合作能力的需要。新形势下的湿地工作，迫切需要全面强化科技支撑。

但在当时，我国在湿地保护管理决策中还没有建立起有效的科学和专业咨询机制，湿地保护和管理工作的科技支撑还比较薄弱，关于湿地科学的很多问题还需要深入研究，具体表现为：关于湿地的生态服务功能的评价还缺少具体的量化指标，湿地恢复的适用技术研究与国家推进湿地重点工程建设的实际需要还不适应，湿地保护恢复的相关技术标准研究还比较滞后，湿地科学研究的深度和机构能力建设与事业发展的需求还有很大差距等。要解决我国湿地科技支撑薄弱问题，就需要建立一支强有力的专业研究队伍，充分发挥专家和科研团队对于行业建设和管理的科学咨询作用，全面提高全国湿地保护管理的科学决策水平。

为此，在国家林业局湿地保护管理中心的推动下，各科研机构和行业部门的共同努力下，由中华人民共和国国际湿地公约履约办公室设立，为国家湿地保护管理和科学研究提供咨询的国家湿地科学技术专家委员会于2009年6月1日在北京成立。时任国家林业局局长、中国履行《湿地公约》国家委员会主任委员贾治邦在成立大会暨第一次专家委员会会议上强调，国家湿地科学技术专家委员会是我国湿地保护管理最高层次的科学决策咨询机构，是广泛依靠和充分发挥各项学科优势支持湿地保护事业的重要组织形式，也是沟通我国湿地保护管理重大需求与学科研究的重要桥梁。其宗旨是根据国家有关湿地保护管理与合理利用的重大方针和战略部署，协调相关学科科技力量，针对湿地保护和合理利用的重大科技问题提供咨询和决策支持，促进湿地生态系统有效保护和资源可持续利用，实现湿地领域生态、经济和社会的协调发展。成立专家委员会将有助于我们更加准确地把握搞好湿地保

江苏泗洪洪泽湖湿地国家级自然保护区

护管理工作应当遵循的自然规律，更加深刻地分析湿地保护管理工作的新情况、新问题，提升湿地保护管理工作科学决策水平。

国家湿地科学技术专家委员会成立之初由43名专家组成，包括8位院士。2018年7月，国家湿地科学技术委员会在贵阳召开第四届全体会议，委员会由46名专家委员组成，其中包括院士4人，涵盖了地球科学、生物学、生态学、工程与技术科学基础学、林学、法学等多个学科数十个专业。

谈到这段历程，国家湿地科学技术专家委员会副主任兼秘书长雷光春教授很有感触，他认为：2007年国家林业局湿地保护管理中心成立后，中国湿地保护和合理利用的事业开始走上快步发展的十年。这其中一个重要的因素是湿地保护有了明确的目标和合理的路径，更重要的是，得到了科学的指导和引领。2008年以后，各类湿地保护和恢复项目在全国各地推开，湿地公园也进入快速发展的时期。整个湿地保护和管理事业的快速发展，更显得科技支撑的重要和紧迫。此时成立国家湿地科学技术专家委员会，恰恰是回应了当时的行业发展需求。湿地是一个跨学科、跨领域，又极具现实实践意义的行业，国家湿地科学技术专家委员会的成立，把各个部门、各个行业、不同领域开展湿地相关研究的专家

团结起来，为国家的湿地保护和管理提供科学支持，或为相关项目技术把关，为如何从国家层面规划和布局我国的湿地保护和管理事业谋划新的蓝图，设计实现目标的路径。委员会也相当于一个智囊机构，为决策部门提供政策建议和决策支持。回头去看，有很多重要的湿地保护和管理相关的国家政策、湿地保护修复项目，都是通过国务院正式发文的。财政部又在原来的《2004—2030年湿地保护工程规划》工作的基础上增加了湿地保护和湿地公园建设等项目的财政补助相关的投入性政策，这政策出台的背后离不开科学的技术支撑，像湿地生物多样性保护主流化、流域综合管理等全球先进的湿地保护理念，都是通过委员会的相关会议以及专家们的推动，才慢慢在行业中得到推广的，包括国际重要湿地的监测标准、湿地公园建设和管理制度等一系列的行业规范、标准，都是在专业委员会的参与和支持下完成，并先后发布的。这些科研支撑的工作，切实地推动了我国湿地保护和管理工作步入正轨，逐步迈上规范化、科学化发展的有序道路。

中国湿地保护协会

中国湿地保护协会（China Wetlands Association）是由国内从事湿地保护管理、教学科研、调查规划设计及咨询、科普宣传教育、合理利用等相关的企事业单位、社会团体和个人等自愿组成的非营利性的全国性社会团体，是我国湿地保护事业的重要社会力量。

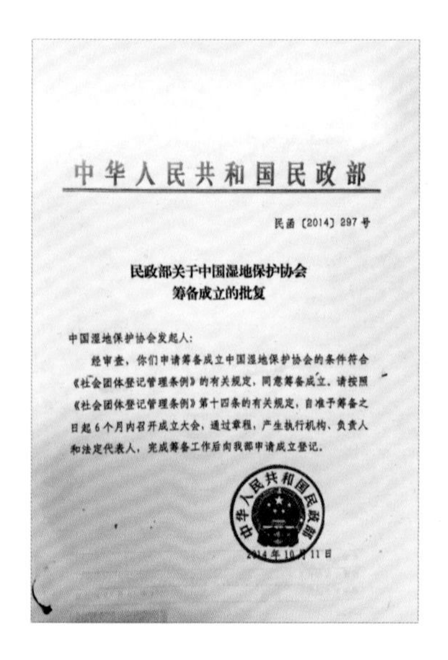

中华人民共和国民政部

民函〔2014〕297号

民政部关于中国湿地保护协会筹备成立的批复

中国湿地保护协会发起人：

经审查，你们申请筹备成立中国湿地保护协会的条件符合《社会团体登记管理条例》的有关规定，同意筹备成立。请按照《社会团体登记管理条例》第十四条的有关规定，自准予筹备之日起6个月内召开成立大会，通过章程，产生执行机构、负责人和法定代表人，完成筹备工作后向我部申请成立登记。

中华人民共和国民政部

2014年10月11日

协会的宗旨：遵守国家宪法、法律、法规和政策，遵守社会道德风尚；在政府主管部门的指导下，弘扬湿地文化，组织动员社会力量开展湿地宣传教育、培训、调研及国内外技术交流与合作、技术服务等活动，促进湿地保护事业可持续发展；维护会员的合法权益。

中国湿地保护协会今天在京成立

中国经济网北京2015年4月10日讯（ 记者刘惠兰、黄俊毅）中国湿地保护协会今天在北京成立。国家林业局局长赵树丛在中国湿地保护协会成立大会上致辞时表示：经过多年一系列措施保护和湿地资源恢复，我国湿地保护率由10年前的30.49%提高到43.51%。全国已建立46个国际重要湿地、570多个湿地自然保护区和900多个湿地公园，共有2324万公顷湿地得到保护。

中国湿地保护协会是经国务院批准成立、从事湿地保护相关工作的全国性社会公益组织，是社会力量参与湿地保护的重要平台。该协会将加强湿地保护国际合作，广泛吸引知识、技术、人才和资金向湿地保护聚集，调动更多社会力量投身湿地保护事业。据赵树丛介绍，我国是湿地资源大国，全国湿地面积5360万公顷，居全球第四，全国湿地面积占国土面积的5.58%，但远低于8.6%的世界平均水平；人均占有湿地0.6亩，仅为世界人均水平的1/5。同时，全国一半以上的湿地尚未得到保护，每年减少湿地约500万亩。

全国湿地保护标准化技术委员会

随着湿地保护和管理事业的不断推进，如何科学、有效地设计和开展相关项目成为一个亟待讨论和解决的问题，这其中的一个关键性问题就是湿地保护和管理工作的标准和规范，这对于项目的设计、组织、开展和评估、验收，都有着至关重要的影响。

2008年国家林业局办公室正式印发了《关于征集全国湿地保护标准化技术委员会委员的通知》，在国家湿地保护重点工作的标准化需求的背景下，推动成立了全国湿地保护标准化技术委员会委员，其目标是建立健全我国的湿地保护管理工作的标准体系，做好湿地保护和恢复相关标准制度的编制和修订工作，加强湿地综合标准、退化湿地修复、红树林湿地保护等重点领域标准制定（修订）工作。全国湿地保护标准化技术委员会下设水生生物湿地保护分技术委员会（TC468/SC1）和滨海湿地分技术委员会（TC468/SC2）；现归口管理《湿地分类》（GB 24708—2009）等4项国家标准、19项行业标准，对规范和推动我国湿地保护事业发展起到了积极的促进作用。2020年，第二届全国湿地保护标准化技术委员会在北京正式成立，第二届全国湿地保护标准化技术委员会的主要工作是认真贯彻落实新《中华人民共和国标准化法》、新修订的《全国专业标准化技术委员会管理办法》，以及全国林草标准化工作会议精神，切实履行全国湿地保护标准化技术委员会和委员职责，促进湿地保护事业高质量发展。因此，随着国务院有关部门以及国家林业和草原局对湿地保护与高质量发展提出的新的更高层次的要求，全国湿地保护标准化技术委员会将进一步加强湿地类标准化的制定（修订）、监管与标准化实施工作。

风雪中的黑颈鹤

6.3 星河灿烂：湿地科学助力保护实践

回顾我国湿地科学的发展历程，无数学者前仆后继、继往开来，为推动我国湿地保护和管理事业的科学化、专业化、系统化发展作出了必然被历史铭记的卓越贡献，这其中有很多令人尊敬的科学家，在行业发展的历史上如同天空中熠熠生辉的群星，照亮了行业发展的前景，指引并激励着无数湿地保护和管理的后来者不断前行。

刘兴土院士：我国湿地科学的先行者和引路人

中国科学院东北地理与农业生态研究所的刘兴土院士是公认的我国湿地科学的奠基者、先行者和引路人，著名的湿地生态学家、地理学家，我国湿地科学领域具有突出成就的学术带头人。

刘兴土院士1936年生于马来西亚马六甲市，原籍福建省永春县；1959年毕业于东北师范大学地理系并留校任教，历任讲师、教研室主任，进修于北京大学地球物理系；1972年，调入中国科学院长春地理研究所，开始从事沼泽湿地和东北区域农业研究。

自1972年至1976年，刘兴土院士承担了国务院科学教育组和农业部下达的三江平原沼泽与沼泽化荒地的调查任务，对全区22个县（市）和52个大型国有农场的沼泽湿地分布、面积、类型与特征进行逐县逐场的实地调查，并担任完达山以南区域的考察队长。为了获取第一手数据，他们曾多次在荒无人烟的沼泽区克服各种不可想象的困难，进行连续多日的调查研究，最终掌握了第一手资料，并根据考查结果共同编制了系列报告、规划及图件，为之

2012年，刘兴土院士在松嫩平原西部进行湿地调查（来源：东北地理与农业生态研究所）

后的研究打下了坚实的基础。

20世纪70年代末80年代初，刘兴土院士凭借着在沼泽和湿地领域的丰富经验，承担了原国家科学技术委员会三江平原大面积开荒的环境变化研究，主要考察松花江以北区域的土地沙化问题。同时，为了推进自然湿地的保护，为黑龙江省调查和规划了三江平原第一个沼泽自然保护区（洪河自然保护区，现已晋升为国家级湿地自然保护区和国际重要湿地）。在担任沼泽研究室主任和所长期间，他曾和同事一起建立了我国第一个沼泽湿地生态站——三江平原沼泽湿地生态站，有效推进了我国沼泽湿地研究由考察步入定位研究阶段。如今，该站已成为我国野外生态观测网络的重要台站，发挥着积极的作用。在“六五”至“十五”的20多年间，刘兴土先后在三江平原和松嫩平原主持了农业自然资源复查、区域治理方案、中低产田改造和沼泽湿地农业生态工程建设等多项国家科技攻关项目课题，主持“七五”攻关三江平原沼泽湿地农业生态工程设计和建设，并在“九五”期间担任该区科技攻关的专家组组长。

在此过程中，刘兴土院士带领团队首创了“稻–苇–鱼/蟹–菇”立体高效复合生态模式。保护现有湿地、恢复退化湿地及合理利用湿地已经成为发挥湿地生态、社会和经济效益的最有效手段。针对松嫩西部土地荒漠化和湿地退化的现状，以生态学原理和循环农业思想为指导，研究建立生物、工程与农艺措施相结合的适用于松嫩平原西部退化芦苇湿地恢复的技术体系，在保护湿地生态功能的前提下建立湿地高效利用的生态工程模式，为区域湿地恢复和合理利用提供技术支撑。他们还研发了苏打盐碱芦苇湿地恢复及高产培育技术，揭示了芦苇生长的需水关键过程，提出了退化苏打盐碱芦苇湿地“两灌两排”的水文调控措施，建立了碱斑地芦苇快速恢复技术。他们首次在苏打盐碱化芦苇湿地创建了以苇田养蟹（鱼）技术、重度盐碱地种稻技术、稻田蟹种培育技术为核心的苇–蟹（鱼）–稻复合生态模式，实现了生态效益、经济效益的协同发展，为湿地合理利用提供了创新模式。这种复合生态模式成为区域生态文明建设、脱贫攻坚和乡村振兴的重要成功实践。

刘兴土院士在野外开展科研监测工作

在中国湿地研究事业发展方面，1982年，刘兴土受对外经济贸易部委托，作为我国唯一代表出席联合国泥炭能源利用会议；1985—1987年，他又为国家环境保护局组织编写的《中国自然保护纲要》撰写了《中国沼泽和海涂的保护》一文，这也是我国最早的保护沼泽之作，具有重大的指导意义。

20世纪90年代初，在中国科学院特别支持项目“中国湖沼系统调查与分类”中，刘兴土担任沼泽湿地项目的总负责人，组织实施了全国各区域沼泽的补充调查，并提供了沼泽的分类方案；1994年，作为组委会主席，在我国首次主持召开了“湿地与泥炭地利用”国际会议；同年，在林业部主持召开的中国湿地保护研讨会上，作了《我国湿地生态系统研究若干建议》的大会报告；1995年，他开始担任中国科学院湿地研究中心副主任，并积极在组织中国科学院各有关研究所从事湿地研究方面做了许多工作，是中国科学院湿地保护行动计划的主要执笔人。

刘兴土院士还曾担任国家林业局主持的全国第一次湿地调查专家委员会主任，在技术培训、分类系统建立、成果汇总等方面做了许多工作；2004年之后，为保护重要湿地，主持编制了《大庆湿地保护规划和鄱阳湖湿地保护规划》。

在湿地科学理论研究方面，1983年，刘兴土作为执笔人之一出版了《三江平原沼泽》专著，这是我国最大沼泽区的综合研究著作，首次系统阐明了三江平原沼泽生态系统的成因、类型、演化、特征及环境功能，至今仍被广泛应用；主持了“沼泽地甲烷排放量及其变化规律研究”的国家自然科学基金项目，是国内最早开始从事天然沼泽甲烷排放系统观测研究的。

近几年，刘兴土已经先后主编数十万字系列专著《中国三江平原》《三江平原自然环境变化与生态保育》《东北湿地》《沼泽学概论》《中国主要湿地区湿地保护与生态工程建设》等，并参加编写《中国生态问题与对策》《中国水文地理》等，均对区域自然环境变化和湿地生态进行了专章论述，为湿地环境保护提供了宝贵的资料。

步入古稀之年，刘兴土院士仍然勤奋地工作在中国湿地与东北区域农业研究第一线。每年有半年以上时间要在野外考察和调查，2015年还曾到新疆北疆海拔高度3200米的阿尔泰山区考察和采样。几十年辛勤耕耘，刘兴土院士收获了累累硕果。他将这些科研成果付诸笔端，先后主编专著9部，参编专著15部，发表论文160多篇。与此同时，他的科研成果也得到了国家和社会的肯定，作为第一完成人2004年荣获国家科技进步二等奖1项，以主要完成人荣获国家科技进步二等奖1项、三等奖1项；获省部级科技进步与自然科学一、二等奖7项。2014年，刘兴土院士荣获中国地理科学成就奖。

吕宪国研究员：桃李满天下的湿地科学家

中国科学院东北地理与农业生态（原长春地理研究所）研究员吕宪国1982年东北师范大学地理系毕业，之后成为中国科学院长春地理研究所自然地理专业的一名研究生，开始了四十余年的沼泽湿地研究之旅。20世纪80年代，我国沼泽湿地领域的定位观测研究仍处于空白，限制了沼泽学科的发展。1987年开始，在刘兴土、牛焕光、陈刚起等老一代科学家的领导下，吕宪国参加了我国第一个沼泽试验站的筹建工作，设计建设了沼泽湿地气候观测场、沼泽蒸发观测场等野外观测场地，在国内最早开始了沼泽湿地野外系统观测，编制了湿地野外观测数据规范，出版了《湿地生态系统野外观测规范》一书，提出了适合我国的湿地生态系统野外观测指标体系，推动了我国湿地生态系统野外观测规范化。

1992年我国加入《湿地公约》后，面对我国湿地研究分散，未形成专门科学体系的问题，吕宪国先后发表论文，提出湿地科学研究基本科学问题和未来研究的方向。1995年成立了中国科学院湿地研究中心，吕宪国作为秘书长负责该中心日常工作。该中心是我国第一个湿地研究的专家系统，汇集了中国科学院18个研究所从不同侧面从事湿地科学研究的优秀人才，建成了国内一流的湿地科学研究平台。1996年，在时任中国科学院副院长陈宜瑜院士的领导下，吕宪国组织中国科学院湿地研究中心相关研究所参加原国家林业部牵头的《中国湿地保护行动计划》编制，制定了“中国科学院湿地保护研究计划”，全面剖析了我国湿地保护和管理面临的威胁和挑战；从地理分区角度，首次将全国湿地分布划分为8大湿地集中分布地理区；制定了国家重要湿地的确定标准，并以此划定出我国173处国家重要湿地；系统提出了中国湿地保护优先开展的科研项目，极大推动了我国湿地保护和管理的水平和成效。

1998年，根据研究所工作安排，吕宪国组织成立了中国生态学学会湿地生态专业委员会，聘请李文华院士为首任主任，发起并组织了“中国湿地论坛”这一我国湿地学术交流平台。2003年，吕宪国组织成立了中国科学院湿地生态与环境重点实验室并担任主任，领导实验室面向湿地科学的国际前沿和国家需求，致力于解决湿地基础科学和重大关键技术问题，发展现代湿地科学新理论、新技术和新方法，引领我国湿地科学的创新发展。吕宪国组织申办、出版了我国第一本湿地研究方面的学术期刊——《湿地科学》，先后担任副主编、执行主编、主编。

为进一步推动我国湿地学科的创新发展，先后主持了中国科学院知识创新工程项目、国家自然科学基金重点基金项目，围绕三江平原湿地系统双向演替下的结构、功能变化与生态效应，开展了系统研究；明确了水体系统和陆地系统相互作用的沼泽形成模式，提出了人类活动影响下的湿地生态系统双向演替模式，完善了湿地生态系统演替的基本理论。2016年起，吕宪国主持承担了国家重点研发计划项目“东北典型退化湿地恢复与重建技术及示范”，实现了退化沼泽多尺度综合恢复。出版了《湿地生态系统保护与管理》《湿地生态系统观测方法》《中国湿地与湿地研究》《三江平原湿地生物多样性保护与可持续利用》《典型脆弱生态系统的适应技术体系研究》等专著，发表学术论文150余篇，授权发明专利27项。研究成果“中国沼泽湿地形成、发育与关键生态过程研究”获得吉林省自然科学一等奖。先后培养湿地生态与自然地理学领域研究生50余名，他们已成为我国湿地保护领域的中坚力量。

雷光春教授：带着中国湿地保护理念走向世界

北京林业大学自然保护区学院原院长雷光春教授，是我国湿地保护事业中坚力量的代表性科学家，也是最早代表中国走上世界舞台的湿地科学家之一。

1978年，雷光春作为“老三届”学员，考入中南林学院（现更名为中南林业科技大学），当时的专业是特用经济林，后来硕士研究森林保护。但是，1998年的长江特大洪灾，彻底地改变了雷光春的职业生涯。眼看着自己家乡所在的长江中下游地区在洪灾中遭受巨大的损失，他感到无比痛心，更想找出问题的症结。他得知全球著名的自然保护机构世界自然基金会（WWF）也在关注长江保护，并刚刚启动生命长江项目，旨在恢复长江的自然生命活力和健康的流域生态系统。雷光春申请并最终通过面试成为这个项目的负责人，并拿到了在当时数额可观的项目资金。此后，雷光春带领团队在洞庭湖和鄱阳湖区域实施了退田还湖、洪水型湿地产业、绿色基础设施等项目，特别是“生态水利”的概念得到了水利部门领导的高度重视，推动湿地和流域保护的概念在水利建设中被重视和考量，改变了单纯工程建设学的思路而开始与生态学相融合的过程。

2003年，带着在长江中下游开展湿地保护和恢复工作的经验，雷光春受到《湿地公约》秘书处的邀请，远赴瑞士，任亚太区域高级顾问，开始新的职业旅程。在瑞士工作的四年，让雷光春开阔了视野，亲自走访了全球各地，特别是亚太地区的各个国际重要湿地，了解了全球湿地保护的动态、经验和案例，特别对湿地保护所面临的挑战和重点关注的问题有了全新的认识。空气污染、水污染发生了，就马上看得见摸得着，让人有直观的感受，也更容易引起人们的重视。但湿地不同，就像98洪水背后所潜藏的湿地破坏所带来的影响，湿地保护的效用或湿地破坏带来的危害往往并不是显而易见的。但是，因为湿地退化所造成的水源地的破坏、供水安全问题、湿地生物多样性的退化和区域生态安全的挑战，这些影响往往是潜移默化、日积月累的，而且会持续很长的时间。反之，湿地生态系统的保护也能帮助人类很好地应对各种持续的、渐进的、复杂的环境问题，比如，近年来科学家们公认湿地是应对气候变化，解决一系列相关环境问题的“绿色基础设施”。其中，最为敏感脆弱，又最亟待保护的，就是滨海湿地。雷光春通过调研发现，中国滨海湿地的破坏速度至少是内陆湿地的两倍。

2012年，世界自然保护联盟(IUCN)世界自然保护大会28号和51号决议提出，黄海(包括渤海)的围（填）海工程对沿海海域造成显著影响，特别是填海项目造成了负面影响。为改善滨海湿地的生态环境，在中国科学院等机构的支持下，雷光春担任滨海湿地保护项目专家组的组长。经长期调研，2016年该专家组发布了《中国滨海湿地保护战略研究报告》，受到各方关注，自然资源部对此还进行了专题研究，对滨海湿地的保护得到了中央到地方政府的广泛重视和有力推动。

雷光春教授不仅带领团队，在湿地的前沿科研和保护的一线实践领域取得卓越的成就，还花费大量时间精力推动湿地科普和教育的工作。因为作为教师，他深深认同保护事业需要社会参与，更需要被传承的重要性。他把科普当作科学家的天然使命，自2001年就牵头在国内启动了大学生志愿者的“湿地使者”行动计划，以“把知识带回家乡”为主题，鼓励大学生利用暑假参加培训，到长江中下游开展湿地考察和社会实践，再把学到的湿地知识带回自己的家乡。在“湿地使者”项目的影响下，湿地保护的理念在全国更大范围内生根发芽。2003年，在“湿地使者”行动的影响下，湖南省西洞庭湖畔的青山垸社区共管委员会成立了，共管委员会由当地的老渔民组成并开展保护工作。得益于有效的保护，至2005年，青山垸和整个西洞庭的水质从劣五类变为二类。

“湿地使者”行动开展了14届，有近300个大学生环保社团通过答辩、选拔、培训和实践，成为“湿地使者”，5000多名师生直接参与湿地保护活动，“湿地使者”的足迹遍及黑龙江、长江、黄河、澜沧江等多个大河流域，在全国范围内掀起了一股热情而持久的湿地保护浪潮。

2018年，雷光春获得国际湿地公约秘书处颁发的“Luc Hoffmann”湿地科学与保护奖。该奖项要求候选人在科学研究、宣传教育和湿地管理3个方面均有卓越表现，是对获奖人在湿地保护与管理领域终生成就的认可。雷光春教授是第一位获此殊荣的中国湿地科学家。

田昆教授：高原湿地的坚守和保护

西南林业大学湿地学院首任院长、云南省高原湿地科学创新团队首席科学家、国家高原湿地研究中心原常务副主任田昆教授，是我国最早赴海外系统学习湿地科学的学者之一，也是一直陪伴和见证中国湿地保护和管理事业发展的一位资深湿地学者。毕业于中国科学院东北地理与农业生态研究所的田昆教授，是我国最早从事湿地科学研究的理学博士之一。工作之后，他又分别于1991—1992年，1998—2000年先后在澳大利亚联邦科学与工业研究组织（CSIRO）、美国杜克大学（DUKE）访学，主要从事湿地生态、土壤生态、恢复生态及自然保护相关领域的研究工作，并且最早系统深入地学习和了解国外的湿地科学研究，并把这些先进的理念和方法，特别是国际化的湿地管理理念带回了中国。也是从那个时期开始，得益于深厚的湿地专业背景和多年国际交流合作的经验，田昆教授开始参与我国湿地管理的一些国家和地方项目，并开始为政府的决策和管理提供科学建议和专业支持。

田昆教授一直努力推动我国政府和科研领域持续关注高原湿地的保护，将其纳入重要的国家保护战略。2002年，在新疆高原湿地研讨会上，我国率先发起了保护高原湿地的动议。2004年，中华人民共和国国际湿地公约履约办公室在乌鲁木齐举办了喜马拉雅地区高原湿地国家研讨会，深入讨论“关于加强高原湿地保护的决议”，该决议被《湿地公约》采纳和通过后，制定了高原湿地保护的具体策略和国家行动计划。2005年5月，《湿地公约》亚洲区域会议在北京召开，其中重点讨论了喜马拉雅地区高原湿地保护动议等四项议题，特别强调中国政府将继续加强中国境内的高原湿地保护工作，并通过高原湿地保护国际合作促进喜马拉雅地区湿地保护管理水平的提升。2007年，《湿地公约》秘书长彼得·布里奇华特博士第二次访华，先后考察了浙江杭州西溪国家湿地公园、四川若尔盖湿地，并在与国家林业局局长贾治邦会谈时特别指出，喜马拉雅高原湿地保护是一项十分重要的国际任务，中国在其中承担着重要任务，发挥着很大的作用，希望中国政府采取有力措施，加快高原湿地保护行动。双方一致认为，要加大国际社会的资金和技术支持，各国应重点考虑资金投入机制，尽早形成运作机制、资金机制。在此过程中，田昆教授始终发挥着中国高原湿地研究的代表性学者，以及湿地保护和管理科学支撑的重要作用，并推动和见证了高原湿地保护逐步成为国家甚至国际湿地保护的主流工作。

此外，田昆教授是云南省高原湿地科学创新团队首席科学家、云南省有突出贡献优秀专业人才，多次作为专家参与全国湿地公园建设、地方性湿地建设项目的评审。在对高原湿地的研究过程中，田昆教授指出汇水面山植被和湖滨带是高原湖泊湿地生态系统维系的关键要素，提出高原湿地的保护不仅是水体自身保护，更是流域尺度完整生态系统的保护，以及湿地生态系统时空不连续多片（点）保护的管理策略；提出了流域复合生态系统尺度集成技术恢复模式，形成了退化湿地生态系统汇水面山植被恢复和湖滨带恢复的技术规程。这些研究成果对高原湿地的保护具有重要指导意义。田昆教授曾多次受中华人民共和国国际湿地公约履约办公室委托，作为中国政府代表团成员，先后赴印度、尼泊尔、韩国等国，参加《湿地公约》的重要国际和区域性会议，以及各类湿地保护恢复特别是高原相关主题的国际会议，并代表中国科学家作高原湿地相关研究的报告。

袁兴中教授：精研湿地保护与恢复中的生态智慧

重庆大学的袁兴中教授，是中国湿地保护和恢复领域的一位深受爱戴，对湿地事业满腔热忱，又怀揣着浓浓人文情怀的科学家。袁兴中师从国内最早做湿地研究特别是河口湿地研究的专家之一——华东师范大学的陆健健教授，博士论文是关于在上海开展长江口潮滩湿地的底栖动物生态学研究。20个世纪90年代末，当时的工作非常有挑战性，长江口的空间尺度非常大，从江苏太仓的浏河口到上海浦东的南汇边滩，包括长江口的北支、南支、北港、南港、北槽、南槽，以及崇明岛、横沙岛、长兴岛、九段沙各个主要的河口岛屿和沙洲，都开展了深入调查。当时正好《中国湿地保护行动计划》出台前发布征求意见稿，导师就把这个任务交给袁兴中来主要负责，他很认真地修改和提出了意见，有些被最终稿采纳。2000年，国家林业局、外交部等17个部委联合颁布了《中国湿地保护行动计划》，这是中国湿地保护事业的一个重要里程碑，对今后一个时期我国如何开展湿地保护、管理和可持续利用提出了系统的行动指南。也是这段经历，让袁兴中对湿地科学和管理有了系统和直观的理解，奠定了他此后整个职业生涯的基调。

博士毕业后，经过再三考量，袁兴中还是决定回到家乡重庆完成博士后工作，开展河流湿地生态学的研究。山高林密、河溪纵横的重庆市，无疑是开展河流湿地生态研究的绝佳目的地，而三峡口工程建设、库区的生态管理，还有西部大开发的区域发展背景，更是赋予了这个选题更多的可能性。没多久，袁兴中就参与到三峡库区流域环境综合整治的项目研究中，开展河溪湿地的生态调查和保护规划。他曾经徒步从奉节县的白帝城穿越整个三峡，还曾沿着库区的长江一级支流——御临河从重庆一直走到四川，开展整条河流湿地生态系统服务功能的系统调查和研究。在此过程中，袁兴中开始关注三峡库区消落带这个重要的科学问题，并参与重庆市发展和改革委员会的“三峡库区消落带研究”等一系列重大项目，负责消落带生态研究部分的工作，这也成为后来他和团队一直致力研究和工作的主要领域。

为了做好这个项目，袁兴中还在全国各地调研各大水库，了解大型水库消落带生态变化状况及保护恢复方法。当时他在《浙江林业科技》上读到江刘其先生1992年发表的论文，介绍落羽杉在新安江水库（千岛湖）湖岸治理特别是淹没区生态恢复中的应用，2006年他马上启程前往浙江淳安。因为距离论文发表已经过去了13年，要找到原作者一开始毫无线索，从林业部门到千岛湖水库公司，各方联系辗转，最后终于找到了江刘其先生，当时已经是八十多岁的老人。袁兴中一行说明了来意，老人特别激动，没想到他的论文发表了十几年还有一帮人从重庆来找他，不仅详细介绍了当年工作和实验的情况，还陪同一起到了千岛湖边的现场，当年的那一片落羽杉林早已长成大树了。老人回忆，当年刚栽下树苗不久，库区蓄水就将试验区淹没，几个月才重新露出水面，但很多树苗依然存活了。他们在现场和老先生讨论：怎么选苗，怎么安装固根器——因为担心三峡长江干流、支流的冲刷力比较大。这次调研大大鼓舞了袁兴中和团队的信心，消落带生态系统修复研究的成果也获得了重庆市科技进步一等奖，并成为他此后多年植根库区消落带研究的重要的基础。

2007年，国家林业局在全国"十一五"规划重大规划工程中明确，为加强三峡水库的水资源保护和湿地保护，将设立一批湿地类型的自然保护区。当时重庆的开县县政府准备在长江左岸的一级支流——澎溪河申报设立自然保护区，委托袁兴中教授来做科考和规划。科考过程中，他们发现澎溪河支流白夹溪的地形和生境条件典型独特，非常适合开展研究，很快和当地生态农业产业的负责人达成共识，在库区消落带同时开展生态修复研究和湿地农业与生态旅游实践示范。2008年5月，在澎溪河设立了重庆市第一个湿地类型省级自然保护区，袁兴中也带领团队在移民外迁后闲置的小学里建起了澎溪河湿地科学试验站，研究区域的生态修复、基塘工程和林泽工程取得了积极的进展，还先后邀请了美国俄亥俄州立大学、德国亚琛工业大学、加拿大达尔豪斯大学（Dalhousie University）、美国加州大学伯克利分校（Berkley University）、国际科联环境问题科学委员会（SCOPE）的国际专家前来考察并开展交流，并且一起合作在顶级学术期刊《科学》（Science）上发表题为《优化中国的生态系统服务（Optimizing Ecosystem Services in China）》的学术短文。

基于在澎溪河的研究积累和实践经验，袁兴中又相继在全三峡消落带、重庆汉丰湖国家湿地公园、重庆主城九龙滩等地持续开展他的库区湿地保护和恢复研究，并把消落带的系列成功的修复模式和耐水淹植物资源库向四川、山东、湖北、广东、贵州等省进行推广应用，实现了非常显著的保护成效和广泛的经济社会效益。与此同时，广泛开展的湿地生态系统的研究和实践，也不断挖掘中国传统的人与自然共生的生态智慧，并成功完成湖北孝感市多功能圩田湿地生态系统（围湖造田区退田还湖）、广州海珠湿地垛基果林湿地生态系统、海口五源河河流湿地修复、海口羊山火山熔岩湿地和山东采煤塌陷区新生湿地生态系统动力学及调控机制研究等富有传统生态智慧的湿地保护和恢复新模式新案例。

安树青教授：情系湿地生态，守护“只此青绿”

安树青，南京大学生命科学学院教授、博士生导师，南京大学湿地与滩涂研究中心首席科学家，南京大学常熟生态研究院院长，南大（常熟）研究院有限公司董事长、法人代表，国家湿地科学技术委员会副主任委员，“十三五”“十四五”国家重点研发计划“典型脆弱生态修复与保护研究”重点专项总体专家组专家，国家水污染控制与治理重大专项“河流生态标志性成果”技术责任及技术集成专家，国际湿地科学家协会中国分会副主席，湿地科学家学会专业认证项目（SWSPCP）战略计划委员会和全球化委员会成员，全国湿地保护城市规划标准化技术委员会委员，《湿地科学与管理》副主编，江苏省湿地保护专家委员会主任，洱海保护治理专家。

安树青长期从事湿地生态研究工作，先后主持国家污染控制与治理科技重大专项（简称重大水专项）、国家重点基础研究发展计划（简称973计划）、国家高技术研究发展计划（简称863计划）课题级任务、中欧科技合作、中澳科技合作、国家基金委面上项目、世界自然基金会项目等国家与国际项目100余个；发表科研论文500余篇，出版著作、教材等15部；自主研发了近百余项核心技术，拥有国际专利5项、技术发明专利70余项、生态工艺包20余个、先进治理模式10余个、整体解决方案10个，且多项核心技术已成功应用于国内大型生态修复示范工程中，取得良好的社会效益和经济效益；带领团队完成编制12项指导性规范标准（国际标准2项、国家标准1项），全面引领着水污染控制、湿地保护恢复产业的发展，并在全行业做出了重要示范。

2003年主持编撰出版了中国第一部《湿地生态工程》著作，聚焦湿地资源利用与保护的优化模式，成为湿地从业者的重要参考书目；2014年，基于对水乡常熟及传统湿地文化的理解，率先提出基于小微湿地的农村“三生（生产、生活和生态）融合”发展模式并进行实践；2016年，承办湿地科学与应用领域中最大且最有影响力的国际性会议——第十届国际湿地大会，发布《湿地常熟宣言》，2017年，完成盐城射阳盐场一号水库湿地修复工程（8700亩）、承接巢湖十八联圩功能湿地恢复设计（27.6平方公里）任务，率先成功实现“基于自然的解决方案”（NbS）湿地修复实践；2018年，受国家林业和草原局湿地管理司委托编写的《小微湿地保护与管理决议草案》于湿地公约第十三届缔约方大会顺利通过，成为将小微湿地保护管理等生态研究成果转化为国标（GB）及国际湿地公约（RAMSAR）决议的中国人。

安树青荣获国际生态学协会授予的“杰出湿地科学家”称号（2016年），为亚洲第一个获此殊荣的学者；获国际生态工程学会杰出贡献奖（1996年）、江苏科技进步二等奖（2001年）、教育部科技成果二等奖（2005年）、江苏科技进步二等奖（2006年）、梁希林业科学技术一等奖（2015年）、环境保护科学技术一等奖（2018年）、国家科学技术进步奖二等奖（2019年）、四川省科学技术进步奖一等奖（2020年）等9项省部级奖项与国际奖励；入选教育部跨世纪优秀人才培养计划（2002年）、江苏省六大高峰人才计划（2003年）与江苏省优秀青年教师计划（1994年）。安树青带领团队自主研发的专利“人工湿地污水处理装置及其处理污水的方法”获得第二十二届中国专利优秀奖，“基于NbS的湿地生态修复成套技术”入选2021“科创中国”先导技术榜。

作为湿地专家，2000年至今，安树青已累计完成湿地公园规划、湿地修复工程、科技示范工程、人工湿地设计、湿地宣教展馆等多个领域的规划、设计、施工项目500余项，项目面积累计约5300平方公里。安树青带领团队承接巢湖流域山水林田湖草监测体系建设项目，促进生态环境改善，助力巢湖流域山水林田湖草沙一体化保护和修复工程目标实现；承接雄安新区府河河口湿地水质净化工程、藻苲淀退耕还淀湿地恢复一期工程、白洋淀生态清淤扩大试点工程、引黄补淀通道水系疏通工程等雄安生态修复七大工程，修复湿地生境和河口湿地功能，打通河-淀生态廊道，提升湿地自然景观效果；承接合肥巢湖十八联圩生态湿地修复工程，恢复生物栖息环境，净化南淝河河水，提高滞洪蓄洪容量，为巢湖流域治理提供重要的支撑；承接普达措国家公园智慧管理系统、潘安湖国家公园智慧管理系统，自动形成监测报告、巡护记录等，提升国家公园、国家自然保护地的保护管理能力；承接常熟市城西污水处理厂尾水生态湿地等管家服务，针对不同类型的服务对象，设定具体服务内容的定制服务，进一步提升湿地运行质量；开展国际、国家等重要湿地的评估与论证工作，承接盐城珍禽和大丰麋鹿国际重要湿地范围调整项目，协助国家林业和草原局编译国际重要湿地相关手册。

中国湿地科学研究的发展，离不开湿地科学家们的努力，张明祥教授、崔保山教授、陈家宽教授、陈克林研究员等在各类湿地研究中作出了贡献。限于本书篇幅，不能逐一介绍。然而恰恰是因为有如此多的科学家的付出，才推动了我国湿地科学研究的工作不断深入，也为更好地支持湿地保护和管理工作奠定了坚实的科学和理论方法基础。

密云水库（摄影：陈建伟）

第七篇

自然智慧

——湿地保护的探索之路

道法自然：

基于生态系统观的湿地解决方案。

7.1 保护：为人类提供生命支持系统

若尔盖湿地：高原碳汇的守护之路

“极目青天日渐高，玉龙盘曲自妖娆。无边绿翠凭羊牧，一马飞歌醉碧霄。”这段杨万里的古诗所描绘的景色，恰恰如同若尔盖高原上水草丰美、生机盎然的景象的真实写照。四面环山的丘状若尔盖湿地位于青藏高原东北缘的黄河上游，是中国西北部生态安全屏障的重要组成部分，地面因为经年累月的季节性或临时性积水，积累了深达数米的泥炭层，蕴涵水量达100亿立方米，相当于6个滇池水量，是黄河上游地区最重要的水源供给区，每年为黄河补水数十亿立方米，对维护黄河流域的生态安全和经济社会可持续发展具有重要意义，也是阻止我国西北地区荒漠化向东南方向发展的天然屏障。若尔盖湿地的生物多样性独特而丰富，是国家一级保护野生鸟类黑颈鹤等特有和珍稀高原物种的重要栖息和繁殖地，也是候鸟迁徙路线上的重要节点。若尔盖湿地面积90多万公顷，泥炭储量约90亿立方米，是我国规模最大、保存最完整的高原泥炭沼泽区，在减少温室气体排放，践行国家双碳目标战略，应对全球气候变化方面具有十分重要的意义。

然而，对若尔盖湿地生态价值逐渐理解和保护行动的展开，也曾经经历了一个漫长而坎坷的过程。20世纪80年代，若尔盖县为了推动社会经济发展，开始大力发展畜牧业：草原上的牲畜数量从20世纪50年代的约30万混合头，快速增加到20世纪80年代的近90万混合头。以往的草原牧场已经无法满足这些快速增长的被自然放养的牲畜。怎么办呢？当时的牧民把眼光瞄准了若尔盖

水草丰美的若尔盖湿地

广袤的沼泽湿地。

湿地水草丰美，但是土层松软泥泞，牦牛和绵羊一踏进去就深陷其中被困住了，不仅行动不便，还常常发生让牲畜受伤的安全事故。于是，当时的牧民想到为湿地排水：他们在草丛中挖出一条条沟渠，利用水位差把湿地中的水引出来，排干了地表的水，湿地变成了干燥的草场，牛羊就能自由自在地吃草了。这一举措，一度被认为是人定胜天的聪明举措，解决了当地畜牧业发展的瓶颈问题。然而，沼泽湿地中水的流失、地下水位的逐年下降，为高原湿地的退化和破坏埋下了伏笔。

此后，随着畜牧业的规模不断扩大，越来越多牛羊过度啃食和践踏，曾经丰饶的若尔盖湿地，在经年累月的超负荷畜牧下终于不堪重负，牧草的生长跟不上消耗的速度，土层不仅干化，而且越来越板结，植被也日渐稀疏，呈现出快速退化，甚至沙漠化的趋势。与此同时，畜牧业的发展和人类干扰的加强，也彻底改变了若尔盖湿地本来的生物多样性。人们在大力发展畜牧业的同时，大批量捕杀狼等肉食动物、雕等食肉类猛禽，这些顶级消费者的消失，让高原鼠兔、高原鼢鼠的种群数量快速增长，掘洞并啃食草根，进一步加速了草场的退化。

为了遏制生态退化的趋势，拯救珍贵的若尔盖高原湿地，

2007年7月，由四川省科技厅组织实施“若尔盖湿地修复技术研究与示范”国家科技支撑计划项目。通过人工筑坝堵沟让水位逐渐抬高，以保护泥炭层，涵养水源；并采用围栏封育，结合补播湿地、草地和沙地适生的茵草、藨草、稗子、批碱草、老芒麦、沙生薹草、阿坝燕麦等牧草，人工治理湿地及边缘沙化草地。这些工程与生物措施的双效结合，使2.85平方公里的11个示范区的草甸植被盖度达100%，退化草地的产草量提高1倍以上，沙化草地植被盖度超过50%，在花湖、红原、月亮湾等5平方公里辐射区有效提高植被覆盖20%以上。通过构建水、土、植被三者间的良性响应和互动，湿地逐步恢复了原有功能。

技术创新之外，更重要的是引导藏民改变放牧方式、生产和生活方式。在示范区的基础上，探索退化湿地修复后的放牧管理模式，根据牲畜每天对牧草的啃食量和草场的草产量，确定载畜量、放牧时间、放牧强度，再分别采用禁牧、封育、轮牧的管理策略，确保畜牧业的发展和草地的自我修复能力间保持平衡。与此同时，国家也开始推行一系列生态补偿等项目，以解决生态环境保护与当地社区生存发展之间的平衡问题。

若尔盖湿地恢复

若尔盖湿地保护的重要性不断得到国内外科研和保护机构的关注。湿地国际中国办事处、联合国环境规划署和全球环境基金等多个国际保护机构也联合起来，先后通过若尔盖泥炭湿地生物多样性保护与气候变化综合管理项目、欧中生物多样性保护（ECBP）项目等为若尔盖湿地的保护提供专业技术和资金支持。目前，在整个大若尔盖范围内已经建立了四川若尔盖湿地国家级自然保护区（若尔盖县）以及四川曼则塘湿地自然保护区（阿坝县）、四川日干乔湿地自然保护区（红原县）、四川卡哈尔乔湿地自然保护区（若尔盖县）、甘肃尕海则岔国家级自然保护区（碌曲县）、甘肃黄河首曲湿地自然保护区（玛曲县）6个湿地自然保护区。区域内的大部分地区被规划为玛曲—若尔盖国家级生态功能保护区，若尔盖湿地还于2008年被批准列为国际重要湿地，若尔盖高原沼泽湿地和尕海湿地被列为国家重要湿地，还是中国的“国家自然遗产地”。

工作人员开展科考工作

崇明东滩：保护长江门户的河口滩涂湿地

地处长江口的崇明岛，是中国第三大岛，在岛的最东端，现存有一大片完整保持河口滩涂自然风貌的湿地，这就是东滩湿地。

崇明东滩地理位置得天独厚，它位于长江入海口，傍海依江，咸淡水交汇，长江水携带泥沙而来，不断堆积，从来没有停下持续淤长的脚步，至今东滩湿地还在以每年80～110米的速度向东海延伸。1998年成立的崇明东滩国家级鸟类自然保护区总面积240多平方公里，大部分是水域和光滩，有植被覆盖的面积仅约80平方公里。这里丰富的底栖动物和水生植物为鸟类提供了多样性的食物来源，每年吸引近百万只候鸟来这里栖息或者过境。如果把鸟类的迁徙比作一场远距离的旅行，崇明东滩就相当于中途的一个加油站，否则，这些鸟类就没法完成它们迁徙的使命，它们的种群就没法延续。

然而，2002年之后，崇明东滩这个鸟类的“国际旅行加油站”突然遭遇了一场生态危机。几年之中，监测到在此中转停留的鸟类数量急剧减少。曾经常常可以看到十几万只的雁鸭群，在2007年时，能观测到的种群数量下降到只有1万～2万只，这种数量级的变化，引起了科研学术界和上海市政府的高度关注。经过系统深入地调查研究发现，原来迁徙季节在东滩湿地停留的鸟类数量减少并不是因为人类的盗猎，而是因为在东滩湿地上日益泛滥的一种外来植物——互花米草。

东滩湿地上原本最主要的滩涂植物是海三棱藨草，它的茂盛生长为迁徙鸟儿提供了舒适的“客栈”，也为很多底栖生物提供了栖息地，从而为很多鸟儿提供了丰富的食物来源。但是入侵物种互花米草极强的生命力和迅速的扩张能力使其很快地“侵占”了原本属于海三棱藨草等原生滩涂植物的“领地”，成为东滩湿地的优势物种。互花米草的根系非常发达，生长密度也非常大，它们的分布之处让原本适合在芦苇、海三棱藨草和光滩生活的各种底栖动物无处立足，因此密度和生物量都快速地大幅度下降。没有了食物，鸟儿只能另寻出路，放弃了崇明东滩这个中转地。

上海崇明东滩国家级自然保护区（摄影：沈焕明）

找到了问题的症结所在，接下来就是要解决问题——清除入侵的互花米草。但是，事情并没有那么顺利。时任崇明东滩自然保护区管理处主任的汤臣栋回忆起当初和互花米草斗争的经历，依然感慨颇深："这种入侵生物的生命力实在是太顽强了！我们试验了化学试剂、火烧、反复割除等各种办法，效果都不理想。直至最终发现了蓄水刈割法。"

2013年，在国家林业局湿地保护管理中心的关心和支持下，一场国内外罕见的针对入侵物种的"湿地保卫战"在崇明东滩湿地正式启动开工了。这个"互花米草生态控制与鸟类栖息地优化项目"，经过2年的努力，在一条长达26公里围堤内，修建了20个互花米草实验单元，分别开展刈割和水淹的实验，同时修建了4座涵闸，以调节围堤内的水位。

"蓄水刈割法，顾名思义，就是把一个区域先围合起来，阻断和外围咸水的联系，然后在每年4月互花米草的扬花期开始在围合区内蓄淡水，同时将互花米草割至5～10厘米深的茎长，然后把水位提高到七八十厘米，淹没植株。这样持续半年左右，我们观察发现这对互花米草的清理效果是最好的。"保护区汤臣栋主任介绍说。“割了以后再持续水淹，植物会因为缺氧而死。淹半年的目的就是确保互花米草没有复生的机会。”

工程实施以来的效果明显。修复区内95%的互花米草都已经被斩草除根。保护区还特意留存了一部分作为治理修复效果的对照。接下来，保护区又在围堤内修建了完善的水系，开挖随塘河50公里，并营造各类适合不同鸟类栖息的岛屿、浅滩、沙洲、池塘近10平方公里，同时人工栽种本土植物海三棱藨草、芦苇和海水稻，恢复整个河口滩涂的自然生态系统。在此过程中，保护区不断摸索更好的方案，比如，岛屿生境的营造，特别是面积比较大且有植被覆盖的岛屿；避免直线型的边界，而刻意保留复杂曲折的形态。这样可以增加鸟类可以取食的环境，增加鸟类可利用栖息地的类型和总面积。而且，整个试验区的水位已经实现了精准的人工调控，在一年四季不同时期，根据抵达鸟儿的生活习性，为它们提供最适合的水深，这些都可以通过人工调度来实现。

经过努力，保护区和科学家们的付出终于得到了回报，监测显示，来到崇明东滩的越冬鸟类，特别是以小天鹅为代表的越冬雁鸭数量开始明显回升，尚未最后完工的生态修复区就已经吸引了整个保护区80%左右的鸟类。

上海为了保护鸟类栖息地，投入巨资，科学施策，因地制宜，探索出了一条河口滩涂湿地的保护之路。上海崇明东滩互花米草生态控制与鸟类栖息地优化工程，先后荣获2016年度中国人居环境奖范例奖等各种专业领域的认可，也成为我国河口海岸带湿地和城市化地区湿地保护的一个杰出典范。

内蒙古南木：林区生态护林员的诗意巡护

内蒙古南木雅克河国家湿地公园位于内蒙古自治区呼伦贝尔市南木林业局，总面积17845.04公顷，湿地率33.45%。雅克河国家湿地公园的湿地资源分为河流湿地和沼泽湿地2个湿地类，永久性河流湿地、季节性或间接性河流湿地、草本沼泽、森林沼泽、沼泽化草甸5个湿地型。湿地公园具有典型的大兴安岭林区河流景观特点。山体融雪及降雨汇水形成的河流贯穿于整个河谷。汇水区由于地形差异较大，河流顺着弯弯曲曲的流路向下游湍流。主河道河床坡度较缓，流速悠然，形成大面积沼泽湿地。沼泽湿地的标志性景观为“塔头”，是薹草根系泥灰炭长年累月地纠缠在一起形成的一座又一座类似单层宝塔的景观，十分震撼。丰富的植物群落为野生动物栖息创造了良好的条件，在湿地公园内遇见率较高的兽类有花鼠、狍子、草兔等，而鸟类，常见的更多，主要有凤头蜂鹰、大白鹭、苍鹭、普通鵟、红隼、绿头鸭、松鸦、鸳鸯等。

生态护林员，是一个全新的职业，作为新时代生态文明建设生力军，他们日复一日，穿梭在林荫湿地间，仔细巡护、排查风险，用坚实的脚步筑起生态资源保护的第一道防线，也让生态文

内蒙古南木雅克河国家湿地公园

明的种子深深扎根在祖国的绿水青山之间。

生态护林员的巡护工作需要经年累月地徒步跋山涉水，十分辛苦，而且日复一日地走过同样的路线，再美的风光也会变得枯燥无味。但在内蒙古东北部的林区，就有这么一群可爱敬业的护林员，他们把巡护工作当成是一种乐趣，一种享受，数十年间，把巡护沿途看到的景色、遇到的事件，转变成妙趣横生的诗文，记录在巡护笔记上。

南木雅克河国家湿地公园的生态护林员们在巡护记录中这样写道：

“春天的水寒，并没完全化开来，野鸭子早早就飞过来。”

“野生动物要保护，不管是鸟还是鹿。”

“大风起兮尘飞扬，吹飞瓦兮折断树枝。

大树坚兮迎风站，向天啸兮腰不弯。

管护员们迎风走，不看完林地不回头。”

“一阵风来一阵雨，到晚变成雨夹雪。

一脚高来一脚低，到家满身都是泥。”

“林地无事，无防火问题。”

在这些朴素而又妙趣横生的记录中，不难看出护林员们对湿地和野生动物坚定的保护意识，对林业、湿地工作的热爱和坚守，甚至连巡护过程中遇到的困难、艰苦，在他们的笔下也变得诙谐幽默，似乎这种乐观的情绪，可以化解一切工作中的艰难困苦，也让这平凡枯燥的日常巡护工作，变得生动、有趣了起来。

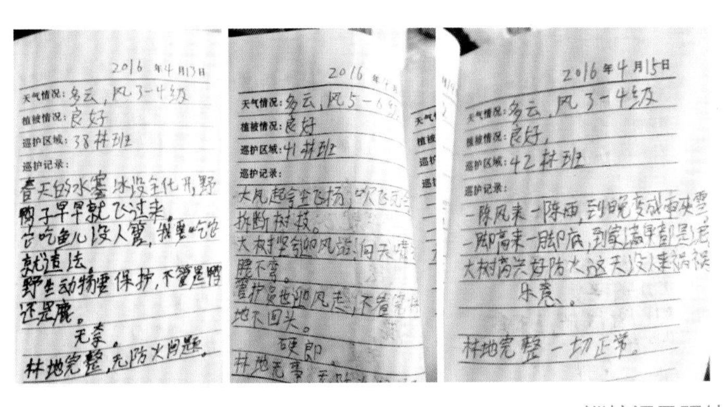

巡护记录照片

双桂湖：国家湿地公园的严格保护、自然修复

在湿地保护和管理的过程中，我们常常会面临两难的局面，既想尽可能保护湿地的自然状态，不被人类活动打扰，又想尽可能为公众提供走进湿地、亲近自然的机会；既想科学地保护和恢复湿地，又想维持当地千百年来形成的人与湿地相互依赖和共生的状态。相比很多远离城市和乡镇的湿地自然保护区，零星分布在城镇中，分布在普通人生活空间中的小型、微型的湿地，它们面临的退化风险和保护挑战更严峻，与此同时，如果能很好地保护这些看似微不足道的湿地斑块，集腋成裘，它们对维持区域的生物多样性、水安全以及调节小气候等方面，都发挥非常重要的生态功能。因此，小微湿地逐渐成为近年来全球瞩目的一种湿地保护和恢复的创新技术，特别在全球气候变化、极端气候事件频发和城市化快速发展的背景下，小微湿地的研究和实践具有特别的实用性和现实意义。

目前，关于小微湿地的概念还没有公认的明确定义，一般指在长期演变过程中自然形成的小型、微型湿地，如小湖、水塘、河滩地、小溪、河湾、沟渠等。面积是决定小微湿地生态特征的核心要素之一。在众多相关实践和案例中，重庆梁平双桂湖国家湿地公园为整个行业呈现了一个系统、深入、兼顾景观和生态功能的成功案例典范。

双桂湖所在的重庆市梁平区，自古以来就是农业文化重镇。梁平中部是一大片由古代湖泊沉积而成的平坝，100多平方公里的开阔平地蔓延开去，便是被誉为“巴渝第一大坝”的梁平坝子。双桂湖曾是一座建于1951年的小型水库。渔民利用水库养鱼，投入大量化肥，加之上游来水的污染，十几年前的双桂湖水库水污染问题严峻。2010年前后，梁平水利、林业、城管等部门决心整治水库，特别咨询重庆大学袁兴中教授等专家，并在时任梁平区委书记杨晓云的支持下决定以“严格保护、自然修复”为主要原则，以小微湿地的恢复和营建为主要技术方法，修复水库及周边区域的湿地生态环境，让双桂湖水库恢复鱼清岸绿的自然生机，

重庆梁平区双桂湖湿地

也让“湿地润城”成为梁平在生态文明建设的时代背景下全新的发展定位和主旋律。

双桂湖保护与恢复，充分利用湖岸浅丘地形特点，借鉴传统农耕文化和中国乡村多塘系统生态智慧，在120亩的环湖小微湿地群内营造丘区梯田湿地、泡泡湿地、雨水花园、生物沟渠等各种类型的小微湿地，有机组成环湖小微湿地群，同时种植慈姑、芡实、荸荠、莼菜等水生经济作物和净水植物，还合理布设了多处昆虫旅馆（生物塔），为鸟类、昆虫和各类水生生物等野生动物提供了“安居乐业”的栖息地、索饵场、繁殖地，构成有机连接水陆界面的湿地生态屏障。

在双桂湖的西岸，是一片浅丘地形基础上改造的梯田，湿地公园在水田中种植水生植物，这些既是经济作物，又形成湿地景观，更重要的是——它们也为远道而来的湿地鸟类提供食物。

原本不经意形成的各种小洼地，在自然恢复的过程中，被自然改造和塑造成为孕育湿地生物的秘境：乡土植物生长、昆虫繁衍、青蛙造访、鸟儿停歇……点缀在湖岸的一个又一个小水坑、

双桂湖湿地

小洼地，就像是闪烁着星光的泡泡，因此被形象地称为“泡泡湿地”。

在湿地公园的道路两侧，分布着循环运动的湿地水系——生物沟渠。道路红线范围内的雨水径流汇集进入生物沟渠后进行综合管理。其储存、过滤等作用使汇流时间延长、峰流减小，发挥控制面源污染、削减洪峰流量等方面的作用。从沟渠汩汩流出的雨水不断地滋养着土壤，各种本土水生植物逐渐萌发、生长，形成一个又一个小微湿地景观。

正是这些多姿多彩，形态、结构和功能各异的小微湿地共同营造了梁平丰富多彩的湿地生境，不仅构成了独特的自然景观，更提供了丰富的生态功能，为动植物和人类的生存发展提供了保障和支撑。正是基于这种近自然的保护修复行动，双桂湖湿地的生物多样性持续提升：维管植物增至623种，脊椎动物达到266种，其中，鸟类有207种，越来越多的候鸟来到这里过冬。自双桂湖国家湿地公园有观鸟记录以来，堪称鸟中“大熊猫”的青头潜鸭已经连续4年来双桂湖越冬。

我国的湿地保护方针经历了从抢救性保护到全面保护的转变，并逐渐向精细化管理发展。小微湿地的恢复与建设，在某种程度上契合了目前高密度人口国家和地区生态建设的重要需求，在区域城市化水平高，水资源、空间资源和土地资源紧缺的情况下，广泛推进小微湿地的恢复建设，能够精准补充区域生态本底资源的不足和生态空间的空缺。

[中国湿地报告] 湿地保护在艰难中前行

2012-06-09 06:48 来源：中国广播网

中广网北京6月9日消息（记者黄立新）据中国之声《新闻和报纸摘要》报道，半个多月来，中央人民广播电台《中国湿地报告》记者背负着社会责任行程4万公里，足迹遍布19个省（自治区），中国湿地现状尽收眼底。

我国湿地面积位居世界第四、亚洲第一，然而多种因素导致湿地消失的速度也居世界前列，有人甚至预言，现存1/3的天然湿地都存在消失危险。近5年，中国投入30多亿元恢复湿地近8万公顷！

国家林业局副局长张永利：应该说，湿地保护管理已经成为我国的重大决策部署，国家和各级地方政府都把湿地保护管理纳入经济社会发展的总体规划。

国家湿地科技专家委员会副主任雷光春：现在中国湿地保护的力度在全球应该是最大的，保护的面积占天然面积的50%以上。

湿地保护成就巨大、功不可没，但不能回避的是，湿地过度开发、环境恶化还没有得到根本扭转，西部湿地在沙化、退化中苦苦挣扎；北部湿地在缺水、大旱中入不敷出；东部、南部的湿地也在保水用水、保地用地的博弈中战战兢兢。湿地保护的诸多问题正考验着我们的智慧。

7.2 恢复：为人类优化生存发展环境

扎龙：我国第一个湿地补水长效机制

黑龙江扎龙国家级自然保护区位于黑龙江省西部，是我国北方同纬度地区中保留最完整、最原始、最开阔的湿地生态系统，是我国最大的以保护丹顶鹤等珍稀水禽及其生态系统为主的湿地类型保护区，芦苇沼泽湿地面积居亚洲第一位、世界第四位，具有独特而重要的保护价值。1987年，扎龙湿地获批建立国家级自然保护区，1992年，扎龙湿地被指定为我国首批12家国际重要湿地之一。

然而，20世纪90年代后，扎龙湿地因缺水造成的湿地萎缩、退化，荒火频繁发生等问题，严重威胁了湿地生态系统的健康和安全，如何开展有效性的保护和恢复成为非常紧迫而重要的问题。

扎龙补水　政府付费

2000年、2002年和2005年，每到春回“鹤乡”的时节，扎龙湿地就遭遇了肆虐不断的大火。其中，2000年的那场突如其来的大火最让人揪心——灾情持续了十几天，芦苇被连根焚烧，保护区接近一半的面积都受到了灾害的影响。

湿地之所以会暴发火灾，是因为乌裕尔河来水量明显减少造成的湿地干涸。其原因除了天气干旱，更重要的是乌裕尔河中游、上游地区社会经济快速发展，工农业生产的用水量快速增加，造成对水资源的截留、分流。据统计，当时在依安以上河段修建了大大小小水库60多个，总库容约3亿多立方米。剩下的少量来水则多数又被东升水库拦截，用于农业灌溉。

历史上每年进入扎龙湿地的水有4亿立方米，到2007年前后，仅剩9000万立方米。湿地面积也不断萎缩，最小的时候仅剩100平方公里，相比历史上最高700多平方公里减少了85%以上。

“上游来水的减少，造成扎龙湿地严重缺水，湿地面积减少，这也影响了到扎龙湿地繁殖的野生丹顶鹤，大大降低了其繁殖的成功率。”时任扎龙自然保护区管理局副局长王文锋指出。2008年5月中旬，在丹顶鹤孵化末期，尚观察到80多只野生丹顶鹤集群活动而未进行繁殖，这种现象是极为罕见的。当年11月，专家野外观察到一大群70只还未南迁的丹顶鹤，但它们当中仅有6只当年的雏鹤，说明当年的野生丹顶鹤繁殖成功率很低。

来自保护区和社会各界的关注和强烈的呼吁引起了黑龙江省委、省政府的高度重视，省委、省政府决定，为扎龙湿地进行应急性生态补水。2002年，省政府筹措资金300万元，通过中部引嫩工程为扎龙湿地补水，使保护区范围内明水面积恢复到6.5万公顷，接近正常年份的水量。2003年出台的《黑龙江省湿地保护条例》，也为对扎龙湿地开展进一步保护提供了法律支撑。

扎龙湿地在保护恢复上所作出的巨大努力，以及为更多面临类似威胁的湿地所提供的示范和借鉴，得到了专业领域和国际社会的广泛认可。2003年11月，扎龙国家级自然保护区加入“中国人与生物圈保护区网络”；2005年8月，湿地国际中国办事处代表亚太迁徙水鸟保护委员会向扎龙国家级自然保护区管理局颁发证书，正式将保护区纳入东亚—澳大利西亚鸻鹬类保护网络。2009年，扎龙迎来了重大利好政策——我国第一个湿地补水长效机制建立，黑龙江省政府批准建立了扎龙国家级自然保护区湿地补水长效机制，平均每年为扎龙自然保护区补水2.5亿立方米。

生态补水使扎龙湿地重新焕发了勃勃生机。如今的扎龙自然保护区，沼泽广袤、湖水清幽、鱼虾丰美，美丽的丹顶鹤时而快乐地翱翔在蓝天碧水间，时而悠闲地漫步于萋萋芦苇丛，恢复了曾经生机勃勃的模样。

让位丹顶鹤　恢复无人区

扎龙的另一个困境，是人鸟争食。与越冬地不同的是，繁殖地鸟类对人类活动有强烈的排斥性，对人类活动干扰的承受能力十分有限。

由于历史原因，扎龙湿地核心区内分布着13个自然屯1500多户居民共约5400人。为了生存，他们以收割苇草、捕捞鱼类、种植庄稼为生，在一定程度上造成了苇塘和湿地的退化和鱼类资源的减少，并导致鸟类生活所需的具备隐蔽条件的栖息地被破坏，湿地生态环境破碎化，鸟类的食物也越来越少。在湿地中的岗岛上开垦农田，甚至建房定居，对鸟类产生了非常明显的驱赶效应，这种人鸟争地、人鸟争食的局面，导致每年都有大量水鸟经不起人类侵扰，弃卵、弃巢飞离扎龙湿地。

当地居民需要生存，扎龙湿地也要保住，如何破解这一矛盾？结果，经过各方研讨，最终达成共识，将这1500多户居民搬出核心区，改善他们的生存条件，也保住这块生态价值巨大的原始湿地。

实际上，位于保护区核心区的居民，也非常支持这一决策。

丹顶鹤（摄影：俞肖剑）

唐土岗子村的居民就表示，开荒种地完全是为了维持生存需要，而且当地交通不便，出入困难，即便能收割些苇草要运出去也路远且阻，交通成本高，实际上没有太多利润。而且，当地无学校，许多人不得不在城市里租房，陪孩子上学，生活成本极高，生活很艰辛。

但要搬迁，是说易行难，不仅需要巨额资金支持，还涉及移出的居民迁往何处，他们的生计如何保障。

经过几年的调研、考察，黑龙江省已编制完成了生态移民方案，扎龙湿地的生态移民项目已经被列入《全国湿地保护工程实施规划（2005—2010年）》。国家发展和改革委员会、国家林业局、省政府将共同合作，目前，有关方面在扎龙湿地通过生态修复和补偿的方式实施了核心区居民搬迁工程，同时有效保护了芦苇湿地，“人鸟争地”问题得到缓解。2017年年底，扎龙湿地又开始采取芦苇征租的方式，持续实施湿地修复预留苇带项目，给农民相应的补偿保留芦苇资源，寻求平衡保护和发展关系的解决之道。

重庆汉丰湖：三峡库区消落带的湿地恢复

三峡水库蓄水水位至175米时，滔滔长江水由东往西回涌入重庆市的开州境内，形成约55.5平方公里的淹没水域面积。当三峡水库水位回落到145米时，暴露出的大面积消落带成了湿地保护和修复的巨大挑战。为了解决这一严峻的环境问题，在汉丰湖流域新城下游4.5公里处建设了一座水位调节坝。通过水位调节坝的调控，在其上游将形成了一个常年水位变幅为170.28～175米、周长为36.4公里、水域面积达14.8平方公里的城市内湖——汉丰湖。

汉丰湖是中国水库消落带湿地的代表性区域，也是长江上游地区消落带湿地的重要组成部分，已被列入《中国湿地行动保护计划》和《全国湿地保护工程规划》，具有极强的代表性，其双重水位变化特性在国内独一无二，是双重水位调节下城市内湖湿地景观与人居环境协同共生的湿地公园。开州区委、区政府的领导高度重视汉丰湖国家湿地公园的建设，通过高端规划、精心打造，多方筹集资金用于湿地公园的建设，取得了明显成效。汉丰湖国家湿地公园2014年通过国家林业局验收，目前成为开州城市美化亮化的窗口、美丽开州建设的重要细胞工程，为汉丰湖景观生态建设与城市人居环境质量提升打下了坚实的基础。

适应水位变动，构建四大模式。充分利用水库消落带湿地带来的生态机遇，应用湿地生态学和生态工程原理，师法自然，借鉴传统文化遗产理念和生态智慧，在汉丰湖实施了适应季节性水位变化的系列创新性湿地生态工程四大模式：①景观基塘模式——基于水敏性城市设计的“城市景观基塘系统”；②多带缓冲模式——三峡库区滨湖多功能多带生态缓冲系统；③修复优化模式——适应季节性水位变化的滨湖消落带湿地生态修复与景观优化；④协同共生模式——三峡库区湿地公园建设与城市人居环境优化协同共生。

重庆汉丰湖上的水位调节坝（摄影：黄伟）

尊重自然规律，建设生态屏障。具体举措：一是在湿地公园南岸建设了面积为39万平方米的滨湖园林景观带，美化湖岸环境，阻隔城市噪声、粉尘污染，净化新城地表径流；二是在湿地公园北岸建设湖岸生态工程，包括多功能林泽300余亩、湿地多塘系统40余亩，打造北部塘链系统、浅水沼泽系统、中央塘链系统以及潟湖等功能单元，营造近自然的湿地生态环境；三是在175米以下区域建设汉丰湖城市景观基塘工程系统25万平方米，栽植适应在消落带生长的湿地水生植物，达到净化水质、增加生物多样性、美化环境的多重作用；四是在汉丰湖消落带下部，开展自然植被带近自然生态保育工程，严禁人为干扰，充分保持湿地生态系统原貌，恢复生态系统服务功能，保护汉丰湖水质净化的最后一道防线和鸟类重要的栖息地，同时也打造研究反季节双重水位调节下湿地生态系统原生演替状况的重要科学基地。

减少人为干扰，消除污染来源。具体举措：一是出台《开县人民政府关于加强汉丰湖核心区船只管理的通告》，清理湖内船只；二是开展联合执法行动，严厉打击乱捕滥猎、扎巢取卵、挖沙采石等破坏湿地生态环境和动植物资源的违法行为；三是开展“碧水行动”，整治城市地下雨污管网，关停工业污染源，取缔养殖污染源，统筹建设乡镇垃圾堆放点、片区垃圾中转站和垃圾处理厂，提高城镇生活污水和垃圾处理率，加大清污、清漂力度，保护汉丰湖水质；四是开展“绿地行动”“实施汉丰湖库周生态屏障建设工程”及“汉丰湖高效绿化工程”，栽植各类植物300余万株，实现湖周植被全覆盖；五是加强湖周环境整治工作，严厉打击违规违法建房行为。通过以上综合举措的开展，汉丰湖国家湿地公园内，水质良好，植物丰茂，野生动物种类和种群数量明显增加，核心区域基本保持自然状态，野生动物栖息环境无人为干扰。

7.3 利用：合理为之，长远生计永续

香港米埔：用科学指导栖息地的优化改造

在我国香港特别行政区西北面的新界元朗区，有一片与深圳隔水相望的湾区滩涂湿地，因为其创新性的管理模式和卓越的保护成效而被世人熟知，这便是米埔自然保护区。

20世纪20年代，随着滨海推移以及深圳居民移居香港，带来了半咸水环境下能够生存的水稻种植技术，米埔因此而得名；40年代，基围虾养殖盛行；60年代，深水鱼塘养鱼技术大面积推广；70年代，随着香港工厂北移以及住宅区和集装箱堆放场的开发建设，湿地被一再侵占和破坏，米埔作为湿地的生态功能和价值在快速衰退，部分区域甚至湮灭。

随着社会经济的发展和人类保护生态环境意识的觉醒，1975年，米埔被划定为限制进入区域，需预约后持通行证方可进入，每天限额300人，以减少人类的干扰。1976年，米埔湿地中划定的380公顷被指定为具有特殊科学价值的地点（SSSI）。1983年，世界自然基金会协助香港政府筹款接管相关基围，并在保护区进行生境管理和开展环境教育。

米埔地处全球9条鸟类迁徙路线之一的东亚—澳大利西亚迁徙路线的中点，这条迁徙线从西伯利亚一直延伸到澳大利亚、新西兰，每年有超过5000万只迁徙水鸟在这条线路上迁徙。例如，全球濒危物种黑脸琵鹭每年秋天从韩国和朝鲜的繁殖地出发，沿着中国东部海岸带向南飞到中国台湾、香港和东南亚等地越冬。米埔是它们全球第二大越冬地。

米埔曾经密布基围虾塘，堤坝上杂草丛生。保护区每年9月开始清理堤上的草本植物，使得黑脸琵鹭在堤上休息，同时修剪一部分芦苇，以提供更多它们喜欢的开阔水面。因为黑脸琵鹭的腿比较短，只能在不超过20厘米水深的滩涂湿地觅食，为确保其越冬期间方便觅食，保护区每年10月开始把基围内的水位降低，直到翌年4月黑脸琵鹭返回繁殖地后才把水位提高。很快，米埔监测到的黑脸琵鹭种群数目，从20世纪80年代的30多只增长到约400只，并且多年以来一直保持，成为黑脸琵鹭保护的成功案例。

除了黑脸琵鹭，米埔还有很多不同体形的鸟类需要保护。这些鸟类对生境的需求也不同，因此保护区要为不同鸟类营造适合的生境。比如只有拳头大小的红颈滨鹬，它们只能在水深不超过5厘米的近岸觅食；体形稍大的鸻鹬类也是在浅水滩涂觅食，水深一般不能超过15厘米；雁鸭类会游泳，可以驾驭深水区，25厘

香港米埔自然保护区

米到1米多的水深都可以；还有白鹭等体形较大的涉禽，在1米多深的水域也可以觅食；会潜水抓鱼的鸟类需要深水区，比如鸬鹚，水深2米也能适应。

要满足这么多种不同鸟类的需求，米埔巧妙地利用了基围虾塘的基础结构进行了不同区域不同水位的改造方案，并且制定了每个月都有针对性的水位调节计划，从而营造不同时间不同类型的多样生境，以适应不同鸟类的需要。

米埔保护区内的21个平均面积10公顷的基围是开展水鸟栖息地管理的主体，而效仿当地渔民传统基围虾养殖的方法，是另一个重要保护策略。

基围虾夏天在后海湾和珠江口繁殖，每年秋天渔民排干基围，等涨潮时海水将虾苗带入基围，基围周边的植物落叶腐烂后就是虾的食物，并不需要特别的投喂。5～10月收获的季节，每到退潮时虾随水流向基围外的滩涂，此时在水闸处设网，就能捕虾。秋天渔民排干基塘时，大鱼会拿去售卖，而被弃置的小鱼小虾就成了候鸟最好的食物。米埔自然保护区也效仿这种做法，秋天开始每隔两周排干一个基围的水。这21个基围可以持续为越冬候鸟提供食物。米埔会在秋冬疏浚水道，确保足够的水深在夏季帮助鱼虾躲避高温；同时，还会适当控制湿地周围树的高度，减少猛禽对水鸟的威胁。保护区还在滩涂中营造了面积和形状大小各异的高潮位栖息地，并巧妙地引入水牛来帮助吃草和踩踏碾压湿地，以维持很多水鸟喜欢的低草、多水潭的滩地环境。

通过这些方法，香港米埔自然保护区的水鸟种群数量才有了质的飞跃，得到了快速提升。而米埔的湿地保护恢复和管理经验，也像候鸟一样一站一站地分享给了迁徙路线上的湿地保护区，帮助大家一起做好湿地和水鸟保护的工作，同时也让这条迁徙路线上的水鸟能够健康、安全地完成迁徙之旅。

云南洱源：湿地恢复助力乡村脱贫

云南省洱源县地处洱海源头，境内江河湖泊众多，分布有海

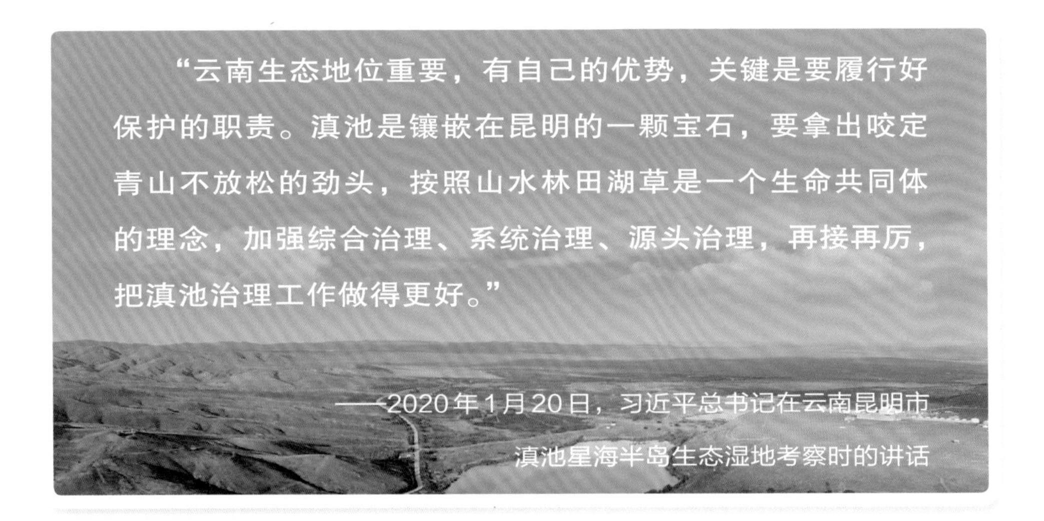

西海、茈碧湖、三岔河水库等主要湖泊和水库及密集的河网水系，水资源通过地表径流汇入弥苴河、罗时江、永安江，三条江河呈“川”字形注入洱海，每年为洱海提供总入湖水量2/3以上的清洁水源。洱源县是全国生态文明建设试点县、全国生态保护与建设示范区，也是国家扶贫开发工作重点县。面对脱贫攻坚和洱海源头保护治理的严峻形势，洱源县坚持扶贫开发与生态保护并重，全面打响脱贫攻坚和洱海源头保护治理攻坚战。其中，通过发展东湖海菜花种植，带动部分群众脱贫增收，成为“洱源净、洱海清、大理兴”发展理念的成功案例。

历年来，洱源县委、县人民政府高度重视湿地工作，将湿地保护与恢复作为生态文明建设的重要抓手和实现可持续发展的重要保障，紧紧围绕提升入洱海水源水质的目标，按照“因地制宜、分类实施”的原则，坚持“自然湿地保护与退化湿地恢复相结合，湿地生态建设和水质净化功能相结合，自然湿地与人工湿地相结合”的原则，在保护好自然湿地资源的基础上，科学布局境内洱海流域万亩湿地建设，积极开展湿地生态修复工作。先后采用退耕还湿、退塘还湿、退经营还湿、退化湿地修复等措施，共新建和修复湿地面积1万余亩。

通过大力开展退化湿地恢复，洱源县湿地水质和生物多样性方面有了较大改善和增加；与历史记录相比，各恢复区域内的水质不同程度地得到提升，约有100种当地湿地植物以及30多种水禽重现退化湿地恢复区。

在湿地生态功能得到改善的同时，生态用地的缺乏问题也逐渐显现出来。在尚未得到退耕还湿政策支持的前提下，洱源县通过租用土地的方式积极开展湿地恢复工作，在已完成的1万余亩重建和修复湿地中，通过租用群众耕地或鱼塘恢复的湿地面积共计6924亩。此外，因为这些湿地生态系统还在恢复初期，对外来干扰很敏感脆弱，需要投入资金来开展日常维护。但国家级贫困县的资金有限，更不能为老百姓增加负担。为此，洱源县以生态种植为切入点，积极探索湿地“建、管、养”新机制，推进“以湿养湿”的湿地可持续利用工作，开辟出兼顾湿地生态保护与社区居民生计，平衡生态、经济和社会效益的湿地保护管理新模式。

云南省洱海

与传统的全靠政府投资来开展湿地“建、管、养”的运行模式相比，新模式可节约政府租地经费、湿地工程建设费和日常维护管理费等大量支出，减轻政府湿地建设管理投资负担。2015年以来，东湖海菜种植达到年均产值1200万元。不仅如此，海菜种植业也发挥了积极显著的社会效益和生态效益。在海菜种植管理过程中，移栽、杂草薅除、海菜花采摘等日常管理用工量较大，每亩海菜可解决1至2个劳动力的就业问题，解决失地农户的后顾之忧。同时，可促进旅游业等第三产业的发展，加快农村产业结构的调整转型，带动农民共同致富。而随着海菜种植面积不断扩大，湿地面积也不断增加，湿地所发挥的生态功能不断完善。绝不施用化肥和农药的生产方式也减少了传统种植业大量造成的面源污染问题，同时在净化水质方面发挥明显的作用。监测资料显示，自从2015年东湖海菜种植规模扩大以后，永安江当年的总体水质从劣Ⅴ类提升至Ⅴ类，其中有2个月达到Ⅲ类水质。

通过以上种种努力，洱源县海菜花种植业逐步建立健全成为适合洱源县情的“以湿养湿”，湿地建、管、养三位一体，具有行业示范和推广价值的兼顾生态、经济、社会功能的新模式，将湿地保护管理与当地经济发展紧密结合起来，实实在在地使周边群众从湿地建设中受益。

黑龙江兴凯湖国家湿地公园（摄影：陈建伟）

第八篇

天高地迥

——国家湿地公园的创建和发展

把湿地公园建设发展成为
保护之地、教育之所、陶冶之园。

8.1 凝心聚力：国家湿地公园事业的蓬勃发展

湿地的保护和发展之间的平衡，一直是现代人类社会面临的一个挑战。就千百年来和人类生活紧密耦合发生着关联的湿地生态系统而言，理想化地进行封闭式地保护，对于一些具有关键性且不可取代的保护意义的地区来说很必要，但不可能大面积铺开甚至成为唯一的保护工作形式，更多的地区需要去探索一条人与自然和谐、保护与发展相互协调和支撑的平衡发展之道。国家湿地公园建设就是国家林业局湿地保护管理中心运用并在实践中被证明是符合当时社会发展阶段特点和现实需要的一种湿地保护和管理的有效方式。经过数年的发展和摸索，国家湿地公园也逐渐发展成为我国湿地保护制度的重要一环，自然保护地体系的重要组成部分。

聚焦“地球之肾”——湿地保护新进展

中央电视台2017年9月28日

湿地和海洋、森林并称为全球三大生态系统，在自然界发挥着重要的生态功能和作用。国家林业局最新的统计显示，迄今为止，国家共投入107.5亿元，湿地保护取得了重要进展。截至目前，全国湿地面积达到8亿多亩，全国已有国际重要湿地49处，湿地自然保护区600多个，湿地公园1000多个，初步形成以湿地自然保护区为主体、湿地公园和湿地保护小区并存、其他保护形式互为补充的湿地保护体系。

在各地各部门的共同努力下，全国湿地保护取得显著成效。

湿地公园建设是对生态文明理念的贯彻和落实

早在2004年6月，国务院办公厅发出的《关于加强湿地保护管理的通知》明确要求“各地要从抢救性保护的要求出发，按照有关法律法规，采取积极措施在适宜地区抓紧建立一批各种级别的湿地自然保护区”，而“对不具备条件划建自然保护区的，也要因地制宜，采取建立湿地保护小区、各种类型湿地公园、湿地多用途管理区或划定野生动植物栖息地等多种形式加强保护管理”，从而明确指出湿地公园是湿地保护管理的一种重要形式。

回想起国家湿地公园的创建期，西南林业大学的田昆教授对整个过程记忆犹新，他很清楚地记得，关于如何建设和发展国家湿地公园，曾经有过一些专业上的争论。湿地中心成立之初，曾专门举办国家湿地公园设立条件考察的专家咨询研讨会。当时许多专家都认为，国家湿地公园的品牌代表国家意志和形象，应该严格考察，在批准建立的过程中明确严格的要求和标准。但马广仁主任认为，当时中国很多地方的湿地都面临着发展的挑战，站在抢救性保护国家湿地资源的高度，应该把湿地公园看作现有湿地自然保护区的一种补充形式，采取先试点建设再组织考察验收的“宽进严出”的方式建立国家湿地公园，可能更符合当时湿地保护和管理的客观要求。他最终统一了大家的认识，并启动了相关的工作。“现在看来，这是非常正确且具有远见的决策。如果没有这样的高瞻远瞩，就没有今天蓬勃发展的湿地公园事业。”田昆教授感慨地说。

2009—2016年“中央一号文件”、政府工作报告均对湿地保护提出了明确要求。中共中央、国务院印发的《关于加快推进生态文明建设的意见》中，将“湿地面积不低于8亿亩”列为到2020年我国生态文明建设的主要目标之一。2016年12月，国务院办公厅出台《湿地保护修复制度方案》，再次强调了湿地公园建设的必要性和重要性。长期的实践探索证明，湿地公园建设和发展是对党中央关于生态文明建设战略的具体贯彻和落实，也在实践中成为各级政府湿地保护和生态建设的重要抓手。

既然推动湿地自然保护区建立的方式存在管理和技术等方面的客观要求，很难在全国大范围作为主要的保护手段推行，也不符合湿地生态系统长期以来与人类活动已形成强耦合关系的现状，那么通过建设各种类型湿地公园的方式，探索一条能够平衡湿地保护和合理利用的实践路径，特别是贯彻国务院关于“抢救性保护”的精神，这对当时很多具有重要生态价值但同时又正面临着城市和社会发展巨大压力的湿地而言，发挥了非常关键而又及时的保护作用，一大批重要的湿地得以通过建设国家湿地公园的方式被保留下来，避免了被高强度开发利用甚至彻底破坏的情况发生。不仅如此，湿地公园为湿地的合理利用以及如何通过公园的建设管理服务地方社会经济贡献了符合生态文明建设主旋律的绿色发展新思路和新方法，这些积极而行之有效的尝试，取得了全社会的广泛认同。

如火如荼的湿地公园建设和发展事业

在党中央、国务院对湿地保护工作的高度重视下，也得益于相关部门的支持和配合，系统管理办法和规定的出台，专家队伍的壮大和社会各界的参与，以国家湿地公园为代表的湿地公园建设得到了快速的发展。从2005年我国第一个国家湿地公园——西溪国家湿地公园试点正式获批，到2009年开始发展增速，2013年前后进入国家湿地公园建设的高速发展期，湿地中心的同志们走到哪里，都是来热情询问湿地公园建设和申报要求的地方同志，每年的新申报项目不断增加，全国各地逐渐掀起创建湿地公园的火热氛围。

国家湿地公园建设的另一个重要经验，是通过制度优化激发各级政府对湿地公园建设和湿地保护的重视。湿地公园的行政管理分三个层次，国家林业局依照国家有关规定，组织实施建立国家湿地公园，并对其进行指导、监督和管理；县级以上地方人民政府林业主管部门负责本辖区内国家湿地公园的指导和监督；国家湿地公园所在地县级以上地方人民政府应当设立专门的管理机构，遵守“保护优先、科学修复、合理利用、持续发展”的基本

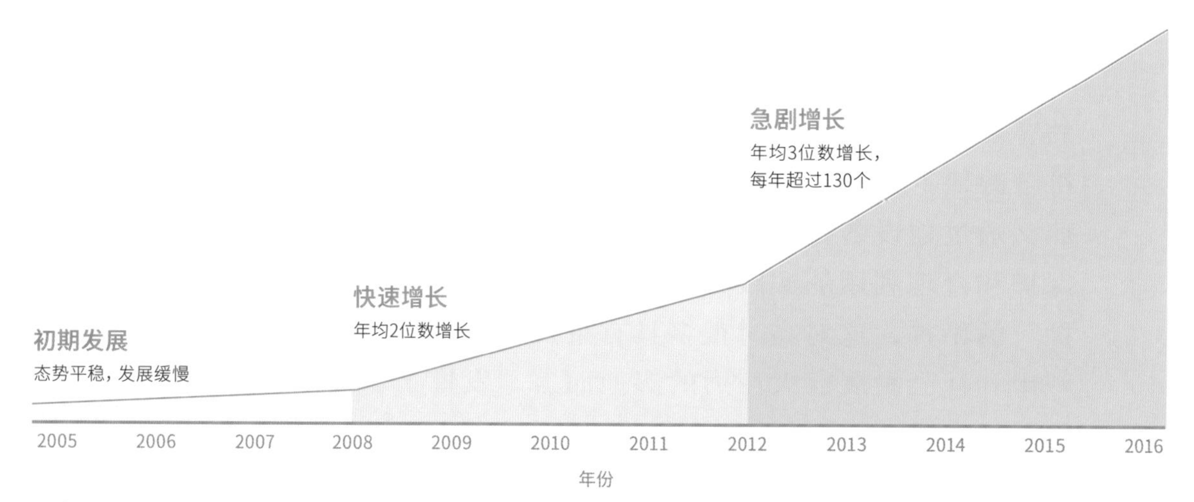

国家湿地公园发展历程和主要阶段

原则，对湿地公园的保护建设和管理统一负责和开展相关工作。这一制度赋予了地方政府充分的管理权限，大大地调动了地方党委和政府保护湿地和建设湿地公园的积极性，改变了各级领导以及全社会对湿地的认识，极大地改善了湿地保护的大环境，营造了湿地保护的良好社会舆论氛围。

有些省（直辖市）还根据自然的资源条件和保护需求，积极拓展和创新具有地方特色的湿地公园建设管理制度，很多省（直辖市）甚至明确了国家湿地公园管理机构的行政级别，以强调湿地保护和湿地公园建设工作的重要性。比如“千湖之省”湖北，其省会城市武汉的东湖国家湿地公园管理机构是正厅级，其他国家湿地公园管理机构基本都在副处级或以上，正处级在10%左右，很多地方的湿地公园一把手和县林业局甚至县长同级，这大大地鼓舞了一线湿地公园建设管理团队的士气，也吸引了更多人才加入湿地保护的事业。

马广仁清楚地记得，有一次正在办公室处理文件，突然有人敲门，有位风尘仆仆的内蒙古的同志来拜访。

“你找我有什么事吗？”马广仁询问这位来自地方的同志。

“我来北京出差，顺道来专门感谢您。”这位同志激动地说。

“你感谢我什么？”马广仁觉得有点好奇，他把这位同志请进办公室坐下来，泡了杯茶，聊了起来。

这位同志热情地说：“湿地中心推动建设国家湿地公园真是一

件大好事。我们湿地公园得到批复后，自治区很快就明确了公园管理局的行政级别，我作为一把手被提升为副处级干部。”

“那是好事啊，祝贺你！”马广仁听了，不仅仅为这位同志高兴，更为当地政府对湿地公园建设的重视而感到欣慰。

“我要感谢您，不只是因为我个人的级别得到了提升，更重要的是，按照我们县里的规定，作为副处级干部，我就能再干5年。”原来，这位同志刚满55岁，根据当地的规定，县里的科级干部55岁退休，处级干部60岁退休。年底前，县委书记刚找3位科级干部谈话，一位是财政局局长，一位是发展和改革委员会主任，还有一位就是他，当时担任林业局局长。三人都是翌年满55岁，要安排退居二线。但是，突然之间国家湿地公园试点建设的申请得到批复，他作为县林业局局长兼任湿地公园管理委员会主任，升为副处级干部，这样就能比别人多干5年。

“一辈子干林业，对这个事业真的感情很深，突然要退下来，心里很不舍，再说你看我这身体，还正是干事业的好时候。”这位同志越说越激动，“特别是这两年参与申请国家湿地公园，本来大家都不知道什么是湿地，但是通过学习和申报，了解了很多，认识也提升了，深深感到这个事业很有价值，很想有所作为。现在好了，我还能再干5年，我肯定能把湿地公园建设得红红火火，不辜负您苦心孤诣为我们铺起这么一条阳光大道。”

内蒙古大兴安岭根河源国家湿地公园

马广仁听着，也被这位同志感动，跟着笑了。“这可不是我一个人的功劳，这是党中央重视，国家林业局领导支持，更是整个湿地中心团队努力的结果。当然，有机会我也要感谢内蒙古自治区政府对林业特别是湿地保护和湿地公园建设工作的支持。我们能做的有限，未来，还是要靠你们在一线把湿地公园建设和管理好，不辜负党和国家对湿地保护事业的信任和支持。”此时的马广仁，真的很想把湿地中心各个处室的同志们都邀请过来，一起听听这个淳朴又至诚的一线湿地工作人员的肺腑之言，这是比任何奖励都诚挚的对整个团队努力工作的最好的嘉奖。

在全国各地热火朝天推动湿地公园建设的整体氛围下，我国的国家湿地公园体制试点工作得到稳步且快速的推进，不仅贯彻了党中央生态文明建设的理论思想，促进了各级政府提升对湿地保护的重视度，而且还抢救性地保护和恢复了一批湿地，有效改善了区域生态和水环境，保障了区域生态安全，在扩大我国受保护湿地面积的工作中发挥了主力军的作用，在提升公众湿地保护意识、普及湿地保护知识、改善居民生活环境、促进地方和区域经济社会发展等方面发挥了积极的作用，得到全国各地各界的广泛认可和支持。

截至2017年年底，国家林业局共批准了898个国家湿地公园（试点），分布在全国31个省（自治区、直辖市），总面积353.1万公顷，保护湿地232.6万公顷，占全国湿地总面积的4.34%。当时国内面积大、保护价值高、距离城市化地区较远的湿地基本都建立了自然保护区，而城镇周边的和人类活动关系紧密的湿地，大部分以建设湿地公园的形式得以有效保护，从而形成全国范围有效开展湿地保护的大好格局。在建成的国家湿地公园的湿地类型上，数量最多的是河流湿地，达到47%，其次分别是人工湿地、湖泊湿地和沼泽湿地，分别达到23%、17%和11%，近海与海岸湿地类型最少，仅占2%。在各省（自治区、直辖市）的分布上，湖南、山东和湖北建设的国家湿地公园数量最多，分别达到69个、65个和63个，而从面积来看，则是新疆、内蒙古和青海三省（自治区）位居榜首。

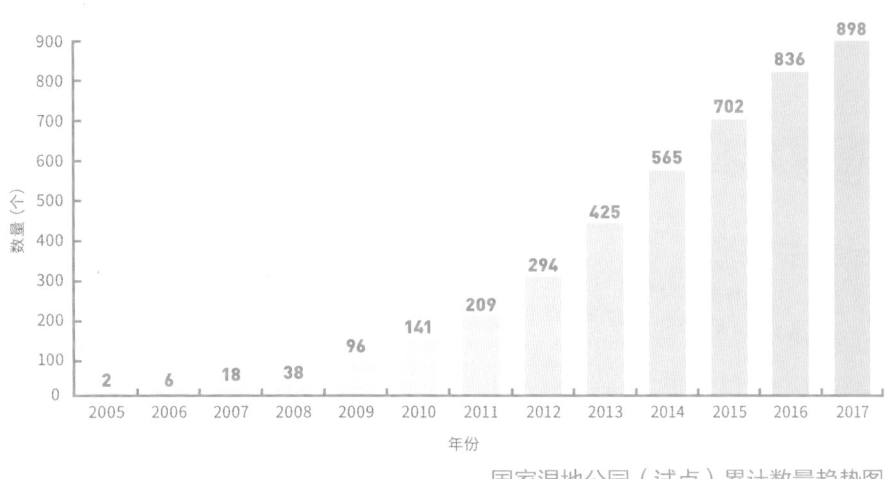

国家湿地公园（试点）累计数量趋势图

有规可循、与时俱进的湿地公园管理和制度建设

湿地公园事业的健康发展，也要得益于湿地公园建设和管理的制度建设。为了既能兼顾各省（自治区、直辖市）湿地自然条件和保护管理主要问题上的差异性，又要确保标准和规章的可操作性，湿地保护管理中心对湿地公园申报试点和验收通过设定了系统清晰的管理办法，并组建强大的专家团队，结合省（自治区、直辖市）层面湿地管理团队的力量，加以严格地执行和推进。2010年2月28日，经过反复地专家研讨和论证，国家林业局正式印发《国家湿地公园总体规划导则》和《国家湿地公园管理办法（试行）》，其中对湿地公园的条件、要素、申报和验收程序等都进行了详细阐释，规范了国家湿地公园的建设和管理。2017年12月，经过修订的《国家湿地公园管理办法》正式公布。

在湿地公园设立条件上，湿地中心经过反复论证，决定不拘泥于面积、生态系统类型等指标，而选定了2条更能体现保护价值并具有普适性和可操作性的标准：①湿地生态系统在全国或者区域范围内具有典型性或者独特性；或者区域地位重要，湿地主体生态功能具有示范性；或者湿地生物多样性丰富；或者生物物种珍稀濒危；②具有重要或者特殊科学研究、宣传教育和文化价值。

国家林业局文件

林湿发〔2010〕1号

国家林业局关于印发
《国家湿地公园管理办法(试行)》的通知

各省、自治区、直辖市林业厅(局),内蒙古、龙江、大兴安岭森工(林业)集团公司,新疆生产建设兵团林业局,国家林业局各司局、各直属单位:

为进一步促进国家湿地公园健康发展,规范国家湿地公园建设和管理,我局研究制定了《国家湿地公园管理办法(试行)》,现印发给你们,请遵照执行。执行中有何意见和建议,请及时反馈我局。

附件:国家湿地公园管理办法(试行)

二〇一〇年……八日

国家林业局文件

林湿发〔2017〕150号

国家林业局关于印发《国家湿地公园管理办法》的通知

各省、自治区、直辖市林业厅（局），内蒙古、吉林、龙江、大兴安岭森工（林业）集团公司，新疆生产建设兵团林业局，国家林业局各司局、各直属单位：

为加强国家湿地公园建设和管理，促进国家湿地公园健康发展，有效保护湿地资源，根据《湿地保护管理规定》和《国务院办公厅关于印发湿地保护修复制度方案的通知》等文件精神以及国家湿地公园管理工作实际需要，我局对《国家湿地公园管理办法（试行）》进行了修改。现将修改后的《国家湿地公园管理办法》（见附件），现印发给你们，请遵照执行。执行中有何意见和建议，请及时反馈我局。

附件：国家湿地公园管理办法

2017年12月27日

— 1 —

《国家湿地公园管理办法（试行）》《国家湿地公园管理办法》印发通知

与此同时，确定了国家湿地公园的三项总体功能定位。①保育：保护和修复湿地生态系统，发挥湿地生态服务功能。②宣教：传播湿地保护意识，宣传湿地科学知识。③利用：合理利用湿地资源，为公众提供休闲场所。

无论是设立条件还是主要功能定位，都在强调“全面保护、科学修复、合理利用、持续发展”的十六字基本原则，在确保保护恢复优先的前提下，对合理利用和持续发展的鼓励和支持赋予了湿地公园全新的活力。考量更多的是希望强调湿地公园有别于湿地自然保护区，它们还肩负着非常重要的传播和教育功能。湿地公园不仅不能向公众封闭，反而要打开窗口欢迎社会公众的参访，并通过湿地公园的建设，真正发挥其提升公众意识、传播保护理念、普及湿地知识、引导保护行动的作用。

在管理上，湿地公园强调分区而治，要求国家湿地公园湿地率不低于30%，公园内可供合理利用的面积不超过公园总面积的20%，60%以上的面积应得到严格保护，把保护湿地态系统和恢复湿地生态功能放在国家湿地公园建设管理工作的首要地位上。所谓湿地公园，既不是在湿地上建设的公园，也不是有湿地的公园，而是能兼顾湿地和公园双重功能的新型的湿地保护形式。所谓“湿地+公园”的内涵，就是要寻求兼顾生态效益、社会效益和经济效益的发展之道，寻求自然资源保护与合理利用间的平衡，实现保护与利用“双赢”。湿地公园既能为野生动植物提供生存空间，也能为公众提供知识启迪和愉悦感受的精神空间，更能提供人们近距离感受自然、理解保护的体验空间。湿地公园的建设过程，就是在寻求资源保护和合理利用平衡时三个空间的关系与权重。

国家湿地公园建立之初，湿地中心考虑到无论是湿地保护还是湿地公园建设，都是新概念、新事物、新方法，为了给地方留出学习和发展的时间，在实践中成长，确保行业发展稳定有序，采用“试点—现场考察—验收”的管理程序，即申请成为试点单位后5年内必须申请验收，无适当理由逾期不申请验收或整改期满（最长1年）后仍不达标的，取消资格。申请主体为省级林业主管部门，并需提交自查评估报告、建设情况报告、法人和机构代码证、土地权属证明文件等申请资料，如有调整变动还需提交相关

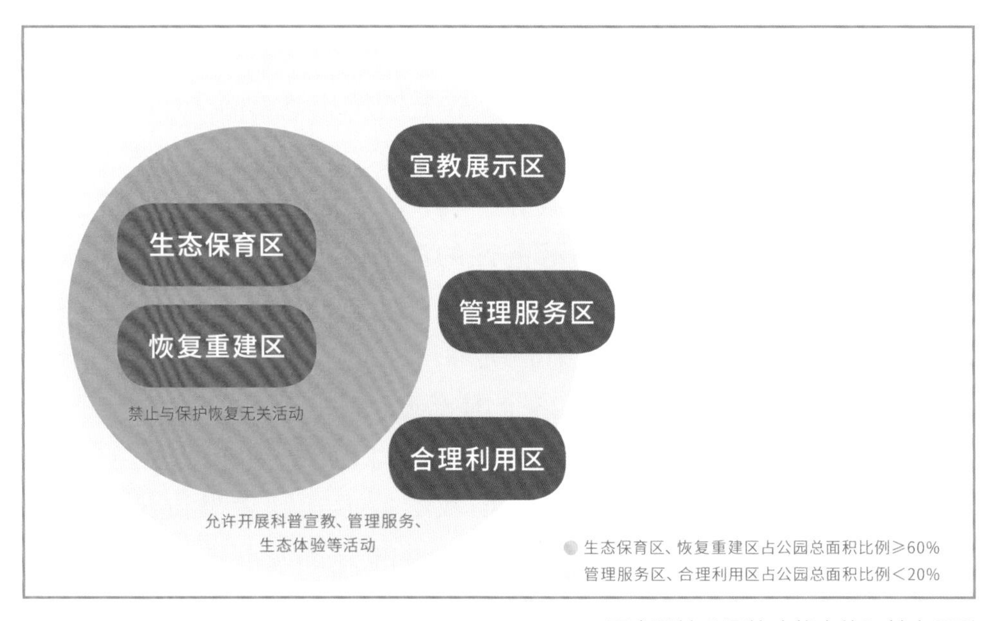

国家湿地公园的功能定位和基本原则

的批复文件。申请受理后，国家林业局湿地保护管理中心将组织验收专家组赴现场考察并评估是否通过验收。

湿地公园的验收标准共分7项20条具体的指标，以及一个非必选的特色加分项，每项均根据优良、中、差三个等级和不同的权重予以赋分，满分100分。要求验收专家的评估得分平均分不低于80分，且任意单项不低于60分，方可通过验收。如不合格，予以限期整改（最长1年时间），再次组织验收。通过验收将授予“国家湿地公园”正式称号，否则取消试点。

“事实上，国家林业局办公室文件中规定的验收程序，不仅仅只是一套标准，更是一套指南和方向，引领湿地公园的管理和建设者去理解和实践，应该如何建设国家湿地公园。”深度参与到国家湿地公园建设过程中，西南林业大学田昆教授对此深有感慨：“很多地方政府一开始并不理解什么是湿地公园，如何建设湿地公园。湿地中心就通过组织培训等各种形式，请专家们去给大家传道解惑。在培训中我负责的很重要的一项内容就是解读湿地公园的管理和验收办法，从这些要求中，为大家梳理出湿地公园建设的方向、内容和具体方法。”

随着湿地公园队伍的不断壮大，湿地保护理念和科学方法的日益普及，各地对湿地公园建设的理解和认识逐渐深入。但是由于南北差异，地方社会经济条件差异，以及湿地自然条件和保护目标的不同，湿地公园的建设管理水平依然出现参差不齐的问题。有一些地区发展出具有行业标杆价值的公园，比如杭州西溪、广州海珠、贵州贵阳、甘肃张掖等，马广仁就想，是否借此机会挖掘一批省一级具有代表性和示范性的湿地公园，树立一批行业标杆，也就是后来的国家重点建设湿地公园项目，由各省林业主管部门负责筛选和推荐，湿地中心统筹培训并组织专家赴现场指导。2015年，湿地中心组织首批23个国家重点建设湿地公园在厦门参加培训，对湿地保护恢复、科研监测、科普宣教等内容进行专题讲课，还通过分组练习实践、现场教学等形式，激发湿地公园的自主性和积极性。这一批湿地公园中大部分都发展成为当地甚至在整个湿地公园系统中据有引领和示范地位的行业排头兵。因为它们大多数都位于省会城市周边或相对交通比较方便的地区，区位优势让很多湿地公园成为影响行业主管部门和领导、相关领域专家以及公众的最佳平台，有些湿地公园还发展成为地方的绿色名片，从而为湿地保护赢得了自上而下、自上而下多方位的肯定。

国家湿地公园的发展和管理慢慢步入正轨，有章可循、优化管理流程、实事求是、与时俱进地开展湿地公园的质量提升和持续建设工作成为行业发展的新方向。自2017年开始，国家湿地公园由原来的试点验收制改为采用晋升制，既由省级林业主管部门负责省级湿地公园的申报、建设等工作，验收通过后方可申请成为国家湿地公园，经国家林业局组织专家组考察、评审通过后授予国家湿地公园称号。为了更好引导湿地公园的健康发展，湿地保护管理中心组织专家编辑出版了《国家湿地公园湿地修复技术指南》《国家湿地公园生态监测技术指导》《国家湿地公园宣传教育指南》。

实践证明，湿地公园是保护湿地生态系统的完整性和生态服务功能的重要方式，是开展科普教育、公众休闲、游憩的场所，可以创造更多的动物栖息地和文化遗产，为人民提供优质生态产品以满足人民日益增长的优美生态环境需要，促进了当地社会、

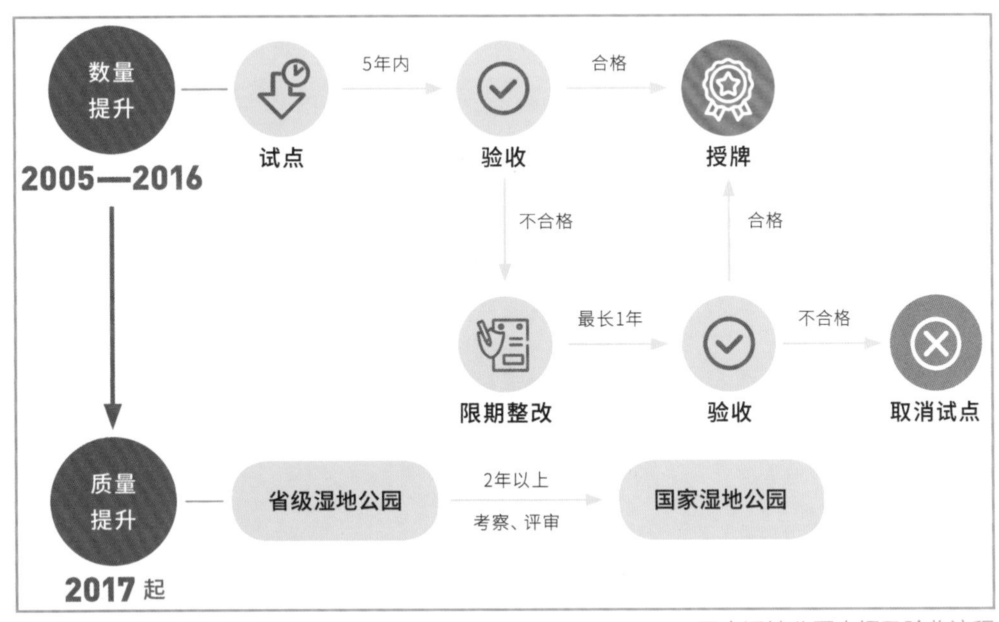

国家湿地公园申报及验收流程

经济、环境可持续发展。国家湿地公园的理念已深入人心，有力促进了湿地公园的建设发展。

湿地公园建设成为各级政府湿地保护和生态建设的重要抓手。通过在全国范围深入系统地推动湿地公园的建设，湿地中心团队欣喜地看到，全国各地对湿地保护的认识普遍提升，重视度也大大提高。不仅地方党委政府保护湿地的积极性被充分调动了，而且也改变了各级领导以及全社会对湿地的认识，极大地改善了湿地保护的大环境，营造了湿地保护良好的社会舆论氛围。同时，抢救性地保护了一批具有重要价值的湿地，修复了一批重要湿地，有效改善了相关地区的水环境，保障了区域水生态安全，并通过湿地公园科普宣教活动的开展向全社会普及了湿地科学知识，平均每年都有几亿人到湿地公园参加自然教育和生态体验活动，湿地公园已经成为科普宣教的重要平台，为人们提供了重要的生态休憩场所，解决了社区居民就业问题，吸引社会资金投入湿地保护，推动了地方和区域经济社会发展。

江苏泰州溱湖国家湿地公园

8.2 借鉴与完善：湿地公园想法的出现和发展

湿地公园的概念和做法，到底是如何出现并付诸实践的呢？这要追溯到20世纪90年代。今天，我们已经熟稔“湿地”的概念，了解湿地生态系统所提供的自然资源、调节气候、野生动物栖息地、净化水质、调蓄洪水、防风护岸等丰富的生态服务功能。但是在20世纪90年代初，我国刚刚加入《湿地公约》时，国内对“湿地”的了解几乎是空白，也缺乏这方面的学者和研究机构，对于保护和发展之间的关系如何平衡，更是一个颇具挑战性的问题。

“当时我国处于改革开放、经济复苏和快速繁荣的时期，地方上对发展和建设的呼声极高，大家都希望通过旅游、基础设施等开发建设项目争取或吸引投资，推动地方经济发展，而建立保护区就意味着某种程度上对发展的制约，一度地方上对于新建保护区没有表现出更高的积极性。可是，湿地保护工作必须推动啊，怎么办呢？”时任林业部自然保护处处长的陈克林回忆起早年推动湿地保护工作时的艰辛，仍然特别感慨。对于森林、草原等具有比较扎实的科学研究基础的生态系统，其保护的必要性和紧迫性社会认知比较到位，特别是致力于森林生态系统保护的天然林资源保护工程于1998年开始试点，2000年在17个省（自治区、直辖市）已经正式启动，对于森林资源保护的社会接受度普遍较高。但是“湿地”是一个全新的概念，甚至在很多地方，湿地被认为不是鱼塘、水库、稻田等已经被利用的水域，就是荒地、废弃地，更多人在想的是怎么去开发和利用这些未被重视的资源。什么是自然湿地？为什么要保护？如何保护？这些问题都亟待解答，更需要对实践的引领。

“湿地公园”概念第一次在公共媒体上亮相

1993年6月，第五届《湿地公约》缔约方大会在日本钏路召开，中国第一次派出代表团参加大会。大会上讨论的议题很多，但让与会代表团印象最深刻的是：湿地如何被“合理利用”的概念被反复提及和讨论。

当时，国内关于湿地专业的中文出版物很少，包括黄锡畴先生主编的《中国沼泽研究》、陆健健教授编著的《中国湿地》、马学慧等编著的《中国的沼泽》等非常有限的资料，其中更多的是全国各省（自治区、直辖市）重要湿地的分布、类型、现状等的介绍，对于湿地的科学定义、生态功能、保护意义和保护策略的阐释尚不完善，对合理利用的概念更是鲜有提及。陈克林认为："《湿地公约》秘书处和缔约方大会的相关文件就是很好的学习资料。《湿地公约》强调的合理利用，是要实现湿地的保护修复、宣传教育和合理利用的三位一体，以保护利用为工作的核心，以科普宣教为重要的功能，在此基础上兼顾对资源的合理利用，且不能影响到保护和宣教功能的发挥。合理利用既不是毫无保留地对自然资源进行开发利用，也不是保守地划地为界，杜绝一切可能的人类活动。把生态旅游的概念引入，通过建设湿地公园的形式，也许就是一条平衡保护和合理利用的有效管理之路。”实际上，1993年缔约方大会的举办地，日本北海道的钏路国立湿地公园，就是一个湿地类型的国家公园，其卓越的湿地保护成效，帮助公园吸引了来自世界各地的游客到此感受和了解湿地，世界性的关注更好地推动当地政府重视湿地的保护，公园的运营还为当地社会经济发展带来了积极的影响。这些国际上成功的经验，为我国探索湿地公园建设提供了重要的借鉴，是解决湿地保护和合理利用平衡关系的一条可行之路。

1996年，首都机场所在的乡政府要开发机场附近的一块小湿地，当时有两个方案：一个是建高尔夫球场，一个是建自然保护区。对于开发商来说，当然更倾向于前者，但这里本身是一片自然湿地，一旦开发破坏，可能造成难以恢复的影响。面对争执不下的情况，海淀区的一位人大代表找到了陈克林。在综合这块小湿地的地理位置、管理现状和所在区域的未来发展需求后，大家一致认为建设湿地公园可能是较好的解决方案。当年12月，这位人大代表将讨论的内容整理出来，形成专题报道，发表在《中国绿色时报》上，这也是“湿地公园”四个字第一次在中国的公共媒体上正式亮相。

此后，随着实践的不断深入和丰富，对湿地公园的概念、目标等理解也逐渐完善并形成了行业共识。湿地公园是指以保护湿地生态系统、合理利用湿地资源为目的，可供开展湿地保护、恢复、宣传、教育、科研、监测、生态旅游等活动的特定区域。湿地公园分为国家湿地公园和地方湿地公园。国家湿地公园是指以保护湿地生态系统、合理利用湿地资源、开展湿地宣传教育和科学研究为目的，经国家林业局批准设立，按照有关规定予以保护和管理的特定区域。湿地公园制度与湿地自然保护区制度、湿地保护小区制度、湿地野生动植物保护栖息地制度以及湿地多用途管理区制度等共同构成了湿地分类保护管理制度体系。

香港湿地公园：湿地保护最佳实践的启示

2007年，湿地保护管理中心成立之初，除了自身团队继续专业培训和能力建设，在湿地管理方面学习成功的经验和方法外，找到有说服力的案例，为行业发展争取更多部门的理解和支持，也同样重要。为此，马广仁带领着团队各处交流、访谈，学习湿地保护和管理的方法，借鉴成功经验，吸纳问题和教训，也寻找可供学习的榜样。当时，在国内自然保护领域比较活跃的几个国际组织，发挥了非常重要的专业引领、资金支持、平台搭建等作用。其中，不得不提的是世界自然基金会香港办公室运营管理的米埔湿地自然保护区暨米埔湿地教育中心。这里作为国际重要湿地和湿地自然保护区，同时也是一个以湿地保护和管理为主题，因地制宜、现身说法的培训基地，后来成为中国乃至亚洲和更大范围内湿地人才学习和深造的专业培训基地，甚至有人说那里是中国湿地保护事业的“黄埔军校”。

2007年，马广仁组织湿地中心团队的几位主要成员，还邀请了包括国家发展和改革委员会等相关部门的负责同志，一起去香港米埔，想深入、系统地感受和了解一下什么是湿地，湿地的保护和管理到底应该怎么做。事实证明，这次考察可以说是一次全面的赋能之旅，代表团不仅深入学习和了解了米埔自然保护区的运营管理方式、湿地保护和恢复的专业理论和实践方法，还拜访了香港地区的行业主管部门渔农自然护理署，交流政府层面行业管理的政策和制度，特别重要的是，实地考察了香港湿地公园，全方位地感受了在完善的政策背景下，社会多元参与的模式中，湿地保护和合理利用平衡发展的优秀典范。

香港湿地公园位于香港特别行政区新界天水围的北部，毗邻后海湾国际重要湿地，曾经是为了补偿邻近天水围都市住宅区的高密度开发建设所产生的环境影响而保留的一块生态缓冲区。1998年，香港渔农自然护理署和旅游发展局联合启动了“国际湿地公园和访客中心”的可行性研究项目，结论是可以选择湿地公园的形式，在不影响其生态保护和缓冲区功能的前提下，进一步提升为集自然保护、环境教育和生态旅游为一体的世界级旅游目的地，同时并不会削减其生态保护和缓冲区的功能。

作为香港特别行政区政府千禧年发展项目的内容之一，香港湿地公园于2006年5月建成并正式向公众开放，占地61公顷，包括一个面积1万平方米的室内访客中心和60公顷的开放式湿地参访区。该湿地公园的建立不仅展示了香港湿地生态系统的多样性和突出的保护价值，更为公众提供了以湿地的生态功能和保护价值为主题的教育及休闲旅游场所，并争取市民和访客支持、参与湿地保护及管理工作。这里也是亚洲首个以湿地为主题、面向公众开放、致力于传播湿地保护理念、开展公众环境教育的具有示范意义的湿地公园。

马广仁一行来到香港湿地公园的第一印象是：公园面积不大，但和自己印象中的旅游景点、城市公园完全不同。这里就是一片自然的湿地，没有过多人工设计和营造的园林景观和植被，俨然是一片自然的荒野：鸟鸣在耳边不时响起，蜻蜓在水边停歇，芦苇在水边摇曳，一切是如此自然和谐，丝毫没有杂乱无序之感。沿着公园的栈道慢慢游览，更发现这里设计之用心，可谓麻雀虽小，五脏俱全，在几条主题导览路径沿线，有序地布设着各种类型的湿地生境：原野漫游径沿线的芦苇沼泽能收集雨水，并为淡水沼泽区提供水源，同时也是很多水鸟等野生动物的隐蔽栖息地；公园正中央的约10公顷的大面积淡水沼泽，吸引了喜爱开阔水面的雁鸭类，活跃于水边的鹭鸟等涉禽，栖身于岛屿灌丛中的秧鸡类水鸟，同时还是鱼类和无脊椎动物的重要栖息地；潮间带河道两侧的红树林，是观察弹涂鱼和招潮蟹的最佳目的地，也是很多鸟类等野生动物的“大食堂”和栖息地；外围的潮间带泥滩，常年吸引各种涉禽，特别是迁徙季节的鸻鹬类水鸟，尤其在涨潮时，后海湾的滩涂大部分被海水淹没，而湿地公园得益于水位控制，依然保留有水位较低的泥滩，也让各种水鸟可以在此觅食和停留。

公园里随处可见的解说设施，也让访问团印象深刻。虽然他们有专门的讲解员陪同，但很多眼前所见的景致，配合步道边布设的解说标识标牌，立刻让人能更为直观、生动地理解湿地的类

香港米埔湿地公园

型、功能、生物多样性、保护策略等相关的知识。比如，公园不会刻意平整地形、营造景观，而是更多地顺应自然规律，利用降雨、潮位等因素，形成多变的微生境，为更多生物提供栖息地。工作人员也会对泥滩地周边的草本植物进行定期的修剪，避免湿地旱化，确保涉禽的栖息地不受影响。在淡水和咸淡水区域都布设了水位控制装置，通过调节水位，提供不同类型的湿地生境，同时辅助水体流通和水质的管理。湿地公园还特别强调尽可能使用本土物种，并加强微甘菊等外来物种的控制。这些解说设施让人们能感性地感受并理性地理解湿地的意义和价值，"湿地公园"管理的理念和方法，让访问团成员们耳目一新，很有收获。

湿地公园里随处都有栈道、解说牌为访客提供舒适安全又内容丰富的游览体验，这些设施的设计充分考虑了对使用者的友好和对湿地环境的融合。甚至面积1万平方米的访客中心，也是完全融入整个湿地环境中：这片从地面慢慢抬升的建筑，屋顶利用绿化和周边自然环境完全融合，假设以鸟儿从空中俯瞰的视角，它应该感受不到这片建筑对栖息地的影响。而转换视角去看访客中心，则是一栋两层高、全玻璃立面的建筑，这样的设计，让身处其中的访客可以以最广阔舒适的视角去观察外部的湿地而不对其产生干扰。而不远处，则是高楼林立的天水围密集的住宅群，很难想象，在这样一个人口和建设高度密集的国际化大都市中，竟然有这样一片宁静的自然旷野，湿地公园所演绎的人与自然和谐的魅力，在这个视角下一览无余，令人无限感慨。

伦敦湿地中心的启示

在香港湿地公园的考察过程中，马广仁了解到公园的设计团队来自英国，实际上湿地公园建设的国际公认的典型案例也是英国的伦敦湿地公园。为此，湿地中心的马广仁主任、鲍达明处长邀请了国家林业局法规司、国务院法制办、财政部、水利部、国家林业局规划设计院等部门和单位的专家、同仁们一同前往湿地和水鸟保护领域有资深经验的英国，就湿地立法和湿地公园建设两个主要议题进行了考察和交流。

伦敦湿地中心（London Wetland Centre）位于伦敦市西南部泰晤士河上游沿岸，距离伦敦市中心仅约5公里，也是一块地处繁华都市中却仍保存有丰富生物多样性的健康的湿地生态系统。伦敦湿地中心总面积约42.5公顷，其中，29.9公顷核心保护区2002年被列入英国“具有特殊科学价值地”（Site of Special Scientific Interest，SSSI）名录。

代表团完整地参观和了解了整个公园的系统设计：每一个功能分区都具有水文和生态上的独立性，能完整地展示包括湖泊、芦苇沼泽、泥滩地、潟湖等不同类型的湿地。这些水域和湿地之间既相互独立，又彼此联系，在整体空间布局上以主湖为中心，其余功能区块错落分布并环绕其周边，形成多元复杂的湿地生态系统的同时，也为访客提供了不断变化的参访和体验路线。比如，世界湿地和水禽展示区各种就地取材的微生境营造，雨水花园展

代表团在WWT专家的陪同下考察伦敦湿地中心

示的雨水收集和多级湿地净水系统，以“孔雀塔”为代表的六个造型各异、功能丰富的观鸟屋，沿步道布设的各种解说、教育、休憩设施，一个主题鲜明、内容生动丰富、让人真切感受到湿地的生机和美好并流连忘返的湿地公园让大家印象深刻。但是，湿地公园四周密集的住宅区和公园内自然的景致所形成的强烈反差，也让大家略有些不解：在如此寸土寸金的都市区，如何能建成这样一个湿地公园？它和周边城镇特别是房地产项目是否会相互干扰，还是能相得益彰？当时的城市规划是怎么考虑的呢？

陪同考察的英国水禽和湿地信托基金（Wildfowl & Wetlands Trust，WWT）执行总裁马丁·斯普瑞先生（Martin Spray）很赞赏访问团的洞察力，相比于大多数的访客主要关注湿地的景观和生物多样性，以及公园的运营机制，这个问题问到了伦敦湿地中心建设过程中探索的一个关键问题：寻求城市发展和自然保护的平衡之道，探索社会多元参与的湿地保护新模式。原来，伦敦湿地中心的前身是泰晤士水务公司的四个混凝土水库，曾经承担蓄水和向伦敦市区供水的功能。1989年因为城市的快速发展，整个伦敦地区完成了供水系统的升级改造，该水库退出了历史舞台。是把这块地方填平进行城市建设，还是有更好的设计让这块土地发挥其最佳的社会功能，优化区域的生态环境呢？泰晤士水务公司经过多方征询，最终采纳了WWT的建议：在原有水库的基础上进行改造和生态修复，建设一座湿地公园，同时在北部外围区域划出9公顷供伯克利房地产公司开发住宅项目，从销售额中拨出1100万英镑，加上WWT提供的500万英镑启动资金，用于公园建设。项目1995年启动建设，2000年湿地公园建成并正式对外开放，是欧洲最大的城市中心区域的人工湿地系统，全世界第一个建于大都市中心区域的湿地公园，有学者称其为“展示了在未来人类与自然应如何和谐共处的理想模式”，也开创了社会多元参与和共赢的湿地公园建设管理模式的先河。

马丁特别引导考察团走到步道旁仔细观察，随手翻开一块石板，一只本来趴在下面的蜥蜴飞快地爬入了草丛。“这是我们特别设计的石板花园（Slate Garden），是爬行动物很好的栖息地。大家

伦敦湿地中心俯瞰

还记得刚才沿途看到的水岸边用枯枝、碎石构造的水禽生境，以及里面栖息着各种各样昆虫的路边的堆石墙吗？其实，这些都是对当时改造水厂基础设施过程中产生的废弃建筑材料的再利用。伦敦湿地中心的设计和建设方案中，很重要的一条原则就是尽量不产生外运的建筑垃圾，我们希望从设计、建设到运营，向社会全方位的展示一个城市生态建设最佳实践的范本。”

马广仁主任在回忆此次调研时说：“伦敦湿地公园给我印象最深的是在一个国际化大都市中的湿地公园里，却保持着非常自然的生态景观，较少人工痕迹，湿地类型丰富，各种水鸟和野生动物随处可见。这里不仅发挥了湿地保护与管理的作用，也为市民提供了休憩娱乐的场所，还是开展观鸟、公民科学家等科普教育活动的优秀场所，更带动了区域的社会经济良性发展。如果湿地公园都能建成这样，还有什么人会不支持呢？”

虽然在这几次考察出发之前，中国的湿地公园建设早已经揭开序幕，首家国家湿地公园也已经正式批准成立，但是对于湿地中心来说，什么是湿地公园，湿地公园和普通的城市公园有什么区别，湿地公园真的能保护湿地吗，湿地的合理利用到底如何实现等这些问题直到这些考察和交流之时才得到了非常直观的解答。虽然这些感受，可能还需要进一步的梳理、提炼并结合中国的实际有所发展和延伸，但无论如何，勇敢地去尝试湿地公园的建设，通过建设湿地公园去抢救性地保护一批重要的湿地，同时依托湿地公园去践行合理利用的创新探索之路，马广仁决定要坚定不移地迈出这一步。

展鳍的弹涂鱼

8.3 杭州西溪：
我国第一个国家湿地公园的创建历程

杭州，自古以来就是中国的文化名城，2011年被列入世界文化遗产的西湖，更是全国人民家喻户晓的旅游胜地。近年来，杭州西溪国家湿地公园作为新的旅游目的地，逐渐成为杭州市对外宣传的一张全新而亮丽的名片，不仅丰富了杭州市旅游产品的形式和内容，也增添了行业的生态内涵，更重要的是，让湿地这个概念在中国的老百姓中深入人心。很多人都是因为杭州西溪第一次听说，甚至第一次真正体验和理解什么是湿地。作为中国的首家国家湿地公园，西溪国家湿地公园的创建也走过了一条值得铭记的探索之路。

湿地公园：大胆尝试创新保护之路

杭州市政府为解决西溪湿地原住民生产生活对脆弱湿地生态环境的影响，做出了撤村建居并全部外迁安置的决定，第二步就是要确定西溪湿地自然保护和生态修复的具体方案。当时，湿地仍然是全新的概念，如何保护恢复，更是没有现成的经验案例可以效仿。有深谙商机的开发商拿着以滨水景观为特色的风景区策划方案来游说当地政府，用旅游开发的方式来实现西溪湿地的转型发展。但是，经过仔细评估发现，该方案的核心还是发展一个有水景的风景旅游区，对西溪的独特湿地景观和自然保护价值缺乏理解，更没有生态修复、合理利用和平衡保护的思路。而且，风景区的开发建设方案中有高强度的工程建设内容，后续的经营管理又包含高负荷的旅游活动，这些不仅不利于生态保护和恢复目标的实现，还必然对已经脆弱不堪的西溪湿地的生态承载力带来持续甚至不可逆的破坏性冲击。最终，这个听起来好像很有吸引力的想法还是被否决了。

2016年7月6日中美代表在杭州西溪论坛会上的合影

考虑到西溪湿地的生态退化和环境污染等问题已经非常严重，有专家提出恢复和保护是当时工作的重中之重，应该对西溪湿地按照自然保护区的标准进行全封闭式的严格保护，禁止任何非必要的人员进入，杜绝因为人类活动可能对湿地产生的持续干扰。这似乎是一个“科学标准答案”，但是经过综合考虑和全面评估，基于这里的区位条件和杭州市的城市发展定位，结合当地社区大量原住民的生活就业等现实需求，决定了西溪湿地因为其承担的社会功能与社区联系不可能为了保护的需要而一夜之间被人为地改造变成“与世隔绝”的桃花源。西溪湿地已经在过去千百年的农耕文化中被改造演变成次生湿地，这种情况下，突然切断所有人与湿地之间的交互关系，对西溪湿地实施纯粹的保护措施，可能是过于理想化的设想，其中忽视了西溪湿地作为次生湿地健康存续的必要条件。

2007年起，马广仁主任和王国平书记多次在杭州探讨湿地公园建设

在经过了大量的考察、研究、讨论后，时任湿地国际中国办事处主任的陈克林提出了西溪湿地应该建设湿地公园的建议。他认为：与青藏高原等地的原生态湿地完全不同，有着1800多年人为干预历史的西溪湿地属于次生湿地生态系统，其结构、功能、水文等特征具有一定的生产、交通、景观等人为的目的性，但同时又保留了天然湿地的基底和生物多样性等特征。因此，西溪不适合通过建立“自然保护区”的方式进行封闭式管理，而更适合走“湿地公园”的发展之路——兼顾湿地保护和合理利用，他相信西溪湿地公园肯定能在发挥湿地的三大效应（即生态效应、社会效应和可持续利用效应）上为全国作出示范。

西溪建立“湿地公园”的想法终于被确定下来：湿地公园主张湿地保护与合理利用相统一，在保护湿地的同时充分发挥湿地资源的利用价值，重点构建生态保护、科研科普和生态旅游三大功能。

开拓之路：摸索实践湿地公园的创建

确定要建立湿地公园后，浙江省政府开始就建立西溪湿地公园向国家林业局提出申请。当时国内没有建立湿地公园的先例，也没有与之相对应的法律规章和专业标准及方法，这一申报虽然经过多次讨论，但是迟迟没有得到正式批复。

当时在国际上有英国的伦敦湿地公园、日本的钏路国立湿地公园等成功案例，在中国香港地区，天水围湿地公园即后来的香港湿地公园的建设也已经启动，虽然还没建好，但是“湿地公园”的理念已经很清晰，方向已经明确，规划模型也已设计完成，方案已经确定，说明湿地公园的建设在科学性、必要性、有效性和可操作性上是得到专业认可的，这对于杭州申请建设西溪湿地公园无疑也是一件好事情。

时任湿地国际中国办事处主任的陈克林以个人名义向当时主管湿地的国家林业局副局长赵学敏提交了签报，报告的主要观点是：中国的湿地保护必须要建立湿地公园。赵学敏副局长阅读后，对报告进行了批复：“非常同意，同意意见。”然后签报又转呈林业局一把手周生贤局长，他在签报上画了个圈——这个圈可以理解为同意，但是力度不够。关于在杭州西溪建立湿地公园的议题，又被再一次搬上了林业局的讨论议程。

此时，湿地处鲍达明处长向野生动植物保护司卓榕生司长提出新的建议：与其直接批复建立湿地公园，以试点的形式在杭州西溪开展关于湿地公园建设的探索尝试是否是一个更可行的解决思路？在关于是否建设湿地公园的讨论胶着不定的情况下，这个新想法立刻打开了大家的思路，在进一步讨论之后，很快被采纳。

2007年马广仁一行考察西溪公园建设

当时，地方上关于建设湿地公园的实践，也已经起步，但都是各自摸索，具体应该怎么建，建成什么样，有哪些要求和标准，都没有统一、规范的说法。国家林业局批复在杭州西溪开展试点，就是希望通过

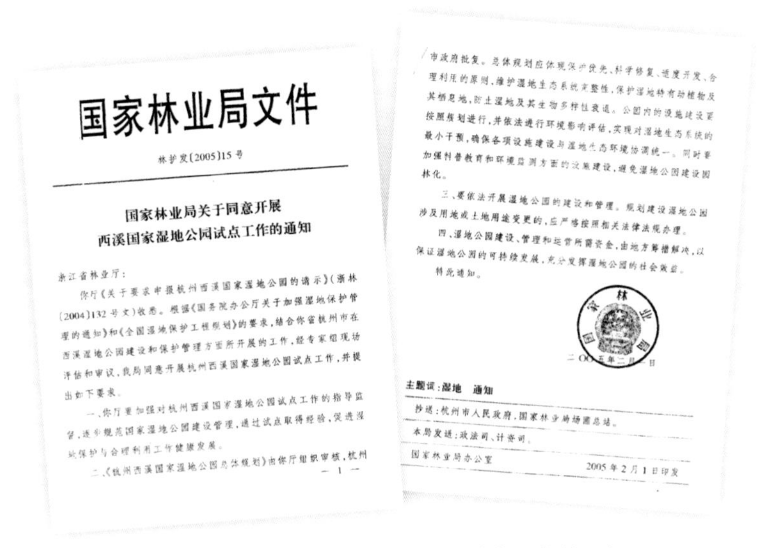

国家林业局文件

林护发〔2005〕15号

**国家林业局关于同意开展
西溪国家湿地公园试点工作的通知**

浙江省林业厅：

你厅《关于要求申报杭州西溪国家湿地公园的请示》(浙林〔2004〕132号文)收悉。根据《国务院办公厅关于加强湿地保护管理的通知》和《全国湿地保护工程规划》的要求，结合你省杭州市在西溪湿地公园建设和保护管理方面所开展的工作，经专家组现场评估和审议，我局同意开展杭州西溪国家湿地公园试点工作，并提出如下要求。

一、你厅要加强对杭州西溪国家湿地公园试点工作的指导监督，逐步规范国家湿地公园建设管理，通过试点取得经验，促进湿地保护与合理利用工作健康发展。

二、《杭州西溪国家湿地公园总体规划》由你厅组织审核，杭州

— 1 —

市政府批复。总体规划应体现保护优先、科学修复、适度开发、合理利用的原则，维护湿地生态系统完整性，保护湿地特有动植物及其栖息地，防止湿地及其生物多样性衰退。公园内的设施建设要按照规划进行，并依法进行环境影响评估，实现对湿地生态系统的最小干预，确保各项设施建设与湿地生态环境协调统一。同时要加强科普教育和环境监测方面的设施建设，避免湿地公园建设园林化。

三、要依法开展湿地公园的建设和管理。规划建设湿地公园涉及用地或土地用途变更的，应严格按照相关法律法规办理。

四、湿地公园建设、管理和运营所需资金，由地方筹措解决，以保证湿地公园的可持续发展，充分发挥湿地公园的社会效益。

特此通知。

二〇〇五年二月一日

主题词：湿地　通知

抄送：杭州市人民政府，国家林业局场圃总站。

本局发送：政法司、计资司。

国家林业局办公室　　2005年2月1日印发

国家林业局关于同意开展西溪国家湿地公园试点工作的通知

在西溪的实践，探索中国湿地公园的建设、管理和发展模式、方法和路径，特别是探索在有人类活动的环境下湿地生态系统怎么保护，已经受损、退化的湿地如何恢复，如何兼顾湿地保护和合理利用，如何为社会公众提供欣赏、游憩、休闲、教育等服务的湿地环境。既要保护并保持西溪湿地丰富的生物多样性，也要为公众提供在公园中了解湿地生态系统的生物多样性和文化多样性的机会。以试点的形式开展探索，通过西溪国家湿地公园的建设来摸索，在三个方面进行经验总结，并向全国推广：首先，在湿地公园建设方面，和自然保护区不一样，需要探索一条怎样建立国家湿地公园的路径；二是在制度建设方面，需要通过在西溪的探索，总结并形成一系列国家湿地公园的建设、管理的相关办法、制度，以规范未来的行业发展；三是在保护湿地生态系统的具体方法上，要探索出一套人与自然和谐的新方法，既兼顾湿地生态系统的保护，也能确保对自然资源的合理利用，为当地社会和公众提供福祉。

2005年2月2日世界湿地日当天，陈克林陪同时任国家林业局野生动植物保护司副司长严旬来到杭州西溪，并亲自将国家林业局同意开展西溪国家湿地公园试点工作的文件带到了杭州。自此，西溪湿地被确认将作为我国第一个国家湿地公园展开试点工作。

大刀阔斧：首家湿地公园试点的坚定探索

2005年4月30日，西溪国家湿地公园作为我国的第一个国家湿地公园（试点）正式开园。时任浙江省委书记、省人大常委会主任的习近平专门发来贺信，其中写道：“建设首个国家湿地公园，对于促进人与自然和谐相处，改善杭州城市生态环境质量，建设国际风景旅游城市，具有积极作用。”

2005年5月，西溪国家湿地公园一期正式建成并开园；2007年10月，西溪国家湿地公园二期开园；2008年10月，西溪国家湿地公园三期完工，占地11平方公里的西溪国家湿地公园整体推出，

杭州西溪湿地

与西湖一起，为杭州这个生活品质之城成功演绎了“双西共舞”的佳话。从2002年杭州市委、市政府作出了实施西溪湿地综合保护的决策，到2009年跻身国际重要湿地行列，在这7年中，西溪湿地的建设树立了一个又一个具有行业示范意义的里程碑。

在此期间，为恢复和保护西溪湿地典型的生态环境，保护工程对区域内现有的桑基鱼塘、柿基鱼塘和竹基鱼塘应保尽保，并修复和培育现有池塘、河汊、港湾等环境的次生态，保留了各类湿地生物的栖息地。据不完全统计，截至三期工程完工，共有57公里的河道得以疏浚，累计清淤470多万立方米，西溪水质提升了2～3个标准。随之而来的是，湿地内维管束植物从221种增加到1000多种，鸟类由79种增加到126种，湿地生态系统得以修复，生物多样性进一步显现。

8.4 太湖畔：

古城姑苏因为湿地而熠熠生辉

天赋使然：全国第一家市级湿地站的成立

丰富的湿地资源是大自然给予太湖畔的姑苏古城的丰厚馈赠。据不完全统计，苏州市辖区面积有近半数是不同类型的湿地。根据2009年的湿地资源调查结果，苏州市120亩以上的自然湿地加起来有403万亩，约占全市湿地总面积的79.2%，国土面积的31.66%。

然而，在工业化、城市化发展的过程中，苏州市近年来也曾出现过重开发利用、轻保护修复，大量自然湿地被任意侵占甚至破坏等问题。与此同时，水质和生态环境恶化，生物多样性退化等问题也日益凸显。为了遏制湿地被干扰和破坏、面积减少、功能退化、生物多样性受威胁等趋势，维护城市生态安全，2009年4月，苏州市成立湿地保护管理站（以下简称湿地站），这是江苏省首个独立建制的市级湿地保护机构，在全国也具有行业引领意义和示范价值。

江苏常熟沙家浜国家湿地公园

2009年4月22日马广仁在苏州湿地站成立揭牌仪式上致辞

有法可依：行政与制度双管齐下

苏州湿地站成立后，南京林业大学毕业的生态学博士冯育青被任命为站长，他和团队马上投入这场全新的挑战，并开始了他此后十几年与湿地相伴的事业和人生。冯育青发现，人们往往容易聚焦大面积的湿地，而相比而言更为脆弱敏感的小型的湿地斑块，特别是城市化地区的次生湿地，更易遭到破坏。

时任苏州市人大常委会农村经济工作委员会副主任的赵晓红回忆当年，依然感叹最大的困难来自湿地保护和管理的相关规章制度不健全不清晰。“虽然当时国家出台的相关法律中有不少涉及湿地的条款，但大多数是原则性的，对于具体的湿地保护管理工作的开展的直接帮助有限。很多我们面临的具体问题，找不到合法保护的制度和法律依据。而与此同时，湿地保护与城市发展和开发建设之间的矛盾日益突出，仅仅依靠行政的手段难以实现湿地保护的目标，必须呼吁开展湿地保护立法，依靠法治的健全实现有效的管理。”

很快，得益于苏州市人大积极推动，2011年11月26日江苏省第十一届人民代表大会常务委员会第二十五次会议批准，确定《苏州市湿地保护条例》（以下简称《条例》）于2012年2月2日正式实施。《条例》的出台和实施，进一步明确了湿地保护行政管理主体，重点对重要湿地认定、湿地征占用管理、湿地保护专家委员会组建、湿地生态红线制度实施等问题作了具体规定。很多面临开发威胁的湿地，终于在《条例》的支持下得到了有效保护。

有了规矩，自成方圆。在《条例》的指导和湿地站的积极工作下，苏州市的湿地保护和管理日渐规范。有了《条例》的保障和引领，苏州各地各级政府都更加积极主动地开展湿地保护，生态环境质量日益改善，野生动植物也日益增多。

江苏省人大常委会文件

苏人发〔2011〕59号

关于批准《苏州市湿地保护条例》的通知

苏州市人民代表大会常务委员会：

《苏州市湿地保护条例》已由江苏省第十一届人民代表大会常务委员会第二十五次会议于2011年11月26日批准，请予公布施行。

江苏省人民代表大会常务委员会
2011年11月26日

— 1 —

苏州市湿地保护条例

湿地之城：全国拥有国家湿地公园最多的地级市

作为长江三角洲高度城市化和发达地区的重要城市，苏州市的湿地保护面临着平衡发展和保护的重大挑战，而建设湿地公园则为这个问题提供了切实可行且行之有效的解决方案，可以说，湿地公园是较发达城市化地区开展湿地保护的最重要形式之一。截至2020年年底，苏州市已建设市级及以上湿地公园21个，划定湿地保护小区84个，全市自然湿地保护率从2010年的8%提升至目前的64.5%。其中6个国家湿地公园全部通过试点验收，长期以来一直是全国拥有国家湿地公园最多且湿地公园建设管理也成效卓著的地级市。

在2012年出台的《苏州市湿地保护条例》的基础上，依据条例，苏州市同年推出了《苏州市湿地公园管理办法》，创新性地提出了湿地公园星级评分制度。

考评体系正式启用后，不仅要对各个湿地公园评价打分，还

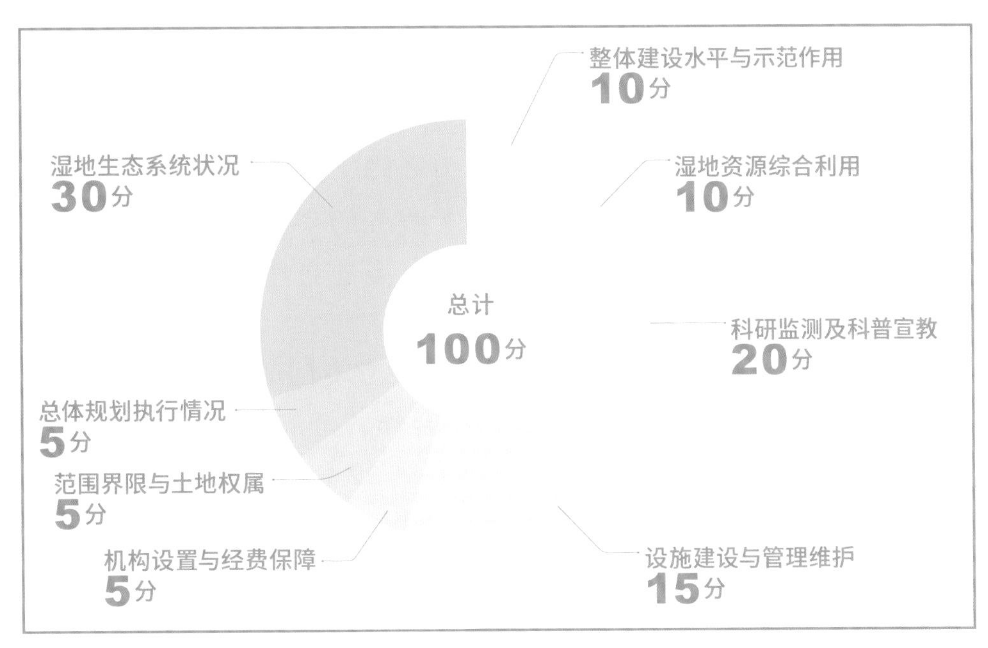

湿地公园星级评分制度

要进行排名，并将调查结果汇编成为《苏州市湿地保护情况年报》上报市委市政府，同时向社会公布。通过这套评价体系的运用，有效推动了湿地公园的科学管理。

湿地公园生态修复助力太湖治理

通过持续几年的监测发现，太湖湖滨国家湿地公园是水质好且微生物多样性丰富的典型，而且水体净化能力较强。研究发现这要归功于沿岸线建设的总长度3.5公里的离岸间断隔离带，减缓内外水体的交换速度，让湿地里的微生物有充足的时间净化水体，也有利于提高湿地的生物多样性。湿地公园的近岸隔离带生态修复方式，也为太湖治理提供了一个好的科学解决策略。

科普宣教，探索湿地自然教育的苏州模式

从2012年开始，苏州先后依托常熟沙家浜、太湖湖滨、吴江同里、昆山天福等国家湿地公园创建了10所湿地自然学校，也是第一批“苏州湿地科普宣教基地”。湿地志愿者队伍由此成立，目前已有70多人。志愿者参与湿地公园生态讲解员培训、湿地水鸟观测等。此外，还组织编写了《苏州四季野花》《苏州常见鸟类66种》《苏州常见蜻蜓、蝴蝶、水生植物卡片》等科普读物和乡土教材。湿地自然学校以湿地为教室、自然为校园、志愿者为老师，为市民提供自然体验、环境教育、志愿者服务的平台，创造条件让公众参与湿地自然观察、湿地科普调查、湿地自然创作、湿地义务巡护等活动。

苏州市吴江区的同里国家湿地公园设立专门的宣教部门，与香港、台湾等地环境教育专业团队长期合作，开展了解说系统规划，开发出“湿地探秘”“守护湿地”等系列22套自然教育课程方案，成为国内开展面向学生、亲子家庭、企业团队、社区居民等目标人群，提供一年四季全覆盖的湿地公园自然教育的行业典范。仅2020年，同里国家湿地公园就举办了80余场不同主题的公众自然教育活动，服务近2000人次，其中，“同里湿地夏日自然探索季”系列活动和“湿地飞羽啾啾雀鸣”夏令营等活动社会反响良好，已经成为一票难求的品牌产品。公园用环境解说的方法梳理公园的湿地和生物多样性保护价值，编写出版的《水润同里：同里湿地自然导览》在苏州诚品书店发布，联合苏州电视台“看苏州”节目通过直播的方式开展宣传教育，年度累计观看人数达30余万人次。

苏州湿地鸟类调查　江苏同里国家湿地公园

8.5 各展芳华：国家湿地公园联盟的协同奋进

在行业高速发展的同时，解决好湿地公园规范化建设管理、保护和发展关系的平衡等问题，变得越来越紧迫。此外，由于湿地公园发展速度太快，相关能力建设、宣传教育的工作难以完全跟上，管理部门人力有限，难以为所有湿地公园提供一对一的指导。此时，各地的湿地公园，特别是一些新申报的单位在建设发展过程中遇到一些现实问题但无从下手解决，于是他们开始相互学习，彼此借鉴，通过“老带新”的方式，主动学习和发展。但这些交流依然是自发而松散的，效果有限。在此过程中，一些起步比较早、发展比较成熟，有一定经验、影响力又具有高度使命感的湿地公园开始主动思考：面对中国湿地公园蓬勃发展的态势，他们可以做些什么去推动这个行业的健康和持续发展呢？

回忆起这段历程，广州海珠国家湿地公园管理局的蔡莹主任感慨万千：“2015年海珠湿地通过试点验收正式成为国家湿地公园之后，我们一直在思考未来的发展方向。我们通过承办多次国家湿地公园建设管理培训班，向国内同行展示生态建设管理经验，更作为中国大陆唯一的国家湿地公园代表登上国际舞台，在第十届国际湿地大会上作专题汇报。但这个时候我们也看到，仅有自己的成功和发展是不够的，我们更希望看到整个国家湿地公园的事业能够得到推动。”当时国家湿地公园发展速度飞快，每年都有上百家新的国家湿地公园加入试点，但是湿地公园之间的交流和学习非常有限，虽然每年都有相关的培训，但能够覆盖的公园比例不高，培训所能实现的交流深度和广度都有所局限。“我们强烈感受到湿地公园需要一个家，让大家一起学习分享，相互支持，彼此温暖！”此时，区湿地办主任李东强同志抛出了一个创意：通过成立湿地公园联盟的形式搭建一个交流互助的平台，总结湿地行业各种可借鉴推广的经验模式，通过轻松活泼的方式分享给全国各地的湿地同仁们，并组织大家相互交流学习，让大家学习怎么把湿地工作做好的同时，更被联盟所营造的热爱湿地事业的“家庭氛围”所感染。

这个想法一经抛出，就得到了行业内的积极呼应和相关部门的高度认可。湿地中心马广仁主任曾有一番提纲挈领的寄语：“湿地保护是一个内涵非常丰富的工作领域，而湿地公园作为特殊的保护地类型，其推动发展需要有专门的组织机构。希望联盟能够开创我国湿地公园建设管理的崭新局面，将其发展建设成为保护之地、教育之所、陶冶之园。”因此，紧密联合，以具有先进示范意义的湿地公园代表带动我国各层次湿地公园实现更好更快发展，成为联盟成立的初衷和使命。

2017年5月，在中国湿地保护协会的牵头与指导下，四川邛海、广州海珠、杭州西溪、河北北戴河、江苏沙家浜、贵阳阿哈湖、北京野鸭湖、重庆汉丰湖、黑龙江富锦等9家具有全国代表性、影响力的国家湿地公园共同发起的中国国家湿地公园创先联盟在广州成立。这9家发起单位，各具特色，既有我国第一家湿地公园，也有湿地公园后起之秀；既有城央湿地典范，也有高原湖泊湿地成功案例；既有湿地与旅游双赢模式，也有湿地修复与科研创新示范；既有政府管理、财政支持保护模式，又有商业合作开发保护模式；既有国内外专家智慧支持力作，又有自有团队摸索实践的成功作品。

此外，联盟还接收云南普者黑喀斯特国家湿地公园、新疆玛纳斯国家湿地公园、吉林牛心套保国家湿地公园、湖南长沙洋湖国家湿地公园、湖北江夏藏龙岛国家湿地公园、江苏昆山天福国家湿地公园6家特邀单位，并与世界自然基金会、台北关渡自然公园、香港米埔自然保护区、新加坡国家公园局双溪布洛湿地保护区、英国WWT、国家高原湿地研究中心、重庆大学、中山大学、华南师范大学、华南农业大学、广州大学、广东财经大学、阿里

中国国家湿地公园创先联盟

联盟性质：在中国湿地保护协会的指导协调下，在湿地保护修复、合理利用、科普宣教、运营管理、生态旅游等方面具有全国领先水平或者行业及区域影响力的国家湿地公园，自愿组成的业务交流平台以及协同合作组织。

联盟宗旨：为贯彻落实习近平总书记系列重要讲话精神，践行绿色发展理念，推进生态文明建设与美丽中国建设，推动《湿地保护修复制度方案》落地生根，紧密联合成员单位统一思想，促进国际国内交流合作，加强技术与管理创新，发挥示范引领作用，形成模式，输出经验，促进湿地公园成为保护之地、教育之所、陶冶之园，带动我国各层次湿地公园实现更好更快发展。

联盟口号：“湿地+”，更精彩

组织结构：设立联盟大会、秘书处、专家小组和特邀单位席位。

成员要求：首要的入会条件是正式挂牌国家湿地公园，在湿地保护修复、科普宣教、科研监测、运营管理等方面具有全国领先水平或者行业及区域影响力。

工作内容：

1. 搭建合作平台。建设公共平台和协作机制，提供宣传展示平台，促进互相学习交流、协同合作，实现资源共享、活动共办、品牌共建、信息互通、人员互联。

2. 创新工作方式。借鉴、优化、创新国家湿地公园运营管理、人才引进、经费筹措等制度机制以及技术实践，不断创新灵活开展、组织联盟活动，充分体现联盟先锋性。

3. 发挥引领作用。探索践行“湿地”理念，试验推广湿地保护前沿技术，丰富湿地合理利用内涵，拓宽湿地发展模式道路，引领湿地未来发展方向，并形成模式，输出经验，影响带动我国各层次湿地公园实现更好更快发展。

4. 参与国际交流。联盟代表我国国家湿地公园的先进水平，积极开展国际对话交流，展示中国国家湿地公园风采，输出中国案例和模式，提升中国湿地公园国际影响力以及全球知名度。

巴巴公益基金会、深圳市华会所生态环保基金会、原本自然、广州自然观察协会等32家国内外组织建立合作关系。

联盟的创立，开创湿地联合发展的新模式，以其示范引领作用带动中国湿地保护事业发展。

2017年5月25日，中国国家湿地公园创先联盟在广州成立

共塑联盟情谊，开启“湿地+”新模式

这个暑假，四川西昌的邛海湿地里飘来了粤语的嬉笑声，来自联盟兄弟单位海珠湿地的游学团如期而至，带领着一群广东的青少年来探寻高原湿地的魅力。由海珠湿地、杭州西溪、四川邛海、江苏沙家浜等联盟单位联合组织的游学班，自启动以来立刻成为所在城市暑假的热门活动，每年吸引上百人次中小学生参与其中，走出家乡、走进自然，参访不同地域的湿地风光，感受祖国的大好河山。这是中国自然教育的创新探索，更是联盟湿地大家庭协同合作，践行“湿地+”理念，共绘的成功画卷。

聊起联盟“湿地+”，作为发起人之一的蔡莹感慨良多：“每当工作遇到挑战甚至难以推进的时候，我都会第一时间想起联盟的各地同仁，他们总是有自己的经验心得可以给我启发和借鉴，还有的同仁工作条件艰苦，但始终专注而投入，想到他们，我就会心中一暖，感觉备受鼓舞！”联盟争先创优引领湿地发展，但与其说这里是“前辈”带领后来者共同进步，不如说大家在联盟的平台上良性互动，共同成长更贴切。

作为湿地先行者的杭州西溪、广州海珠等湿地工作起步早，在保护修复、管理建设、自然教育等方面形成了自己独到的模式，能为其他地区的湿地后起之秀提供经验借鉴。但后起之秀们也是铆足了劲往前奋进，更何况中国地大物博，湿地的类型丰富，景观多元，可以说每一块湿地都有自己独特的魅力。在联盟大家庭中，没有长幼强弱之分，更多的是大家彼此开放的交流，相互学习和借鉴，共同探讨问题的解决方案。就是这种精神力量，感动着联盟大家庭的每个成员一起奋勇向前。而也正是因为联盟搭建了这个平台，给予了全国各地湿地更多展示的机会，才让社会理解湿地的重要性和湿地保护的紧迫性，也赢得了各地政府、研究机构等社会各界的重视。

互帮互助，互联互访，互相鼓舞促进，“湿地+”这样的温暖情谊，是联盟成员单位之间的重要联结，更是湿地公园事业的精神体现。联盟的平台让更多湿地公园能够汲取养分，各展芳华，同时将大家的心紧紧地聚在一起，将湿地的精彩传递给更多人，也让大家共同的湿地事业更加闪光出彩，开启了湿地行业合作共赢的新模式。

海珠湿地：从濒临“消失”到城央湿地的华丽蜕变

水网交织，鱼鸟天堂，在广州的城市中央，有一块面积十多平方公里的自然胜地，这里是广州“绿心”，是中国最美的城央湿地——广州海珠国家湿地公园。

回眸过去：万亩果园岌岌可危

翻开海珠湿地纪念画册，你可能惊讶这里昔日竟是这般模样：水浊泥污，河道堵塞；荒芜脏乱，人迹罕至；果树老死，果园失收……

20世纪末的海珠湿地不断被开发建设破坏、蚕食，面积锐减，环境恶化，曾经的万亩果园岌岌可危，当地村民的生活质量也受到巨大影响。如今，在海珠湿地工作的莫叔回忆当年，一家人只能住在30多平方米的小屋里，靠一两亩地的收成维持生计。环境恶化和经济落后使得正在寻觅发展空间的新兴企业敬而远之，海珠湿地成为广州市飞速发展中一块被遗忘的地方。

为破解这个难题，海珠区曾尝试租赁土地建设果园，也探索过用土地融资等方式开展保护，但都因为无法协调好自然保护和开发建设的关系，更难以妥善处理社区发展问题，效果都不甚理想，未能从根本上解决问题。

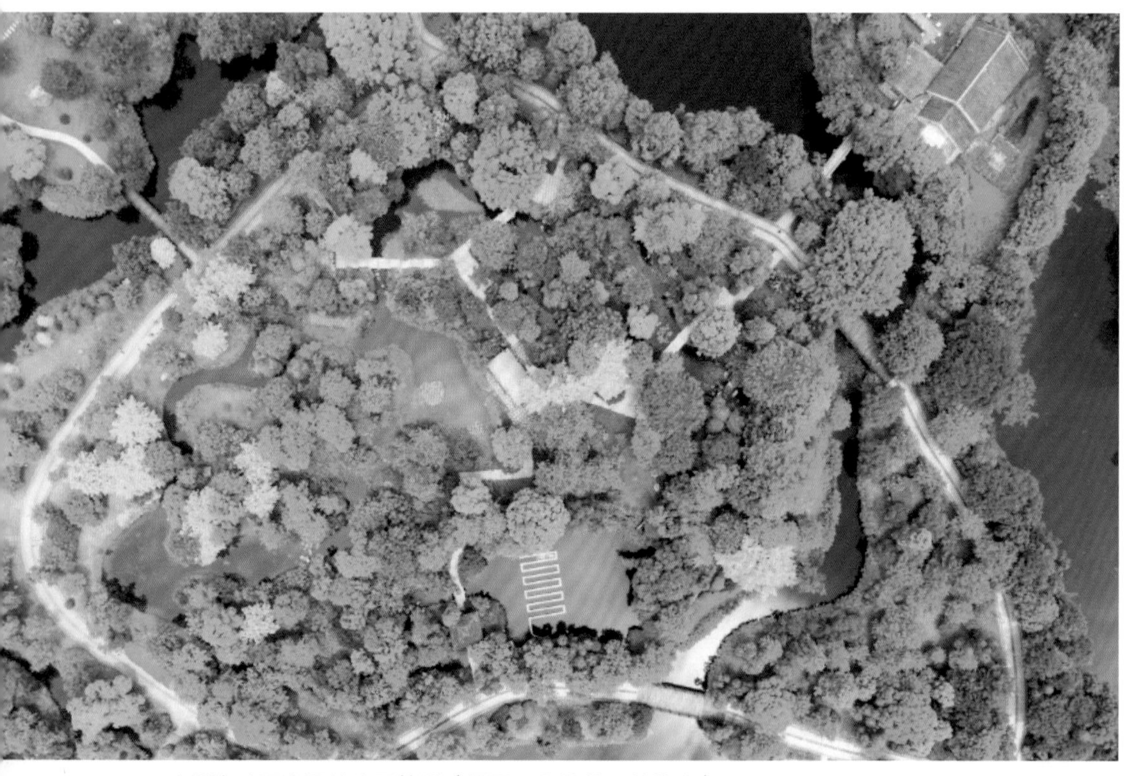

广州海珠国家湿地公园俯瞰（摄影：邱伟荣、苏俊杰）

力挽狂澜：都市果林涅槃重生

拍卖土地可得百千亿，修复保护却得持续投入，选哪个？广州市、海珠区政府毫不犹豫地选择了后者。海珠湿地的重生故事，也因此成为中国城市开展湿地保护的一个教科书般的案例。

2012年，为拯救万亩果园，在省、市政府的大力支持下，海珠湿地获国土资源部批准成为全国首例“只征不转”生态实施项目，将这块地作为永久性生态用地保护起来。这是海珠区有史以来面积最大、涉及人口最多的一次征地，仅用1个月时间，便完成征地签约工作，实现征地群众零上访和零投诉。

当然，海珠湿地在建立之初条件非常艰难，当时仅从相关部门临时抽调了9个工作人员组成征地团队。在人员缺乏、专业缺位等问题面前，他们没有退缩和推脱，而是主动作为，以不屈不挠的顽强斗志和不胜不休的坚定决心，不仅高效圆满地完成了征地工作，还通过调查研究，迅速决策要以建设国家湿地公园的方式来保护海珠湿地。

“最初，我对海珠湿地申报国家湿地公园是有疑虑的：地处大都市中心，有自然资源禀赋建国家湿地公园吗？”指导海珠湿地建设的西南林业大学田昆教授回忆说。他很高兴自己亲历并见证了海珠湿地建成以来的变化。

分区管治：开放与保护并行

走进海珠湿地，路边、水边、林中，时不时能看到一些小房子，这些都是湿地的监测站点。海珠湿地由海珠湖及39条河涌组成，是典型的江心洲与河流、涌沟、果林镶嵌而成的复合湿地系统。这么大的范围，必须利用科技手段来进行统筹监管。

“海珠湿地共建有固定监测站14座、水质人工监测断面32个、永久监测样地网格9个，分别对湿地的空气、水质、土壤、生物多样性等进行监测。”海珠湿地科研宣传教育中心高级工程师范存祥解释，“生态修复工作需要反馈才能改进，科研监测手段对精细化管理来说，很有必要。”

24小时自动监测、预警提醒、数据实时传送……通过监测、修复，目前，湿地内水质基本从Ⅴ类提升到Ⅲ类，部分指标达到Ⅱ类水质标准，也有效改善了中心城区的空气环境。湿地蓄水能力约200万立方米，借助自然潮汐，2天可自然置换水体1次，基本可以解决湿地周边城区雨洪排涝问题。

为兼顾人们康体休闲和野生动物栖息地保护修复的双重需求，处理好湿地保护与合理利用关系，海珠湿地分为核心保护区、限制开放区和公众开放区，每年能接待1000万名市民游客。

“海珠湿地从一个不被专家看好的非典型湿地开始，一步一个脚印地探索，每时每刻一直进行着自然的变化，发展成为现今中国湿地的模范之一，是城央生态文明建设的模板。我一年来4次，次次都有不一样的变化。”重庆大学生态学教授袁兴中说。

海珠湿地工作人员积极创新、拓展工作方法，将一个个方案变成现实，形成具有海珠特色的湿地修复技术体系和模式，打造出了生态、自然、美丽的湿地生态系统。

如今，这里百年老树重新结果，鸟类数量增长了150%。海珠湿地以卓越的保护成效获得了中国人居环境范例奖等多项全国荣誉，牵头成立了中国国家湿地公园创先联盟，成为湿地保护典范。

2009年（左）与2018年（右）海珠湖卫星图对比（来源：央广网）

绿色赋能：激活老城区生态价值

海珠湿地坚守了“绿水青山”，也引来了“金山银山”。

唯品同创汇园区与海珠湖无缝衔接，优美的生态环境成为园区最大的吸引力之一。“来看过海珠湿地之后，企业落户广州的信心更强了。”广州仲量联行物业服务有限公司高级董事马炜图表示，海珠湿地是他带领投资者游览广州的首选地。

令人瞩目的是，海珠湿地的生态效应已转化为创新经济的聚集效应，成了吸引高端企业和人才的“金字招牌”。据统计，2016年以来，已有26家世界500强企业、大型央企及上市公司的项目在海珠湿地周边聚集，吸引了腾讯、阿里巴巴、小米、科大讯飞等一批互联网领军企业的核心业务，总投资达725亿元，形成了广州新落户企业的“湿地效应”现象。

十年来，从饱受侵蚀、濒临“消失”的万亩果园到“具有全国引领示范意义”的国家湿地公园，再到“打造全国最好、全球标杆性城央湿地”，海珠湿地展现了海珠区、广州市生态文明建设的新成果，一幅湿地与特大城市和谐共生的美丽新图景逐渐呈现。海珠湿地不断彰显“政治、生态、文化、社会、经济五大效应”，守护广州生态安全，传承发扬岭南文化，传播生态保护理念，集聚高端企业，助力经济发展，成为生态文明典型示范，且发展空间和潜力无限。

邛海：从人进水退到高原湿地明珠的绿色转型

邛海国家湿地公园位于被称为中国月亮城、中国航天城和小春城的四川省西昌市，距离城区不足1公里，属于典型的位于城市中心区域的国家湿地公园。随着城市的不断发展，大量的湿地在城市化进程中被蚕食，“人进湿地退”仿佛是城市进化的必然选择，城市发展与湿地保护矛盾突出，邛海湿地也曾经面临被污染、被占用、被破坏的巨大挑战。

2014年通过验收的邛海国家湿地公园以保护西昌城市饮用水源地和高原断陷湖泊湿地为目标、以推动城市转型绿色发展为方向、以凝练绿色发展为主题，是守护长江上游生态安全的重要生态屏障，更是湿地保护与发展双赢的典范。今天，以生机勃勃的邛海湿地为核心的西昌市，已经形成了山、水、城相依相连的景观格局，让城市行走在山水之间，不仅彰显出人与自然的和谐相处，也是“生态文明”最生动的诠释。

坚持政府主导，持之以恒推动邛海生态保护

为保护母亲湖，自20世纪90年代末开始，历届四川省、凉山彝族自治州、西昌市党委、政府大力实施邛海生态环境保护工程，树立了“修复一片湿地，救活一个湖，造福一方百姓”的治理理念，建立完善州、市、乡、村四级河长制，以美丽邛海为目标，实施立法保障、规划引领、生态搬迁、流域综合治理等措施，让城市发展与邛海生态保护协同共生，邛海生态环境得到全面修复。对邛海实施抢救性保护，完成了邛海1～6期湿地保护与修复工程。邛海水域及湿地面积从2006年不足27平方公里恢复到34平方公里，湖水水质从Ⅲ类全面恢复并稳定在Ⅱ类，形成了山、水、城相依，人与自然和谐相融的独特生态环境。

雪后的邛海湿地

邛海湿地前后对比图

坚持保护修复，生态、社会、经济效益同步提升

通过各级党委、政府多年持续对邛海湿地生态系统修复与保护，2014年，邛海被财政部列入《全国良好型湖泊生态环境保护目录》和典型案例，2015年，邛海被环境保护部划定列入生态保护红线区，被国家林业局列入重点建设国家湿地公园，成为国家湿地保护与恢复的典型案例。同时，邛海先后荣获“国家级旅游度假区”“国家生态文明教育基地”“国家环保科普基地”“国家生态旅游示范区”“全国首批示范河湖”“长江经济带最美河流（湖泊）”“美丽河湖”等数十项国家级以上荣誉称号，更被人民日报社主办《中国经济周刊》誉为国家湿地公园的“四颗明珠”之一。

所有的成功和荣誉都来之不易。作为始终参与其中的邛海湿地保护中心杨军主任，对此感触良多。受制于大凉山地区的社会经济发展水平，湿地公园建立之初人手和资金都较为紧张，面对繁重的公务，一直以乐观积极的态度专注其中，甚至团队人手紧缺，很多工作超负荷时，他也从不气馁、从不放弃，而是不断苦练内功，有时候甚至一个人干出一支队伍的气势和成效。回想这一切，杨军感触最深的就是来自联盟大家庭的帮助和支持：当筹办论坛人手不足时，联盟秘书处组建了临时团队专门来到邛海驻地协助杨军落实会议组织的大量行政工作，并在会议期间承担起会务等多项具体任务；在工作推进遇到障碍时，联盟专家组的成员组成“重点建设湿地公园指导工作组”专门奔赴邛海，协助湿地公园做通上层主管领导和部门的工作；联盟研学营期启动后，海珠湿地、沙家浜湿地等单位的研学团都率先来到邛海，既是传经送宝，也是通过实际行动去影响当地政府，赢得更多支持。

北戴河国家湿地公园：人与自然和谐共生的时空轮回

站在鸽子窝鹰角亭向西北眺望，15000亩沿海防护林区中掩映着一片池塘星罗棋布的湿地，与鸽子窝脚下的大潮坪遥相呼应，芦苇摇曳、百草丛生，潮滩鱼虾蟹贝聚集，引来万鸟驻足。这里就是我国伴海而建的河北北戴河国家湿地公园。

如今的北戴河国家湿地公园湿地类型多样，有浅海水域、淤泥质海滩、河口水域、永久性河流、洪泛湿地、坑塘湖泊和沼泽湿地等多种湿地类型，与周边的海滨国家森林公园构成了湿地、森林等多样生态系统的和谐自然景观。园区内生态系统多样，四季分明，为众多野生动物提供了栖息繁殖场所。

北戴河国家湿地公园及其周边区域已成为我国北方良好湿地生态环境的标杆区域，也是开展科学研究、生态文明教育和湿地保护科普教育的重要基地。

然而，很多人并不知道北戴河国家湿地公园的创建经历了怎

鸟瞰河北北戴河国家湿地公园

样的人与自然和谐共生的时空轮回。

北戴河国家湿地公园所在地，其前身是有着近70年历史的沿海防护林区南端。这片15000亩沿海防护林是20世纪50年代秦皇岛人民在退海沙地上用辛勤的汗水历经十几年的时间一棵一棵栽种下的，让昔日的“沙窝子”变成了“小树林”，又从“小树林”变成万亩林区。生态防护林降伏了漫天黄沙，北戴河避暑胜地宜居区向北延伸了10公里，迁徙的候鸟也纷纷来此安家落户。这片土地经历了第一次人与自然和谐共生的时空轮回。

20世纪80～90年代，随着区域人口的不断增加和生产经营活动的范围不断扩大，防护林区周边村民自发地在林间空地上兴建民宿、增添游乐设施、开挖淡水养殖塘、建立加工作坊。区域内生产和生活污水横溢，人与候鸟争夺生存空间，大潮坪的底栖动物品种和数量锐减。当地人民在退海沙地上用了近70年时间构筑的滨海生态系统岌岌可危，使北戴河“著名的避暑胜地”“中国观鸟之都”“世界四大观鸟地之一”的美誉蒙尘。

面对严峻的形势和巨大的压力，能不能再次实现人与自然和谐共生的又一次时空轮回，河北省和秦皇岛市走在了备考的路上。

2005年，我国第一个国家湿地公园的诞生，为这片恢复中的湿地探索创新性的保护模式提供了契机。2009年，《河北北戴河国家湿地公园总体规划》编制完成；2011年，北戴河国家湿地公园

河北北戴河国家湿地公园

（试点）获批。

创建北戴河国家湿地公园为这片举世瞩目的滨海湿地保护寻找到了可靠而稳定的发展模式，随之而来的就是如何利用国家湿地公园的管理机制，通过保护与恢复、科普宣教、科研监测和社区融合等方面的工作，加快保护进程、扩大社会影响力。面对这一系列专业性强、人员素质要求高、可借鉴经验有限的问题，时任北戴河国家湿地公园管理处负责人的赵海彤主任现在回顾起来也还是心情难以平复，她说："北戴河国家湿地公园创建之初，形势紧迫、压力大、头绪多，这个模式能不能解决好这片湿地的保护问题，社会在看，周边的老百姓也在看。当时正值全国上下贯彻落实党的十八大精神，习近平总书记提出的不忘初心、砥砺前行和撸起袖子加油干为当时北戴河国家湿地公园管理处统一思想、凝心聚力起到了关键性的作用，这绝对不是喊口号，而是北戴河国家湿地公园管理处工作一路走来的切身体会。"时任国家林业局湿地保护管理中心主任的马广仁在北戴河国家湿地公园实地调研后，意味深长地对管理处的工作人员说："这个国家湿地公园坐落在著名的北戴河避暑胜地，区位特殊，十分敏感。这已经不是

河北北戴河国家湿地公园

赵树丛局长在北戴河国家湿地公园调研

干不干的问题，而是要想办法干好。起点要高、水平要高、效率要高，要利用北戴河的区位优势，通过北戴河国家湿地公园建设，让社会各界了解湿地，了解湿地保护的重要性。”

在国家林业局的指导下，北戴河国家湿地公园确立了“以融合资源补短板、以科普宣教作突破、以扩大影响为导向”的工作思路。

北戴河国家湿地公园创建初期缺少专业技术人员，因此，难以在短时间内满足管理工作和科研能力提升的需要。面对这一必须补齐的短板，湿地公园管理处利用北戴河的区位优势，与中国林业科学研究院、北京林业大学、河北大学、重庆大学、东北大学、东北林业大学等高等院校的湿地保护研究机构联合，在北戴河国家湿地公园共建科研教学基地，将北戴河国家湿地公园典型的湿地资源与各院校湿地保护的科学研究资源融合在一起，通过相互促进、资源共享、成果分享，使双方各自的工作在短时间内取得了良好的成效。

通过资源融合，不仅使北戴河国家湿地公园的管理工作能力和科研工作水平在短时间得到了质的提高，而且为今后的发展奠定了坚实的基础。

科普宣教工作是国家湿地公园的工作职责之一，也是国家湿地公园服务社会的主要途径。北戴河国家湿地公园的科普宣教工作充分利用区位优势，用一个一个发生在自身的小故事，讲清湿

北戴河涨潮时浅滩上的鸟

地保护的大道理。同时，发挥园区湿地类型多样性的特点，开展稻作体验、鸟类迁徙观测、池塘生境探索、植物标本制作等形式多样的系列科普宣教活动，引导访客在亲近湿地自然环境的过程中学习湿地科学知识，掌握湿地保护技能。根据发生在园区的迁徙鸟类保护事例制作的纪实科教片《白小鹭的故事》和《鸿雁一家人》，打动了每一位观看者，唤起了人们对保护湿地、保护自然、保护野生动物的责任心。

华侨城湿地——“政府主导、企业管理、公众参与”

深圳，别称鹏城，这座集经济特区、中国特色社会主义先行示范区、粤港澳大湾区核心城市等多区叠加的国际一线城市，它的国家湿地公园创建之路也与其他地方有所不同。广东深圳华侨城国家湿地公园（简称“华侨城湿地”），是于2016年通过国家林业和草原局评审开始国家湿地公园试点工作的，并于2020年年底通过国家林业局和草原局验收成为全国面积最小、深圳市首个国家湿地公园。

而在此之前，地处深圳繁华中心区的华侨城湿地，前身是深圳湾的原始海岸线，是由20世纪90年代深圳湾填海工程留下的一片滩涂，与香港米埔自然保护区、福田红树林保护区同在深圳湾，形成规模宏大的城市生态圈，这也是国际候鸟迁飞通道上的重要中转站之一。2007年，华侨城集团受深圳市政府委托接管这片珍稀湿地，秉持“生态环保大于天”的理念，开始建设这片受损的湿地。整体建设以候鸟保护为核心，以“保护、修复、提升”的原则，历时5年，耗资逾2亿元，对这片湿地进行保护性修复、持续性提升。

2012年，华侨城湿地完成整体园区修复建设，以“网上预约、免费开放”的运营模式正式对外开放。在开始对外运营的同时，湿地的团队也思考湿地管理的理念、公众与湿地之间的联系，不断地实践，将“零废弃”“无痕湿地”“还自然一个自然的状态”等理念融合于湿地管理之中，维持湿地生态系统和功能的完整性和自然性，让超1500种动植物在都市中央自在地繁衍生息，也让公众近距离体验自然之美。

2014 年，全国第一家自然学校，华侨城湿地自然学校成立，以打造自然教育界中的“黄埔军校”为目标，秉承“一间教室，一套教材，一支环保志愿教师队伍”的“三个一”运营模式。华侨城湿地确立了“保护为基、教育为魂”的核心理念，以湿地保护的红树林、候鸟等丰富的生态元素为教材，通过自然体验活动，搭建社会各界践行生态环保行动的开放性公益平台，改变都市人生活方式，践行企业社会责任，“让环保成为一种生活习惯，让公益成为一种生活方式”。

华侨城湿地经过多年的培育，从志愿者招募、培训以及服务都形成规范的体系。志愿者们从起初的引导、讲解服务，到井盖绘画、手作步道制作为园区增添风采，再到课程研发、带领及生境调查、改造，点燃志愿者激情的同时，也发挥大家的特长，形

深圳华侨城湿地（摄影：欧阳勇）

成“全园教育”。除了环保志愿老师队伍，湿地还培育了青少年志愿者、暨南大学服务队等多支队伍，更有“志二代”、志愿者家庭共同在此服务，一代代地延续传承，共同成长。2023年，随着国际红树林中心落地深圳，华侨城湿地自然学校成立首批国际环保志愿教师队伍，从代表湿地服务公众到代表深圳、代表中国向国际迈进。志愿者的绿马甲已经成为华侨城湿地的一面旗帜，在访客面前热情服务，也在大家看不到的背后默默整理资料，同时在湿地的宣传上留下精彩的文字及图案。志愿者们将他们的精神与对这片湿地的热爱深度地融入湿地的运营中来，将湿地编织成一个属于大家的精神家园。

截至2023年年中，华侨城湿地自然学校已培育环保志愿教师15期、青少年志愿者5期，共计700余人次，开展教育活动近万场次，直接参与公众近百万人次。9年来，自然学校携手环保志愿教师研发针对不同年龄、不同季节的多元化课程，现已开发包括“我的家在红树林”等37个系列教育课程、177个教育方案，教育活动覆盖从幼儿园、小学、中学到大学的各个年龄段的学生和成人受众。华侨城湿地自然学校还与深圳市各职能局联合举办生态讲堂、“自然艺术季”等丰富多样的主题活动，也由此获得“国家级滨海湿地修复示范项目”“全国中小学环境教育社会实践基地”“中国人居环境范例奖”“中国青年志愿服务项目大赛全国赛银奖”“梁希科普奖（活动类）”、全球首批“明星湿地中心”等嘉奖。

华侨城湿地开创“政府主导、企业管理、公众参与”的管理模式，通过湿地将企业与社会的力量集结于一起，共同探索都市人与自然和谐共生的新范本，获评“三个最”（最小、管理最好、最有特色）、“三个特色”（管理理念、自然教育、志愿者），开启了国家湿地公园新征程，也树立了自然学校示范标杆，成为自然教育领域全国的先行示范。

深圳华侨城湿地自然学校志愿者为公众进行教育活动（摄影：华侨城湿地）

黑龙江三江湿地及野生莲花塘（摄影：陈建伟）

第九篇

星火燎原

——让湿地保护进入更多人的视野

水润万物生辉，
最美上善若水。

9.1 依托环保节日的公众宣传和国际联动

世界湿地日

为了纪念1971年2月2日《湿地公约》在伊朗海滨城市拉姆萨尔的签订及其对全球范围湿地和水鸟保护行动的政府间合作的推动，并增强社会公众的湿地保护意识，1996年，《湿地公约》常务委员会第19次会议作出决议，从1997年起，将每年的2月2日定为“世界湿地日”。

我国加入《湿地公约》后，从国家到地方的各项湿地保护工作不断开展，而湿地作为一种与人们生活息息相关的生态系统，其可持续的保护还要依靠公众的积极参与。回首20多年前，对于中国的公众来说，“湿地”还是一个非常陌生的专业学术概念。在这样的背景下，“世界湿地日”无疑成为一个向公众普及湿地知识、引导公众认识与了解湿地、提高公众湿地保护意识并激发行动的重要契机。

由于我国每年最盛大的传统节日——春节往往在2月前后，“世界湿地日”的各种活动便也往往伴随着公众的年节喜庆气氛而开展。为了抓住这个一年一度的宣传契机，从国家层面的湿地中心到地方的湿地工作者们总是从春节前就开始积极部署与准备：成立工作领导小组，制定活动方案与执行计划，建立运转协调反应机制，落实宣传与推广活动。

2007年2月2日，国家林业局与世界自然基金会、《湿地公约》秘书处共同在北京举行第十一个世界湿地日的庆祝活动。时任全

世界湿地日主题

2008 健康的湿地，健康的人类

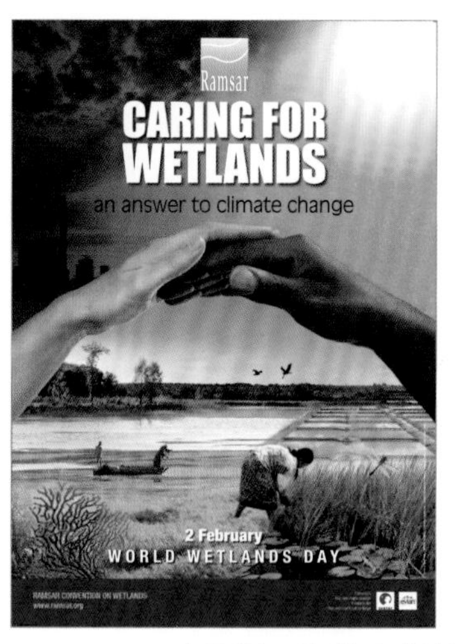

2010 湿地、生物多样性与气候变化

2007 湿地与鱼类

2009 从上游到下游，湿地连着你和我

2011 森林与水和湿地息息相关

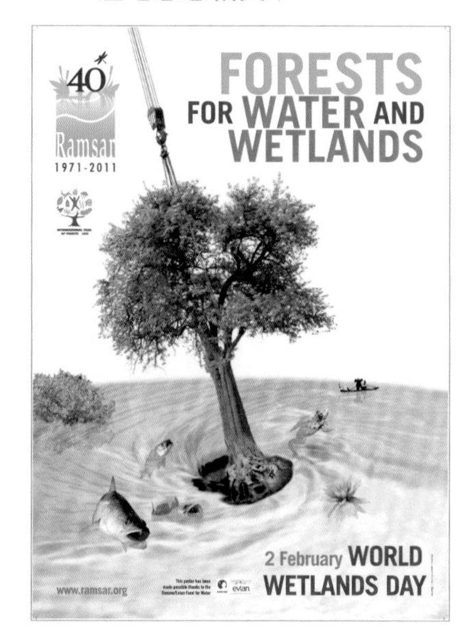

2012 湿地与旅游

2014 湿地与农业

2016 湿地与未来：可持续的生计

2013 湿地和水资源管理

2015 湿地：我们的未来

2017 湿地减少灾害风险

2007年世界湿地日主题活动现场

国政协副主席的张思卿和国家林业局局长贾治邦出席会议并发表重要讲话，时任国家林业局副局长赵学敏主持活动，体现了中央对湿地保护事业的高度重视。张思卿副主席指出："保护湿地是一项关系国家生态安全和人类生存发展的伟大事业。我们一定要从全面建成小康社会的大局和经济社会可持续发展的战略高度出发，进一步认识湿地保护的重要意义，切实抓好湿地保护的各项工作，推动经济社会与人口资源环境的协调健康发展。"贾治邦局长强调，中国的湿地保护工作还面临着巨大的挑战，需要做好保护、恢复、合理利用、制度建设、宣传教育和国际交流合作等6个方面的工作。湿地公约秘书长布里奇华特、世界自然基金会中国首席代表欧达梦出席活动并讲话。

国家发展和改革委员会、财政部、科学技术部、建设部、国土资源部、水利部、农业部、国家环境保护总局、国家海洋局等有关方面的代表，联合国粮农组织、世界自然保护联盟、湿地国际等国际组织的代表，国家林业局各司局负责人，各省（自治区、直辖市）林业厅（局）代表，以及湿地使者、关心湿地保护事业的企业界人士和社会人士共200多人参加了庆祝活动。

自此之后，每年的2月2日——世界湿地日成为我国湿地保护领域最重要的公众节日，中华人民共和国国际湿地公约履约办公室、国家林业局宣传办公室等单位都会联合举办结合当年湿地日主题的大型宣传和庆祝活动，并且多次邀请到国家领导人、国家林业局和相关部门、国际组织的负责人出席，体现了我国从政府到社会各界对湿地日的高度重视。不仅如此，履约办公室还积极发动全国各省（自治区、直辖市）林业和湿地主管部门在当地开展面向公众的湿地日宣传活动，通过庆祝活动、科普展会、摄影展、教育活动等形式，将中国湿地的美好，湿地面临的威胁和挑战，以及湿地保护事业的意义，传递给更多社会公众：一方面展示湿地的魅力，另一方面也警示着人们湿地所面临的危机，并呼吁所有人提高认识、从自身做起，参与到对湿地保护的行动中来。

世界湿地日庆祝活动在京举行

《光明日报》（2008年02月04日08版）

本报北京2月3日电（记者郑北鹰）国家林业局与联合国开发计划署、世界自然基金会2日在北京共同举行第12个“世界湿地日”庆祝活动。中国有6块湿地经《湿地公约》组织确认为国际重要湿地，至此中国已有国际重要湿地36处。

中国新增的6处国际重要湿地是：上海长江口中华鲟湿地自然保护区、广西北仑河口国家级自然保护区、福建漳江口红树林国家级自然保护区、湖北洪湖省级湿地自然保护区、广东海丰公平大湖省级自然保护区、四川若尔盖国家级自然保护区。

今年世界湿地日的主题是“健康的湿地，健康的人类”。联合国环境署、联合国粮农组织、欧盟和有关国际组织、国家政府代表参加了庆祝活动。中国湿地科普摄影展也于即日在中国科技馆开展。

云南省楚雄彝族自治州在世界湿地日开展现场宣传活动

志愿者在向公众宣讲《云南省湿地保护条例》的内容

不仅如此，世界湿地日也吸引了越来越多的研究机构、高校等科研院所、植物园、动物园、科技馆等各类科普场馆，以及热心环保公益的企业，和各类社会组织、志愿者团体的广泛参与。“世界湿地日”的庆祝和宣传，也不再仅仅限于当年的主题和口号，更多的和当时、当地的湿地保护重点工作和核心目标紧密结合起来，真正成为公众了解湿地保护管理规划、湿地立法、湿地保护区和湿地公园建立进展等信息，并且有机会以志愿者等身份参与到湿地保护事业中的平台和窗口。

爱鸟周

湿地和水鸟，相生相伴，彼此相依，在保护和管理中从来就是缺一不可的。为了更好地开展湿地水鸟的保护和宣传，特别是学习世界其他国家和地区的经验，更好地发挥社会公众的关注和参与，爱鸟周就成为一年一度最为全国各地公众喜闻乐见的主题公众宣传活动。

爱鸟周最早的设立，源于1981年国务院批准了林业部等8个部门《关于加强鸟类保护执行中日候鸟保护协定的请示》报告，要求各省（自治区、直辖市）都要认真执行，其中就包含设立“爱鸟周”的内容。1992年，国务院批准《陆生野生动物保护条例》，其中正式将“爱鸟周”以法律法规的形式确定下来。由于我国幅员辽阔，各地的气象、物候、环境条件各不相同，适宜开展鸟类观察和宣传活动的时间也有所差异，因此爱鸟周并不设定全国统一的时间，而是规定各地在每年的2月底至5月初内选择某一个星期为当地“爱鸟周”开展活动即可。

“爱鸟周”活动开展以来，在向群众普及鸟类科学知识，宣传保护鸟类资源、推动护鸟工作以及促进社会主义精神文明建设方面，都收到了良好的成效，成为我国湿地和野生动物保护事业的标志性品牌宣传教育活动。每一年的爱鸟周，全国各省（自治区、直辖市）都会开展独具地方特色的活动，每年累计全国都有数百万人直接参与，取得了非常积极的社会影响。这得益于国家林业局和各级政府领导重视以及各有关部门的紧密配合；得益于伴随着社会经济基础不断提升后越来越丰富的宣传和活动形式；得益于越来越多的青年队伍前赴后继地加入湿地和野生鸟类保护的团队中来；得益于各项法规制度的不断完善和落实，以及各项宣传推广工作的持续推进。

经过40多年“爱鸟周”活动的开展，社会公众爱鸟护鸟的意识得到了显著的提高，也有越来越多公众和社会力量加入关注鸟类、爱护鸟类和它们的赖以生存的栖息地等保护行列中来。而随着我国湿地及其生物多样性保护体系的不断完善以及湿地保护与恢复工作的成效凸显，湿地鸟类的数量和种类不断提高，湿地和水禽保护事业积极有效开展，爱鸟周成为推动着我国生态文明建设事业发展过程中亮眼的一笔。

部分省、自治区、直辖市的爱鸟周时间

月份	省、自治区、直辖市	时间
2月	广西	2月22—28日
3月	贵州	3月1—7日
	广东	3月20—26日
	福建	3月25—31日
4月	北京	4月1—7日
	江西	4月1—7日
	湖南	4月1—7日
	湖北	4月1—7日
	宁夏	4月1—7日
	云南	4月1—7日
	四川	4月2—8日
	上海	4月4—10日
	浙江	4月4—10日
	山西	清明节后第一周
	陕西	4月11—17日
	天津	4月12—18日
	江苏	4月20—26日
	辽宁	4月22—28日
	吉林	4月22—28日
	河南	4月23—27日
	山东	4月23—29日
	甘肃	4月24—30日
	黑龙江	4月24—30日
5月	河北	5月1—7日
	安徽	5月1—7日
	青海	5月1—7日
	内蒙古	5月1—7日
	新疆	5月3—8日

中国湿地文化节

自2007年国家林业局湿地保护管理中心成立以后，我国的湿地保护和管理事业不断发展、完善，由湿地自然保护区、国际重要湿地、国家湿地公园、湿地保护小区等形式组成的全国湿地保护网络体系初步形成，自然湿地有效保护的比例不断提高。但是，中国湿地仍然面临着面积缩小、功能衰退、生物多样性锐减等严重威胁，恢复和保护好湿地生态系统任重而道远。为了全面展示宣传中国湿地保护成果、加强湿地生态保护、弘扬中国湿地文化、增强全民湿地保护意识、动员全社会积极参与中国湿地保护，中国湿地文化节应运而生。

2009年，首届中国湿地文化节在浙江省杭州市成功举办。自此，中国湿地文化节每两年举办一次，第二届和第三届中国湿地文化节分别在江苏省无锡市和山东省东营市举办。

中国湿地文化节的举办，得到了中华人民共和国国际湿地公约履约委员会成员单位的大力支持，吸引了来自全国各省（自治区、直辖市）和新疆生产建设兵团林业主管部门、四大森工集团、有关国际组织，以及全国各国际重要湿地和国家湿地公园代表积极参与，受到中央和地方各新闻媒体的广泛关注，层次高、规模大、影响深，是中国湿地保护和生态文化发展的盛会。来自全国各地的湿地工作者们共聚于此，在重要领导的发言中感受国家对湿地工作的重视；在专家论坛中学习最前沿的湿地保护与管理知识；在行业同僚中交流工作经验与心得。中国湿地文化节对促进各级政府和领导重视保护湿地和发展生态文化，推动湿地保护在经济社会发展中的主流化进程，增强社会公众湿地保护意识等具有十分积极的现实意义。

中国湿地文化节不仅是湿地人的聚会，更是将湿地展示给公众的最好机会。湿地摄影征文比赛、摄影图片展、湿地论坛等多种多样的形式，让公众直观地认识与了解到湿地、感知到湿地之美，同时也让湿地的价值与意义呈现在每一位公众面前。

中国湿地文化节既是中国湿地工作者与公众的一次盛会，也是向世界展示中国湿地保护成果、传递中华大地上湿地保护理念的平台。每一届的中国湿地文化节上，都有一项重要的环节——颁发国际重要湿地证书。加入国际重要湿地，既凸显了我国湿地的重要生态价值，也是我国推动湿地保护与管理的承诺。

中国湿地文化节的举办，是我国的湿地保护与管理工作发展到一定程度的产物，它既体现了政府机构对湿地工作的重视，也是湿地工作者们交流与互动的平台，更是将专业的湿地保护与管理工作展示给公众的窗口，让湿地的保护与管理真正地深入每一位公众的心中。

第二届中国湿地文化节暨亚洲湿地论坛合影

第二届中国湿地文化节湿地中心全体人员和江苏代表合影

青少年儿童积极参加湿地文化节

9.2 中国湿地博物馆的筹备和建成

“千顷蒹葭十里洲，溪居宜月更宜秋”。在第一届中国湿地文化节上，有一件重要的具有里程碑意义的事件，就是经过2年建设，位于杭州西溪湿地的中国湿地博物馆，于2009年11月2日正式开馆。这是中国第一个湿地主题的专业型博物馆，更是第一个以“国家”命名的湿地领域的博物馆。该馆建筑面积20200平方米，展厅面积7800平方米，分设序厅、湿地与人类厅、中国厅和西溪厅4个主题展厅，系统展示了丰富多彩的世界湿地及其生态系统功能、中国典型湿地的奥秘、湿地面临的问题及威胁、全球湿地保护行动特别是中国政府在湿地保护上取得的成就，以及西溪国家湿地公园的建设成就。展馆设计奇特新颖，凝聚了日本矶崎新工作室、美国佳莱阁展示设计公司等国内外优秀设计团队的智慧结晶。建筑既隐于西溪湿地之中，与西溪湿地浑然一体，又傲然挺立于碧波之上，呈现出勃勃生机。它的功能与西溪国家湿地公园相生相辅，构成了室内与室外、实景与虚景、历史与现代相结合的湿地生态科普科研基地。

作为国内唯一一家“国字号”的湿地博物馆，自诞生那一刻起，中国湿地博物馆就不仅要高标准地开展自身的建设管理，更肩负了传播湿地科普知识，引领湿地文化发展前沿，将国内湿地保护成果推向国外、推向世界的重任。要做大做强湿地和博物馆这两大文章，杭州西溪中国湿地博物馆建成后就一直在探索如何从策划展会、搭建平台、承办活动入手，争做引领行业更好地传播湿地文化的领头羊。

中国湿地博物馆（来源：网络）

中国湿地博物馆集中展示中国的国际重要湿地（来源：网络）

集中展示国内国际重要湿地，传播湿地文化

随着湿地保护管理事业蒸蒸日上，全国各地纷纷兴建了各类湿地自然保护区、湿地公园、湿地博物馆和湿地宣教中心等相关机构。然而，单体的展示机构相对于全国众多湿地来说是远远不够的，为此，中国湿地博物馆一直在积极探索和推动搭建一个国内各湿地之间能集中交流与展示的平台，从而进一步整合全国湿地资源，展示中国的湿地之美和湿地保护管理成果。

2011年10月28日，经过半年多时间的周密筹划和反复完善，中国国际重要湿地展示会在杭州西溪湿地隆重拉开帷幕。这是我国首次对当时国内所有的国际重要湿地进行全面展示的一次盛会，也是一个我国湿地保护管理成就展示、交流和学习的崭新平台。这次展示不仅介绍了湿地资源特色，展示了湿地的魅力，更宣传了我国在湿地保护管理，特别是国际重要湿地保护管理方面的成就，在全社会进一步树立起了湿地保护意识，从而加强公众保护湿地的自觉性和主动性，推动我国湿地保护事业迈上新台阶。展示会还有效地扩大了湿地文化的影响力，以湿地文化带动当地旅游业发展，以湿地生态旅游形式促进湿地保护工作，从而为湿地保护管理和可持续利用作出新的贡献。

创办全国湿地类博物馆联谊会和《国家湿地》杂志

在组织行业展会、论坛的基础上，在国家林业局湿地保护管

理中心和杭州市委领导班子的高度肯定和大力支持下，中国湿地博物馆又进一步大胆创新，组建全国湿地类博物馆联谊会，并于2010年10月成功召开了联谊会成立大会，来自北京、上海、天津、山东等11个省（直辖市）的17家湿地类型的博物馆单位成为联谊会成员，中国湿地博物馆被推选为会长单位。联谊会的建立，标志着我国湿地保护又诞生了一股新生力量。

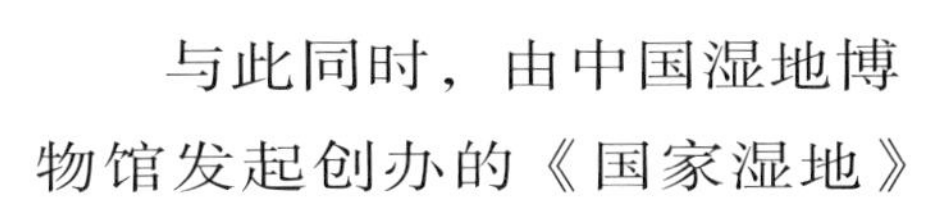

与此同时，由中国湿地博物馆发起创办的《国家湿地》杂志以高品质的内容在全国湿地界赢得了良好的口碑。杂志内容丰富，涵盖了湿地展示、湿地科普、湿地人文、湿地研究和湿地动态等各个方面，每期发行量达4000册，投递范围覆盖北京、上海、广东、新疆等30个省（自治区、直辖市）。刊物发行以来，得到了社会各界读者和全国各地区湿地保护单位的广泛赞誉。这本刊物的面世，填补了国内湿地综合刊物的空白。

面向国际承办活动，提升美誉度

中国湿地博物馆面向国际积极争取承办活动，在国际大舞台进一步展示自己。2010年举办了“美丽城区”品牌塑造创意发想会，来自澳大利亚、日本、新加坡和国内的创意大师们齐聚博物馆，为西湖区打造“美丽城区”献计献策；成功举办了2010年上海世博会城市最佳实践区案例馆馆长“西湖沙龙”活动，来自日本大阪、意大利威尼斯、法国巴黎等全球42个城市案例馆馆长和代表齐聚一堂，交流经验与心得；在上海国际博物馆协会大会期间，通过组织展览，向来自世界各地的3000多名博物馆代表展示和宣传自己，其间有世界300多家博物馆单位的代表实地参观了中国湿地博物馆。此外，韩国博物馆协会、美国湿地专家代表团、香港湿地公园等纷纷慕名前来参观交流，开展国际交流合作，使中国湿地博物馆的美誉度在国际上得到了有效提升。

中国湿地博物馆（摄影：俞肖剑）

9.3 序曲：
沿海湿地万里行

自2007年国家林业局湿地保护管理中心成立以来，全国的湿地保护开展的声势日盛。为了体现各部门齐抓共管携手推进湿地保护并展示湿地保护的成就，综合处的邓侃处长向马广仁主任建议，以中国履行《湿地公约》国家委员会的名义组织《绿色时报》《人民日报》《光明日报》等主流媒体开展湿地保护万里行采访宣传活动。

活动第一波次采访对象类型是沿海湿地，起名为“2010沿海湿地万里行采访活动”，并设计了专门的标识。从辽宁始发沿海岸线经河北、天津、山东、江苏、上海、浙江、福建、广东、广西和海南，采访沿海的港口、湿地自然保护区。联合主办活动的单位有国家林业局、交通运输部和国家海洋局。交通运输部为记者团采访有关港口和乘坐海轮提供了极大的帮助。采访活动受到各中央主流媒体和记者的积极响应，《人民日报》记者潘少军，人民网记者梁彩恒、杜燕飞，《人民日报》（海外版）记者周小苑、黄抗生，新华社记者刘羊旸、汪伟、胡苏，《光明日报》记者冯永锋，《绿色时报》记者刘娜薇、尚文博、张一诺参加了不同阶段的采访。

“2010沿海湿地万里行采访活动”标识

由于采访路线长，这次采访分成三个阶段。湿地中心综合处闫晓红具体负责安排行程和陪同协调。但是由于人手紧张，在不同阶段则委托《绿色时报》的张一诺记者和尚文博记者作为领队负责组织协调。在记者团到达深圳福田自然保护区采访时，邓侃专程代表马广仁主任从北京赶去看望慰问记者们。整个采访活动从8月启动，12月底结束，安全顺利，成果丰富。据不完全统计，共在《人民日报》、人民网、《光明日报》、新华社、《中国绿色时报》发表报道39篇。

采访活动结束后，湿地中心特地以“中国履行《湿地公约》国家委员会”的名义向交通运输部和国家海洋局发函致谢，并向国家林业局领导提交了活动总结报告。国家林业局领导对此次湿地主题的全国性宣传活动的成功举办及其产生的积极社会影响给予了高度肯定。

2010沿海湿地万里行采访活动各媒体报道

人民网

1.“2010沿海湿地万里行”采访活动正式启动（记者：梁彩恒）

2.“2010沿海湿地万里行”采访团走进双台河保护区（记者：梁彩恒）

3.独特的辽宁红海滩（记者：梁彩恒）

4.大黄堡湿地保护区：注册商标供农民使用（记者：梁彩恒）

5.河北沧州南大港湿地：一块原始的“净土”（记者：梁彩恒）

6.黄河三角洲自然保护区：理顺体制 加强科研（记者：梁彩恒）

7.天津古海岸与湿地国家级自然保护区缩水近2/3（记者：梁彩恒）

8.写意寿光林海（记者：梁彩恒）

9.海口港：港口建设与环境保护相协调发展（记者：杜燕飞）

10.林业局副局长印红：我国湿地生态功能继续退化（记者：梁彩恒　杜燕飞）

11.国家林业局局长贾治邦要求务必加强湿地保护宣传，务必立法，处理好投资与利用关系，加强机构建设（记者：梁彩恒　杜燕飞）

12.马广仁：“十一五”期间湿地保护投入高达90亿（记者：梁彩恒）

13.《湿地保护条例》有望“十二五”期间出台（记者：梁彩恒　杜燕飞）

14.福建闽江河口湿地：美丽飞羽的驿站（记者：杜燕飞）

15.盐田国际：创新港口科技，建设绿色港口（记者：杜燕飞）

16.海南东寨港自然保护区：呵护好留在陆地上的碧浪（记者：杜燕飞）

17.广东内伶仃福田自然保护区:栖息在都市的保护区（记者：杜燕飞）

18. 厦门港：港口开发建设为海洋生态环境保护让路（记者：杜燕飞）
19. 北仑河口自然保护区：展示我国湿地保护成果窗口（记者：杜燕飞）
20. 山口红树林自然保护区：多方参与推动保护区发展（记者：杜燕飞）

《人民日报》

1. 湿地："摇钱树"还是"调节器"（记者：潘少军）

《人民日报》（海外版）

1. 北部沿海湿地探寻记[2010沿海湿地万里行（1）]（记者：周小苑）
2. 走进红树林——华南沿海湿地踏访记[2010沿海湿地万里行（2）]（记者：黄抗生）
3. 这里是麋鹿的家园——江苏大丰麋鹿国家级自然保护区纪实[2010沿海湿地万里行（3）]（记者：黄抗生）
4. 打造鸟类的天堂——上海崇明东滩鸟类国家级自然保护区见闻[2010沿海湿地万里行（4）]（记者：黄抗生）

新华社

1. "2010沿海湿地万里行采访活动"启动（记者：刘羊旸）
2. 全国沿海湿地万里行首站走进辽宁湿地（记者：汪伟）
3. 中国近五成自然湿地得到有效保护（记者：汪伟）
4. 我国约49.6%自然湿地得到有效保护（记者：胡苏）
5. 新华通讯社国内动态清样：我国湿地保护工作面临四方面挑战（记者：胡苏）

《光明日报》

1. 湿地，寻找"保护盟友"（记者：冯永锋）

《中国绿色时报》

1. "2010沿海湿地万里行采访活动"启动（记者：刘娜微）
2. 观鸟双台河口：东亚—澳大利亚候鸟迁徙驿站（记者：刘娜微）
3. 南大港湿地：封闭式管理还湿地原始风貌（记者：刘娜微）
4. 唐海湿地：生态移民还给鸟儿一个家（记者：刘娜微）
5. 咱的湿地咱巡护——天津大黄堡湿地自然保护区义务巡护员工作实录（记者：刘娜微）
6. 迈过三道坎，保护红树林（记者：张一诺）
7. 溱湖湿地渔娘不选美女选村姑(记者：尚文博)
8. 围剿互花米草还鸟类一片天堂(记者：尚文博)

9.4 华夏巡礼：美丽中国·湿地行

为了展现我国在湿地保护领域所取得的巨大成就，探索湿地保护的先进经验，唤起公众珍爱湿地、守护湿地的意识和行动意愿，推动我国湿地保护事业的发展，由中央电视台主办，国家林业局湿地保护管理中心提供专业支持的大型公益活动“美丽中国·湿地行”于2013年5月10日正式启动。活动的主题是：湿地，生命因你而美丽。

党的十八大报告提出“努力建设美丽中国”的宏大构想，将生态文明建设放在突出位置，融入经济建设、政治建设、文化建设、社会建设各方面和全过程。中央电视台推出大型公益活动“美丽中国·湿地行”，就是为了倡导生态环境保护，共同建设美丽中国，将宣传“十八大”精神与创新推出新节目和活动相结合，打造社会效益和经济效益双赢，既体现时代精神又展现央视品质的精品节目和大型活动。活动内容主要包括启动仪式、“魅力湿地”的征集推选、纪录片展播、颁奖典礼等内容。其中，中央电视台中文国际频道还将活动所走访的湿地风采拍摄和制作成为50集大型系列片《走遍中国湿地行》和10集纪录片《魅力湿地》，集中展示全国各地湿地的风采。中央电视台综合频道、新闻频道、中文国际频道在《新闻联播》《新闻直播间》《中国新闻》等栏目中先后多次报道记者们在此次实地走访中寻找发现的魅力湿地典型案例。

最终，组委会在本次活动候选单位中推选出“魅力湿地”入围单位20个，经过网络公示，专业评委会全体会议再依据生态系统完整性、生物多样性、环境保护、景观特色、湿地文化底蕴、科学研究价值、生态经济与社会功能等标准，从20个入围湿地中最终推选出10个“魅力湿地”，并于2013年10月在中央电视台举办颁奖典礼，并组织热心社会公益的企业为10个“魅力湿地”进行公益资助。

央视启动“美丽中国·湿地行”活动

《光明日报》(2013年05月13日07版)

本报北京5月12日电（记者苏丽萍）中央电视台10日在京启动2013年“美丽中国·湿地行”大型公益活动，活动内容包括“魅力湿地”的征集推选、纪录片展播、颁奖典礼等。其中，央视中文国际频道《走遍中国》栏目将制作50集大型系列片《走遍中国·湿地行》和10集纪录片《魅力湿地》，综合频道、新闻频道、中文国际频道的《新闻联播》《新闻直播间》《中国新闻》等栏目将对整个拍摄过程进行追踪报道。9月中旬，组委会将推选出20个“魅力湿地”在官网公示候选，9月下旬将评定10个“魅力湿地”，10月下旬颁奖。组委会将组织企业对推选出的10个“魅力湿地”给予公益资助，用于湿地的生态保护和宣传教育。

“美丽中国·湿地行”大型公益活动充分运用电视、报纸、网络等多种媒介形式，通过发动社会各界寻找最美湿地，展现湿地的自然美、生态美、人文美；通过挖掘人与自然的情感与故事，着重表现执着守护湿地、探索湿地奥秘、与湿地建立特殊感情的人物故事，塑造屏幕经典，从而展开一幅人与湿地和谐共生的美丽画卷。活动的成功举办不仅有效地向社会公众传播了湿地保护相关的理念，也成功地打造了湿地主题的公益传播品牌，使之成为扩大社会影响力，提升主流媒体传播力、引导力的重要举措。活动为建设生态文明和美丽中国营造了更加良好的舆论氛围，也成为公众参与生态文明建设的重要平台和公益活动典范。

红树林，白芦苇，云深鸥鸟飞。

高原蓝，草场绿，湾浅鱼虾肥。

海之源，江之尾，风清山叠翠。

天地人，分不开，相逢酒一杯。

我家依水而居，相伴年年岁岁，杨柳含烟绿风吹，水润万物生辉。

一叶小船入梦，万点波光妩媚，荷香深处不思归，最美上善若水。

——**“美丽中国 · 湿地行”主题歌《水美图》**

拍摄过程中的故事

从我国东部的水泽平原，到西部的冻土高原，从热带到温带，湿地以各种各样的面貌展示着其丰富多彩的美。湖泊、沼泽、河流、红树林……湿地呈现的是一种怎样的美？如何在湿地中展示中国之美？这样一道道难题出给了节目摄制组的编导、摄影和相关工作人员。

2013年7月11日至7月20日，摄制组编导刘定晟、摄像苏本珑等一行4人在前期踩点的基础上，走进我国西部内陆干旱与半干旱地区最重要的湿地生态类型自然保护区——张掖黑河湿地国家级自然保护区取景拍摄。

张掖黑河湿地地处河西走廊中部、黑河冲积扇形成的三角洲之上，湿地类型多样，原生态特征突出。这里既有“千里冰封、终年积雪”的北国风光，又有“田畦交错、河渠纵横”的江南景致；既是“农耕植茂、瓜果遍地”的鱼米之乡，又是“举步踩塘、抬头见苇”的天然湿地。

7月虽是盛夏，摄制组却要面对高温酷暑和高原风雨轮番进攻，几天下来先后深入甘州、临泽、高台等重点湿地区域以及黑河源头——八一冰川等地进行现场采访、取景、拍摄，不仅记录

摄制组在张掖八一冰川进行拍摄（来源：湿地中国网）

纪录片呈现戈壁环境（来源：湿地中国网）

了各类湿地的自然美景，也记录了湿地保护，特别是防沙治沙、抵抗恶劣气候等方面所面临的挑战。在八一冰川，摄制组更是完整而生动地记录了戈壁、沙漠、冰川、湿地相互依存的独特的生态关系，以及当地人与湿地相伴相生的生活方式、民俗风情和文化积淀，用镜头真实展现了高原湿地的卓绝自然风貌和独特魅力。

中国十大魅力湿地

2013年10月31日，在孩子们纯真婉转的合唱中，“美丽中国魅力湿地——中国十大魅力湿地颁奖典礼”在中央电视台启幕，时任国家林业局局长赵树丛，时任国家海洋局副局长王飞，中国工程院院士李文华、刘兴土，时任联合国开发计划署驻华代表处国别副主任何佩德等为获得“十大魅力湿地”称号的单位颁奖。

经过半年的拍摄，丰富多样的湿地面貌终于与广大人民群众见面：原来，湿地是这么美；原来，湿地是这么多样；原来，湿地中有这么多故事！活动组委会以“价值是否突出、形态是否典型、物种是否独特、保护是否有力”为评选标准，结合网上投票数据，最终推选出“中国十大魅力湿地”，上榜湿地在生态系统完整性、生物多样性、环境保护、景观特色、湿地文化底蕴、科学研究价值、生态经济与社会功能等方面都很突出。网络投票得到了全国乃至全球关注湿地人们的响应，十几天的时间，共有6亿多人参与了投票。

中国“十大魅力湿地”评出

《中国绿色时报》2013年11月4日本报讯记者焦玉海报道

聚焦湿地，关爱地球之肾；守护家园，最美上善若水——10月31日，中国十大魅力湿地颁奖典礼在中央电视台举行，国家林业局局长赵树丛，国家海洋局副局长王飞，中国工程院院士李文华、刘兴土，联合国开发计划署驻华代表处国别副主任何佩德等为获得“十大魅力湿地”称号的单位颁奖。

一丛捧在怀里摇曳的芦苇、一个简单的奖杯，在轻快的音乐声中，广西北海山口红树林国家级自然保护区、黑龙江扎龙国家级自然保护区、辽宁盘锦双台河口国家级自然保护区、新疆巴音郭楞州巴音布鲁克国家级自然保护区、浙江杭州西溪国家湿地公园、宁夏银川沙湖自然保护区、云南红河哈尼梯田国家湿地公园、福建福州闽江河口湿地国家级自然保护区、山东济宁微山湖国家湿地公园、澳门湿地等获得中国“十大魅力湿地”称号的单位代表上台领奖。

颁奖典礼在童声合唱《太阳之城》中拉开帷幕，《一个真实的故事》《那溪那山》《在水一方》《水美图》《HEAL THE WORLD》……在甘萍、李谷一、巫启贤、宋祖英、熊汝霖和金润吉等著名歌手的优美歌声里，颁奖典礼带着观众走进一块块珍稀美丽的湿地，感受湿地物种的丰富多彩和湿地守护者的感人故事。颁奖典礼由中央电视台著名主持人李瑞英、鲁健主持。

一丛捧在怀里摇曳的芦苇、一个简单的奖杯，在轻快的音乐声中，广西山口红树林国家级自然保护区、黑龙江扎龙国家级自然保护区、辽宁盘锦双台子河口国家级自然保护区、新疆巴音布鲁克国家级自然保护区、浙江杭州西溪国家湿地公园、宁夏银川沙湖自然保护区、云南红河哈尼梯田国家湿地公园、福建福州闽江河口湿地国家级自然保护区、山东微山湖国家湿地公园、澳门湿地等获得中国“十大魅力湿地”称号的单位代表上台领奖。《一个真实的故事》《那溪那山》《在水一方》《水美图》……在一位位歌唱家优美的歌声里，颁奖典礼带着观众走进一块块珍稀美丽的湿地，感受湿地物种的丰富多彩和湿地守护者的感人故事。

颁奖典礼当晚还公布了10个获得“特别关注奖”的湿地，包括：黑龙江三江国家级自然保护区、吉林向海国家级自然保护区、西藏玛旁雍错湿地国家级自然保护区、四川若尔盖湿地国家级自然保护区、青海青海湖国家级自然保护区、黑龙江珍宝岛湿地国家级自然保护区、湖北洪湖湿地国家级自然保护区、江苏盐城湿地珍禽国家级自然保护区、江苏姜堰溱湖国家湿地公园、江西鄱阳湖国家湿地公园。

“美丽中国　魅力湿地——中国十大魅力湿地颁奖典礼”现场

9.5 湿地与我，一路同行

湿地中国，网聚同行者

在我国湿地保护和管理事业发展的过程中，作为信息发布、传播、交流等平台，湿地中国网站发挥了非常重要的作用。时任国家林业局湿地保护管理中心主任马广仁谈到网站建设的初衷时十分感慨，他说，湿地保护事业在我国起步较晚，社会对湿地的认识程度远不及森林和海洋，湿地保护意识也远没像森林保护那样深入人心。为了改变这种现状，我们一直将加大湿地保护的宣传教育力度作为工作重点。

除了传统的宣传媒体电视、广播、报纸、期刊等形式，当时互联网技术刚刚开始在社会公众中普及，也慢慢吸引了较大规模的人群，特别是一些年轻人。2007 年 6 月，世界自然保护联盟（TNC）邀请湿地保护管理中心和部分省（自治区、直辖市）的湿地主管部门负责人和学者赴美考察湿地保护，途中，时任中心综合处处长的邓侃与TNC项目负责人田昆教授探讨如何更好地运用新的互联网技术开展湿地保护宣传，两人一拍即合，决定TNC将资助湿地中心建设湿地保护和宣传的专业网站，这也就是2008 年 2 月 2 日正式面世的湿地中国网站。

湿地中国网的受众主要来源于两个群体：行业管理者和社会公众

为服务第一个群体，湿地中国网将加强管理、提供服务作为重要内容。他们及时将不涉密的文件在网上发布，利用留言系统对部署的相关工作进行详细解释说明，使基层工作人员可以准确把握全国湿地保护工作脉络，提高了工作效率。同时，对一些重要湿地建立免费专栏进行针对性服务，例如，详细介绍当地的景点特点、文化历史、风土人情、交通、食宿等情况，发布有关单位的招工信息和旅游项目招商信息等。这些做法有效地推进了工作，受到了基层单位和网民的好评。

针对第二个群体，网站以开展活动吸引各方关注和参与。结合学习实践科学发展观活动，“湿地中国”与西溪国家湿地公园联合举办了“科学发展、保护湿地，西溪湿地杯写作摄影竞赛”。配合西溪湿地公园开展了“杭州市民体验日活动”，举办了有众多在校大学生参加的“湿地使者行动”的网上竞标、答辩等活动。为进一步扩大网站的受众面，2008年12月2日，湿地保护管理中心与《人民日报》网络中心签署协议确立合作伙伴关系。人民网专门开设“湿地”专栏，湿地中国网拥有该专栏信息完全的审核权和发布权，所有在湿地中国网发布的信息会同步在人民网“湿地”栏目上体现。这种完全充分的授权在人民网是唯一的一次，需要决策者有极大的担当，也是对当时湿地保护管理中心团队高度的信任，这在国家各部委中都是鲜见的。湿地中国网与人民网合作，为在更高层面宣传湿地保护事业提供了平台，为党和国家领导人关注湿地保护工作，了解基层湿地保护状况提供了更加直接和高效的渠道。

事实证明，湿地中国网站的设立，不仅在当时是一个重要创新，也成为传播湿地保护理念最为有效、影响力最大的主要措施。为了确保网站的信息来源充沛、及时，并且专业、可靠，湿地中心专门发动各省（自治区、直辖市）地方湿地行业主管部门推举任命本省的湿地中国通讯员，负责上报当地湿地保护和管理的最新资讯新闻稿。后来，这支通讯员的队伍很快就从林业系统发展到覆盖各级林业管理部门、各级湿地保护管理机构、湿地公园、科研院所和相关社会机构和志愿者的1000多人的专（兼）职信息员队伍，其中有普通公务员、企业人员、大中小学学生、教师、非政府组织人员，甚至还有地市级领导等。众多志愿者加入“湿地中国”，从一个侧面折射出社会公众对湿地中国网、对湿地保护事业的关注。他们还吸收社会各界湿地保护志愿者积极参与“湿地中国”的建设。湿地中心又通过各种方式组织对这些通讯员们的培训。

很快，这支分布在湿地保护和管理一线的通讯员队伍，为网站的运营和发展发挥了非常重要而积极的作用，在当时通信和网络技术尚不发达的时代，网站的信息几乎每天都有多条更新，及时发布了大量、种类丰富的信息，新华网、中国网、新浪网等40多家主流网站在第一时间报道了“湿地中国”面世运行的消息。全国各地的点击量、查看人数不断提升，信息更新、访问等数据长期高居各类政府类网站前列，在中国互联网协会主办的中国网站排名网上的排名、点击率呈现出快速攀升的态势。2008年4月14日，湿地中国网在包括中央政府网在内的众多省部主管的网站中点击率排名达到了第二，12月15日点击率首次达到了第一名。网民留言表示，从这个网站上可以了解到有关全国乃至世界湿地保护的动态信息、研究成果，学习到有关湿地的各种知识，欣赏到优美的生态文学作品和湿地摄影照片，掌握党和国家有关湿地保护的方针政策。湿地中国网真正成为当时我国湿地传播和教育的一个最理想、最有影响力的平台，是湿地相关信息最丰富、湿地相关知识最权威、社会各界最关注、网民参与程度最高的专业型网站。

湿地中国网的建设，力求更好地宣传党中央、国务院有关湿地保护管理的方针政策及相关法律法规，加强全民的生态道德教育，提高全社会对湿地保护重要意义的认识，介绍国家林业局有关湿地保护管理的重大措施，交流各地在湿地保护管理工作上的好经验好做法，以及有关湿地保护方面的先进技术，调动社会各界参与湿地保护的积极性，建设繁荣的湿地生态文化体系，同时向世界各国展示中国政府认真履行《湿地公约》的决心和已经取得的巨大成绩。

湿地中国网界面（来源：湿地中国网）

湿地使者行动

2001年夏天，“湿地”对社会公众而言还是一个完全陌生的专业词汇，但在具有国际视野和专业洞察力的世界自然基金会和《中国青年报》的推动下，以发动大学生群体关注并参与到湿地保护的宣传、教育、社区参与、保护恢复实践等任务中来的一个影响深远的项目——“湿地使者行动”诞生。经过自主报名、专家初筛、复选答辩等流程，最终有10支来自湖南、湖北、江西、上海等省（直辖市）的高校环保社团入选，这批年轻的“湿地使者”将在接受专业培训后，利用暑假时间，来到长江中下游地区开展社会调查等活动，并将所了解的湿地保护和管理的知识、信息，传播与宣传到自己的家乡等更广阔的地区。这个项目无论是立意、目标、形式、内容还是最后的成果，都引起了社会各界的广泛认可和关注。“湿地使者行动”举办以来，全国20多省（自治区、直辖市）的多所高校的环保社团积极参与到行动中来，不断地将湿地保护与可持续利用的理念和知识推向全国。

“湿地使者行动”已经形成了一套完整而机动的行动模式。根据湿地保护的现状与问题，每年的“湿地使者行动”都提出具有新意的主题。各社团根据主题制定自己的活动方案，通过网上提交和答辩，决出优胜队伍。他们接受专家培训后，利用假期到湿地地区按方案进行实地调研和宣传活动。实地活动有长期和细致的准备，有明确的目的和计划，活动中主办单位还派专家到现场进行监督和评估。活动结束时，各社团提交详细的总结报告并根据各

湿地使者们在观察和监测湿地水鸟

“湿地使者行动”在云南

队活动情况评奖。各社团还将在返回高校后继续开展宣传活动，将湿地地区的各种信息带给身边的老师与同学和所在城市的市民。

“湿地使者行动”具有高度的公益性、知识性，对充满理想的青年人来说是一次极有意义的锻炼和实践机会，所以越来越多的社团加入行动中来。“湿地使者行动”促进了大学环保社团建设，并不断地在学生中激起新的爱护自然、保护环境的热情，使一大批学生们开阔了眼界，提高了能力，向全国不少湿地地区人们宣传了科学知识，为推动中国湿地保护和合理利用的宣传工作献计献策。活动也引起了国家部门的重视，越来越多的部门、组织和机构都参与到这项行动中来。2009年，“湿地使者行动”作为环保志愿者项目的代表，入选“辉煌六十年——中华人民共和国成立60周年成就展”。“湿地使者行动”已经成为中国青年人参与湿地保护的一个“名牌”，很多年轻人都是因为“湿地使者行动”而走进湿地和环保公益领域的，直至今天仍有很多活跃在中国湿地保护和自然保护的宣传教育领域，成为中国绿色发展和环保公益领域的生力军。

2001年	把知识带回家乡
2002年	走进国际重要湿地
2003年	追寻通江湖泊
2004年	生命之河：从高山到大海
2005年	还长江生命之网
2006年	维护人类饮水安全　保护鱼类生命家园
2007年	饮水当思源，呵护水源地
2008年	加强湿地生态系统保护　积极应对全球气候变化
2009年	从上游到下游，湿地连着你和我
2010年	绿地图诠释湿地之美
2011年	寻找江豚最后的避难所

2001—2011年“湿地使者行动”主题

黄河穿过黄土高原（摄影：陈建伟）

第十篇
未來可期
——湿地十年的探索和事业展望

珍爱湿地，
守护未来。

"中国将陆续设立一批国家公园，约占陆域国土面积的10%，把约1100万公顷湿地纳入国家公园体系，重点建设三江源、青海湖、若尔盖、黄河口、辽河口、松嫩鹤乡等湿地类型国家公园，实施全国湿地保护规划和湿地保护重大工程。"

——摘自习近平主席2022年11月5日在《湿地公约》第十四届缔约方大会开幕式上的致辞

10.1 十年感怀

回顾这十年，从对湿地不了解到成为一名湿地工作者，我也可以说是一名中国湿地保护事业发展的推动者、见证者和实践者。为此流过汗水，遇到过挑战，也收获了成功的喜悦。十年间，做了那个时代该做的事，有些具有开创性和里程碑意义。中国湿地保护事业所取得的成绩，一是得益于党中央、国务院的高度重视，特别是习近平总书记几次到湿地考察都有明确的指示，其生态文明思想更是我们做好湿地工作的指导方针；二是得益于全国人大、全国政协高度关注，《中华人民共和国湿地保护法》就是在全国人大亲自主持下出台的，全国政协的双周协商座谈会上湿地是内容之一，每年的全国两会都有很多湿地的提案、议案；三是得益于地方各级党委、政府的重视，特别是各地建设国家湿地公园的积极性很高；四是得益于团队的团结协作、上下齐心、克难攻坚、砥砺前行，涌现出很多可圈可点的感人故事；五是得益于扎实工作的专家团队的贡献和智慧，湿地工作的方方面面都有专家的身影；六是得益于媒体的高度关注，从中央到地方的影视媒体、文字媒体、网络媒体和自媒体都从多角度、多层次、多篇幅立体式给予充分报道。十年来，培养了一批热爱湿地、献身湿地保护事业的工作者队伍，唤起了全社会的湿地保护意识，营造了很好的湿地保护氛围。

——马广仁　中国湿地保护协会副会长兼秘书长
原国家林业局湿地保护管理中心主任

这本《湿地，笃力奋楫的十年》记录的是回忆和情怀，展示的是奋斗和成果，怀念的是缘分和友谊。我期待闻到它的油墨幽香。每一项事业都有属于自己的故事，看着书中的照片和故事，仿佛回到了那段激情燃烧的岁月。

——邓侃　原国家林业局湿地保护管理中心
保护管理处（综合处）处长

中国的湿地类型丰富，从高山之巅到大海之滨，无数小溪、河流和沼泽汇集成大江大河，惠及人类，造福世界。近些年来，我国在湿地保护与合理利用方面取得了显著的成绩，积累了丰富的经验，为了美丽中国的“肾健康”，凝心聚力、攻坚克难。多年的努力让我们深刻认识到，湿地不仅是生态、经济、社会可持续发展的重要支柱，而且是人类文明的“摇篮”和重要载体，是连接世界各国的重要纽带。它的健康是华夏子孙的深切期盼，也是世界人民的共同愿景。

——陈克林　湿地国际中国办事处主任
原国家林业部野生动植物保护司副司长

江苏常熟沙家浜国家湿地公园

奋楫笃行的十年，是中国湿地工作从政策规划到保护恢复等全面推进的十年。我国的湿地工作不仅在国内深得民心，也为全球的湿地保护与可持续利用树立了典范，提供了中国方案。我有幸成为这个十年的参与者，感谢十年征途上一起奋斗的领导与同仁，期待湿地保护工作为美丽中国再谱新篇！

——李利锋　联合国粮食及农业组织土地与水资源司司长

中国湿地保护与管理的十年是我国湿地保护与管理事业快速发展的十年，使全民了解了湿地，深刻认识到湿地的重要生态功能，为我国湿地科学研究及湿地保护与恢复技术研发提出了明确的国家需求，促进了我国湿地科学研究与技术研发的蓬勃发展。从湿地的概念与定义、湿地生态系统监测方法与体系、不同类型湿地的结构与过程、湿地的功能与价值，到湿地的保护与退化、湿地恢复的理论与方法等，不同学科将湿地作为研究对象，开展了深入、系统的研究，逐渐形成具有中国特色的湿地科学。

——吕宪国　中国科学院东北地理与农业生态研究所研究员
中国科学院湿地研究中心秘书长

中国湿地保护与管理事业发展的十年是中国生态文明建设的桥头堡，无论从理念到机制的探讨，均赢得从最高决策者到老百姓的大力支持，赢得了全球湿地保护同仁的尊重。作为这一事业发展的参与者，深感使命神圣。湿地保护事业的发展有力地保障了国家生态安全，并为人民不断提供高品质生态产品，深得民心。

——雷光春　北京林业大学教授
国家湿地科学技术委员会副主任

从国家湿地保护管理中心到国家湿地保护管理司这十年，也正是我与国家高原湿地研究中心相行相伴的十年。作为一名湿地科研工作参与者，见证和经历了我国湿地事业的发展与兴盛，感慨公众对湿地保护认知的突飞猛进，自豪我国湿地保护事业所取得的辉煌成就。伴随着十年所走过的历程，感触颇多，庆幸时代拣选了我，让我能参与到湿地建设的大潮中，读万卷书，行万里路，向同行学习，向自然学习，为湿地事业奋斗的同时也成就了自己。感恩湿地这个大家庭，感恩“湿地十年”给予了我无尽的回忆和满满的情怀，期望湿地的明天更加灿烂辉煌。

——田昆　原国家高原湿地研究中心常务副主任
西南林业大学湿地学院首任院长

我一直以作为一个湿地科技工作者而自豪，行走湿地，阅读湿地。这十年，是我行走湿地体会最深的十年，与湿地和合相守的十年。很幸运认识了那么多有情怀的湿地人，很幸运能够执着于湿地研究和实践探索，努力把论文写在大地上。感恩湿地，感恩所有的湿地人，感恩我们能够在这个伟大时代相遇，并一起同行了一段路程。

——袁兴中　重庆大学建筑城规学院教授
中国湿地保护协会常务理事

湿地行者，大爱无疆

撑一支长篙，穿行于芳洲，用10年成就了人生最为精华的乐章。面对萍天苇地，闻鹤鸣九皋，书湿地长卷。忆当年湿地业界从孤行到众乐，推着一艘载满激情和理想的巨船，载着来自各地的湿地行者前行，各路朋友拉纤助力，一路高歌终达目的地。

——钟明川　云南省林业和草原科学院院长
原云南省湿地保护管理办公室主任

安徽池州升金湖国家级自然保护区

翻看一张张照片，
回忆那十年：
一群怀揣梦想的人，
为湿地保护从上到下拧成一团。

读着一句句留言，
回忆那十年：
一群敢于担当的人，
为湿地保护四处奔走东北西南。

那十年，
湿地有了网络，
身边多了公园，
人民共享的幸福感始终满满。

那十年，
水鸟有了更好的栖息地，
水草有了更清洁的水源，
大众乐见的生态美处处可见。

安徽池州升金湖国家级自然保护区

湿地边，
风吹得刚刚好，
拂起了垂柳的秀发，
播撒在老田的心尖。

潮落间，
水退得刚刚妙，
打湿了荇菜的花瓣，
抚平了老袁的眉间。

十年间，
老马拉大车，
奋力扬鞭指挥方向，
国家湿地事业不断向前。

——顾海军　四川省野生动物资源调查保护站（省湿地保护中心）站长

安徽池州升金湖国家级自然保护区

江西鄱阳湖南矶湿地国家级自然保护区

我对于长江湿地保护网络始终践行流域管理理念，在管理体制上不断创新，感悟很深。湖北是率先开展并创造性地运用湿地保护网络这一全新模式的地方。现在各保护区、湿地公园和各级主管部门之间的地理和行政边界弱化，各相关利益者联系紧密，真正建立了一个以流域为单元的经验交流与学习的共享平台，极大地促进了全省湿地保护管理能力的提高。

——石道良　湖北省林业局野生动物保护研究开发中心主任

原湖北省湿地中心副主任

云山珠水，舒展岭南水乡画卷；

鸟语蝉鸣，唱响湿地创先乐章；

星罗密布，成就我们共同的理想——国家湿地公园。

守神州水泽，佑华夏生灵，十载光阴你我共绘蓝图，引领中国湿地发展，

愿未来继续携手前行，再创生态奇迹。

——蔡莹　广州市海珠区湿地保护管理办公室主任

中国国家湿地公园创先联盟秘书长

十年磨一剑

2007年到2018年是中国湿地保护事业蓬勃发展的十年，是中国湿地保护取得巨大成就的十年，是广大社会组织和社会力量全面参与湿地保护的十年，也是中国湿地保护事业人才辈出，为全球湿地保护提供中国智慧的十年。

个人的力量实在是微不足道，当个人的梦想、激情和蒸蒸日上的湿地保护事业融合时才感受到生命原来可以如此绽放。非常荣幸也非常感恩，有机会见证并参与中国湿地保护这十年。

展望未来，山水林田湖草沙，需要有更多的社会组织和力量投身湿地保护，携手共创湿地更美好的未来。

这本书犹如一朵浪花，必将为推动奔腾不息的湿地保护长河作出历史的贡献。

——王利民博士　长江生态保护基金会常务副理事长

湖北蕲春赤龙湖国家湿地公园

2007年，我告别母校复旦大学，加入世界自然基金会，负责长江河口和三角洲湿地保护工作，2010年接手长江湿地保护网络项目，并开始逐步聚焦和精研湿地宣教。在自己职业生涯的黄金时期，有幸涉足湿地工作领域，更参与并见证了中国湿地事业锐意进取、膂力前行的起步十年。中国湿地人大胆创新、勇往直前的坚定信念、开拓精神和务实行动令人难忘，更重要的是，这片广阔天地和开放包容又温暖积极的湿地大家庭，让无数年轻人开拓了视野、明确了方向，并坚定选择了这条此后愿意为之奋斗一生的道路。今天，当我们翻开这本书，再次重温这些既往韶华中的动人点滴时，相信前辈们笃力奋楫的精神和取得的璀璨成就会不断激励更多后来者，推动中国湿地保护事业薪火相传，不断书就新的辉煌。

——雍怡　复旦规划院生态环境分院自然教育战略中心主任
原世界自然基金会（WWF）中国环境教育项目总监

湿地十年感怀（七律）
碧波荡漾鱼欢笑，晴朗苍穹邀旅鸿。
画舫卷飞千朵雪，鲜花爽送百般红。
游人陶醉风光美，雅客痴迷笔墨穷。
湿地十年添史册，只凭清水记丰功。
——陆晓鹤　原无锡市农业委员会（林业局）副主任（副局长）

十年湿地路，作为一名参与者、实践者和见证者，深刻感受到推动湿地保护高质量发展，调动全社会力量共同参与的重要性。企业作为社会资本的载体，是湿地保护事业不可或缺的力量之一。但契本心，赓续前行，让我们永葆热爱湿地、保护湿地的初心，未来的光景必将是想象不到的美好 。

——董君　中国湿地保护协会副会长
北京绿冠集团董事长

岁月不居，时节如流。在中国湿地的光阴长河中，有那么个十年，忽焉而过。但其影响，足矣彪炳千秋、载入史册。千百年后，源远流长的历史画卷、遍地开花的湿地公园会记得，有那么一批人，在那十年，披荆斩棘、披肝沥胆，写下了不朽的诗篇。

——刘想　杭州西溪国家湿地公园党工委委员
杭州西溪国家湿地公园生态文化研究中心副主任

有幸遇到这波澜壮阔的湿地保护时代大潮，作为姑苏水城最基层的工作者，在顶层设计的科学指导下，从湿地的视角来重新阅读水和城的交融和演变，用湿地的方法来努力探索人与自然的和谐与发展。湿地伴我成长，一路同行。

——冯育青　苏州市湿地保护管理站站长

有幸参与湿地公园建设，坚持把工作和兴趣爱好相结合，埋头苦干，务实推进湿地保护，推动城市转型发展。怀揣让邛海更加美丽动人的梦想，用摄影人的视角见证了西昌历届政府将湿地保护这张蓝图描绘到底（原有的围海造塘已是“碧水秀色、草茂鱼丰”），探索生物多样性保护，筹建智慧科研平台，在不懈努力中实现最普惠的民生福祉，心中燃起的成就感、幸福感从灵魂深处升腾。

——杨军　四川省西昌市邛海国家湿地公园保护中心主任

每一个国家湿地公园都有自己的区位优势，深入挖掘和充分利用区位优势是国家湿地公园做好各项工作的基础。同时，通过区位优势进行相关资源的融合，可以推动国家湿地公园各项工作的开展，补齐日常管理工作中存在的短板。

——赵海彤　国家林业和草原局管理干部学院湿地培训专家
原河北省北戴河国家湿地公园管理处主任

推动和成立长江湿地保护网络是我加入世界自然基金会（中国）的第一份专职工作，也是我人生中经历最长、收获最多、成长最快的一份工作。印象最深刻的是每年的湿地保护网络年会。为了让湿地保护网络保持活力，让网络成员们每年都有新的收获，秘书处组织核心专家组一起深入基层，发现热点问题，提炼经典案例，遴选专家在年会上开展专题分享与深入探讨。2008年，长江湿地保护网络入选世界自然基金会全球20大保护成果，让世界见证了中国湿地保护智慧，通过湿地保护网络的形式带动流域尺度的湿地保护也被广泛认可。继长江湿地保护网络之后，我们非常高兴地看到，黄河流域湿地保护网络、滨海湿地保护网络和黑龙江湿地保护网络相继成立，为中国的湿地保护作出了重要贡献。

——雷刚　九曲生态科技有限公司副总经理

原世界自然基金会（WWF）淡水项目总监

……

10.2 展望未来

湿地是重要自然生态系统，长期以来，我们以保护湿地和提供优质生态产品为目标，以推进湿地保护高质量发展为主线，全面贯彻实施《湿地保护法》等法律法规，湿地保护和修复取得突破性进展。

一是法规建设逐步健全。《湿地保护法》为湿地保护和修复提供了法治保障，国家出台7项湿地保护配套制度，推动28个省份制定（修订）省级湿地保护法规，全国湿地保护管理逐步走上法制化轨道。

二是保护修复成效明显。党的十八大以来，中央投入168亿元，全国重要湿地生态状况得到有效改善。组织实施红树林保护修复、互花米草防治专项行动计划，营造红树林4656公顷、修复4752公顷，对互花米草进行有效治理。

三是湿地保护体系更加完善。全国湿地面积总量保持稳定，湿地保护体系更加完善，有国际重要湿地82处、国家重要湿地29处、国家湿地公园903处，13座城市入选国际湿地城市。

四是监管力度持续加大。将湿地保护纳入林长制、河湖长制考核范围，制定破坏湿地约谈办法。实现了重要湿地疑似问题卫片判读全覆盖，加大违法违规行为查处力度。

五是基础工作不断夯实。建立湿地科学技术专家咨询机制，开展互花米草等湿地重大科技攻关。将湿地纳入第三次全国国土调查范围，每年组织开展动态监测，定期发布《中国国际重要湿地生态状况》白皮书，建立40处湿地生态定位观测站。

六是国际影响力显著提升。成功举办了《湿地公约》第十四届缔约方大会（简称COP14），取得了3项重大成果，提升了中国在生态领域的国际话语权，将进一步引领全球湿地保护事业的发展，为全球生态治理贡献中国方案。

我国湿地保护虽然取得了很大成效，但与国际先进水平相比还存在一定差距。展望未来，我们将认真践行习近平生态文明思想，以《湿地保护法》实施、COP14成果落实为契机，推进湿地保护事业高质量发展。

一是完善《湿地保护法》配套制度。实行湿地面积总量管控，制定占用和临时占用湿地等管理办法，形成部门协作、总量管控、分级分类管理、系统修复、科学利用的湿地保护管理体系。

二是落实湿地保护管理体系。督促地方把更多重要湿地纳入自然保护地，建设好湿地类型国家公园。制定《国家重要湿地管理办法》，规范国家重要湿地管理，指导各地发布湿地名录。

三是实施湿地保护重大工程。实施湿地保护修复工程项目，实行全过程监管，确保科学有效。继续实施红树林保护修复、互花米草防治专项行动计划，完成行动计划确定目标。

四是强化湿地资源监测监管。完善湿地动态监测体系，加强湿地保护监督检查，落实湿地保护目标责任制，将湿地保护纳入林长制考核评价体系，压实地方政府湿地保护的主体责任。

五是加强科技支撑。加强关键技术研究及应用推广，开展湿地与气候变化、红树林保护修复等关键技术集成和推广应用。推进新增各类湿地科研创新平台25个，完善湿地标准体系。

六是深度参与湿地保护国际事务。领航《湿地公约》战略发展方向，为全球生态环境治理提供中国智慧和中国方案。建设好“国际红树林中心”，为各缔约国特别是发展中国家提供服务和帮助。

10.3 湿地十年大事记

中央文件

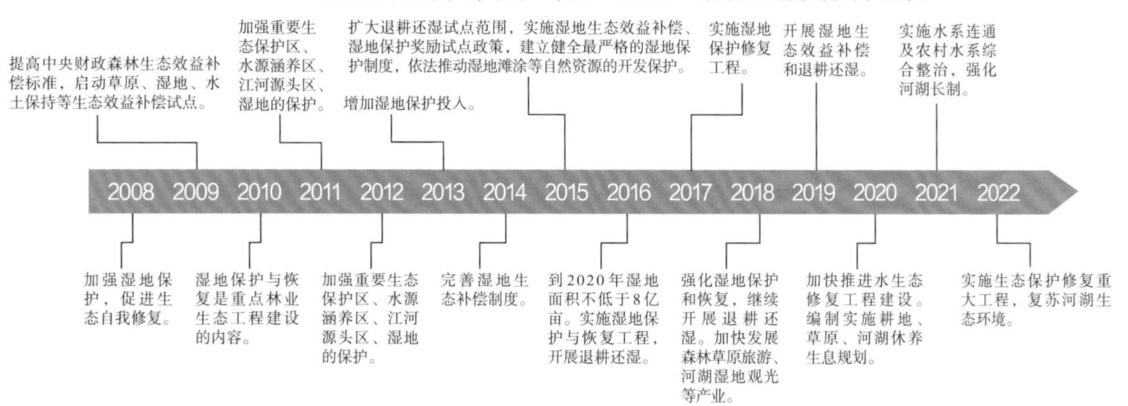

政府工作报告

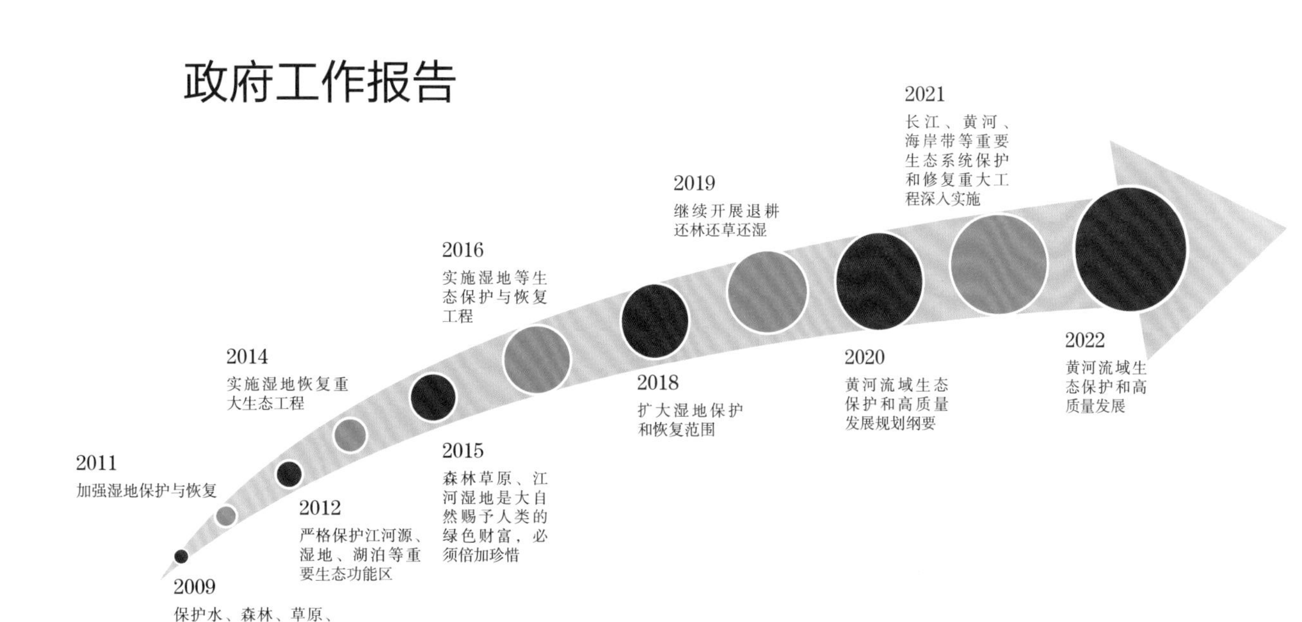

2007 年

- 4 月 3 日，中华人民共和国国际湿地公约履约办公室在北京挂牌成立。国家林业局局长贾治邦出席仪式并揭牌。局领导李育材、雷加富、祝列克出席揭牌仪式。
- 10 月，国家高原湿地研究中心成立。
- 11 月，“长江中下游湿地保护网络”在上海崇明东滩成立。
- 湿地中心组团访问香港米埔湿地、伦敦湿地中心，开展国内外交流。

2008 年

- 2 月 2 日，国家林业局与联合国开发计划署、世界自然基金会、中国科技馆在北京举行第十二个“世界湿地日”庆祝活动。全国政协副主席张梅颖、国家林业局局长贾治邦等出席庆祝活动，并为健康的湿地，健康的人类——湿地科普摄影展剪彩。副局长印红主持庆祝活动，并宣布2008年新指定的6块中国国际重要湿地名单。
- 国务院“三定”方案全面强化国家林业局“组织协调指导监督全国湿地保护”和“组织、协调有关国际湿地公约履约”的职能。
- 14个省（自治区、直辖市）先后建立省级湿地保护管理专门机构。
- 争取3亿元资金用于国家湿地工程。审核55个湿地项目并有42个获得批准，核定中央投入2.6亿元。
- 黑龙江、内蒙古、辽宁、湖南、广东、陕西、甘肃、宁夏8个省（自治区）完成了地方立法，管理范围超过国土面积30%。
- 举办2期香港湿地管理培训班、中日湿地保护战略研讨会、国际重要湿地管理和湿地调查培训班。
- 启动湿地生态补水机制研究：指导扎龙国际重要湿地补水方案制订；开展黄河流域生态补水调研工作。
- 完成国家湿地公园总体规划导则、建设标准和湿地恢复技术等标准，研制开发标准11项，其中3项通过了国家林业局科技司组织的专家评审。

- 湿地中国网站建成运行。已发布信息6000多条，并建立了1000多人的信息员队伍。

2009年

- 5月22日，国家林业局局长贾治邦与伊拉克湖泊林业（湿地）事务部国务部长哈桑·拉迪在北京签署《中华人民共和国国家林业局和伊拉克湖泊林业（湿地）事务部关于湿地合作的协议》。
- 6月1日，由43位跨学科知名专家组成的国家湿地科学技术专家委员会在北京成立。
- 11月2日，首届中国湿地文化节暨中国杭州西溪第三届国际湿地论坛开幕。全国政协副主席张梅颖出席开幕式，国家林业局局长贾治邦出席开幕式并讲话、局总工程师卓榕生主持开幕式。同日举办中国湿地博物馆开馆仪式。
- “湿地”一词首次出现在“中央一号文件”。
- 新争取林业湿地工程中央投资22387万元。
- 湿地中心和法规司共同就立法工作和相关制度向国务院法制办进行了汇报并按照其意见和建议2次对《湿地保护条例》进行了修改和完善，进一步梳理了立法中的有关问题。
- 建立《全国湿地保护工程实施规划》信息管理系统。
- 启动第二次全国湿地资源调查，编制和印发《全国湿地资源调查技术规程》和《全国湿地资源调查工作方案》。完成北京、天津、吉林、黑龙江、江苏、广东6个省（直辖市）的湿地资源调查任务，6省（直辖市）湿地总面积为1144万公顷。
- 提名杭州西溪国家湿地公园等纳入《国际重要湿地名录》，我国国际重要湿地总数达到37处。
- 完成编制《中国国际重要湿地监测技术规程》《国际重要湿地生态状况评价办法》。
- 部署完成国际重要湿地监测任务，编制完成《2009年中国国际重要湿地生态状况白皮书》）。
- 中国林业科学研究院湿地研究所成立。
- 先后组织赴重庆、湖北、广东、黑龙江等地开展了启动试点工作的调查研究；与北京林业大学、经研中心合作，开展了湿地生态效益补偿课题研究工作。

- 部署开展内蒙古科尔沁湿地、黑龙江安邦河湿地、湖北洪湖湿地、湖南东洞庭湖湿地保护恢复项目的自评估工作。
- 建立“嘉陵江流域湿地保护网”。
- 东北林业大学设立全国第一个“湿地科学”本科专业。
- 会同全国政协环资委、河北省政协主办了“衡水湖湿地保护与发展高峰论坛”。

2010年

- 4月21日，中澳环境发展伙伴项目——湿地管理政策、指南与能力建设项目在北京启动。项目旨在完善中国湿地保护管理政策，提高中国湿地管理能力与技术水平，探索中国湿地保护的管理模式，提高中国履行《湿地公约》能力，促进中澳两国在生态领域合作伙伴关系的持续发展。
- 5月31日，财政部、国家林业局联合印发《关于2010年湿地保护补助工作的实施意见》。
- 11月4日，由国家林业局批准，依托北京大学建立的国家湿地保护与修复技术中心在北京成立。局党组成员、中央纪委驻局纪检组组长陈述贤出席揭牌仪式。
- 11月17日，全国湿地保护管理工作会议在福建福州举行，国家林业局副局长印红出席会议并讲话。
- 首次建立湿地生态保护的中央财政专项资金。安排专项资金2亿元，用于补助国际重要湿地、国家级湿地自然保护区等43个项目点，开展湿地监控监测和生态恢复项目。
- 实施了39个林业湿地工程项目，完成中央投资2.21亿元。
- 颁布《国家湿地公园管理办法》《国家湿地公园总体规划导则》。
- 四川、吉林、西藏等3省（自治区）出台省级湿地保护条例，出台地方湿地保护条例的省份达到11个。
- 完成15个省份的湿地资源调查，覆盖国土面积460多万平方公里，直接参与调查人员超过6000人，地方配套资金超过中央投入的2倍以上，直接获取数据量3000多万条。

- 第四届长江湿地保护网络年会在武汉举办，“长江中下游湿地保护网络”推广至整个长江流域，推动长江流域2万平方公里湿地面积得到有效保护。
- 完成《中国国际重要湿地生态状况公报》。
- 启动了中欧环境治理框架“建设社区综合自然保护区，发展可持续中国”子项目。
- 开展了南非智力引进项目，积极参与了生物多样性保护相关谈判和会议。
- 推动湿地保护管理标准化和规范化建设，出台湿地资源调查、湿地保护和恢复等方面的标准和规范性文件8部。
- 广东省政协主席亲自抓湿地生态补偿工作，省财政拟安排专项资金1000万元在国际重要湿地、国家重要湿地、湿地自然保护区、湿地公园和湿地保护小区开展试点。江苏省林业局着力推进湿地生态补偿，苏州市委、市政府于10月出台了《关于建立生态补偿机制的意见（试行）》，对市内重点湖泊所在村每个补助50万元。
- 湿地保护纳入全国水污染防治、水资源调配与管理、全国海洋功能区划等多个重大行业战略规划之中。
- 将湿地纳入“国家自然资源基础地理信息库”。建立湿地保护工程管理信息系统，推进了局“金林工程”和“林业资源信息库”中“湿地信息库”的建设。部分国家级湿地自然保护区和重要湿地建立了生态系统定位监测站，开展了日常监测活动。
- “十一五”期间，我国新建湿地自然保护区80处，湿地自然保护区总数达到550多处；国家湿地公园由2个增加到145个（今年45个待批）、地方湿地公园120多处。
- 《保护湿地生态屏障》荣获中共中央宣传部最佳纪录片“华表奖”。

2011年

- 6月9日，国家林业局副局长印红在北京会见世界自然基金会总干事詹姆斯·李普一行，双方探讨了未来合作领域，并就湿地保护、东北虎保护及长江流域生态恢复广泛交流了意见。

- 10月11日，《湿地公约》秘书长安纳达先生宣布中国新增4块国际重要湿地。至此，中国的国际重要湿地总数达41块。
- 10月11—13日，第二届中国湿地文化节暨亚洲湿地论坛在江苏省无锡市举行。全国政协副主席罗富和宣布开幕，国家林业局局长贾治邦作主旨发言，副局长张永利主持开幕式。
- 11月10日，财政部、国家林业局印发《中央财政湿地保护补助资金管理暂行办法》。
- 12月15日，经国家林业局批准，宁波杭州湾国家湿地公园建立。国家林业局局长贾治邦出席揭牌仪式并为湿地公园揭牌。
- 推动我国政府投入中央预算内资金2.41亿元，实施林业湿地保护项目39个，建设保护管理站点100多处，恢复湿地2.3万公顷。
- 完成《湿地保护条例（第三次征求意见稿）》，以正式文件方式征求20个部门的意见，与国务院法制办组成联合调研组赴黑龙江开展调研，进一步明确了今后的工作方案。组织编印《湿地保护管理手册》。
- 项目总资金为2600万美元的"加强中国湿地保护体系促进生物多样性保护项目（GEF5期）"得到全球环境基金（GEF）批准。
- 新增国际重要湿地4处。完成《国际重要湿地管理计划编制指南》。
- 建立破坏湿地资源事件核实督办制度。
- 为12处试点国家湿地公园予以正式授牌；组织考察新申报的拟建国家湿地公园（试点）71处，预计新增湿地保护面积33万多公顷。
- 湿地保护管理中心荣获国家林业局"建议提案办理先进单位"称号。

2012年

- 1月9—12日，国家林业局副局长张永利率团赴香港考察湿地保护管理工作，分别与香港特别行政区渔农自然护理署、规划署和环境保护署有关负责人进行座谈，实地考察了香港米埔内后海湾湿地、湿地公园及郊野公园，并就湿地保护管理工作深入交换了意见。

- 7月6日，国家林业局副局长张永利率中国政府代表团出席在罗马尼亚首都布加勒斯特召开的《湿地公约》第十一届缔约方会议。会后，张永利副局长会见了罗马尼亚环境与森林部国务秘书穆古列尔·科兹马丘克，并签署《中国国家林业局和罗马尼亚环境与森林部会谈纪要》。
- 12月14日，中国政府《湿地公约》履约20周年庆祝活动在北京召开，国务院副总理回良玉出席活动并发表重要讲话。国家林业局局长赵树丛作题为《加强湿地保护建设生态文明》的讲话，副局长张永利主持。会前，回良玉会见了《湿地公约》秘书长安纳达·特艾格先生及有关国际组织驻华机构代表。
- 12月31日，国家林业局批准河北尚义察汗淖尔等85处湿地开展国家湿地公园试点工作。
- 党的十八大报告提出“扩大湿地面积，保护生物多样性，增强生态系统稳定性”。
- 国务院批准《全国湿地保护工程“十二五”实施规划》。确定了“十二五”期间湿地保护工程、湿地恢复与综合治理工程、可持续利用示范工程以及能力建设工程，总投资129.87亿元。
- 江西、浙江、新疆等3省（自治区）出台省级湿地保护条例，总数达到14个。
- 为满足政府间气候变化专门委员会（IPCC）谈判的需要，部署开展全国重点省份泥炭沼泽碳库调查，编制了工作方案和技术规程，指导吉林省开展了试点准备工作，我国专家在波兰气候变化大会上协助出台了《气候变化湿地指南》。
- 出台《国家林业局湿地监测与管理项目管理办法》。
- 组织完成了最后一批8个省份的第二次全国湿地资源调查任务。
- 举办长江湿地保护网络年会、中国·双鸭山东北亚湿地生物多样性保护国际论坛。
- 执行《中美自然保护议定书》附件11中的中美互访活动，接待美国代表团对我国湿地开展考察。

- 新增湿地保护面积约9万公顷，恢复湿地近2万公顷。对湿地破坏或非法占用事件进行了及时的调查了解和督促处理，包括：鄱阳湖、若尔盖、兴凯湖、乌梁素海、红碱淖等10多处湿地。
- 与中央人民广播电台联合开展了为期19天的大型系列报道《中国湿地报告》，开展《政务直通车》电台、网络“双直播”。

2013年

- 3月28日，国家林业局局长签署第48号令，公布《湿地保护管理规定》，自2013年5月1日起施行。
- 5月10日，中央电视台大型公益活动“美丽中国·湿地行”在北京启动。国家林业局局长赵树丛、中央电视台台长胡占凡出席启动仪式并致辞。
- 10月24日，第三届中国湿地文化节暨东营国际湿地保护交流会议在山东省东营市举行。全国政协副主席罗富和出席会议。国家林业局局长赵树丛、《湿地公约》秘书长克里斯托弗·布里格斯出席会议并讲话，山东省副省长赵润田致辞，国家林业局副局长张永利主持会议。
- 十八届三中全会《中共中央关于全面深化改革若干重大问题的决定》中要求划定生态保护红线，推进建立湿地红线制度。
- 顺利完成了第二次全国湿地资源调查。根据第二次全国湿地资源调查初步成果，向国务院上报了“到2020年‘全国湿地总面积’不低于8亿亩”的湿地红线。
- 指导青海省、云南省出台省级湿地保护条例，山东省出台了湿地保护办法。
- 湿地保护成为当年两会的热点议题，同时被列为今年全国人大和全国政协的重点办理建议提案。全国政协提案委员会主任委员孙淦亲自带队进行了扩大湿地面积专题调研，并在全国政协常委会上进行交流。全年办理建议提案50多件。
- 与全国人大、全国政协合作，赴云南省、黑龙江省开展了“湿地生态补偿”“扩大湿地面积”等调研。配合财政部提出了增加湿地保护投入，建立湿地生态补偿制度的初步设想。

- 赴韩国参加《湿地公约》科技评审委员会会议。
- 新增国际重要湿地5处，我国国际重要湿地总数达到46处。
- 组织编写《国际重要湿地生态特征变化预警方案》。
- GEF5期项目如期启动实施，国家层面、海南、大兴安岭、安徽、湖北、新疆项目已经获得GEF理事会批准。
- 完成《中国湿地保护战略研究》《湿地公约履约战略研究》等7本书稿。
- 对内参和媒体反映的“长江流域湖北段湿地保护”等一批湿地重大敏感问题进行了及时调查和督办处理。
- 按照国家林业局党组关于深化鄱阳湖水利枢纽项目立项研究的安排，组建了由陈宜瑜院士领衔的“鄱阳湖水利枢纽工程对湿地生态与候鸟的影响研究”课题组，对水利枢纽工程进行了深入论证。
- 协调编制《河北北戴河国家湿地公园及其周边生态恢复专项规划》。
- 开展东北黑土地水土流失与湿地保护的关系研究，以及保护和恢复中国东部水鸟迁徙路线重要湿地的潜力研究。
- 参与编写《农业环境突出问题治理总体规划》，规划将把湿地保护和综合治理、湿地保护补助、湿地生态补偿、湿地保护奖励等4个方面作为主要内容。
- 召开国家湿地公园建设管理座谈会，明确了湿地公园建设和发展的工作思路。

2014年

- 1月13日，国家林业局在国务院新闻办公室召开新闻发布会，公布第二次全国湿地资源调查结果。调查结果显示：全国湿地总面积5360万公顷，湿地面积占国土面积的比率(即湿地率)为5.58%。国家林业局副局长张永利介绍了第二次全国湿地资源调查结果的情况。依据调查成果，指导天津、西藏、广东、四川、湖北、云南、江西、贵州、陕西、安徽、甘肃、江苏等12个省份划定并公布了湿地保护红线。

- 3月6日，国家林业局印发《国际重要湿地生态特征变化预警方案(试行)》(以下简称《方案》)，对中国大陆范围内全部国际重要湿地生态特征变化实行由低到高的黄色、橙色和红色三级预警。《方案》于5月1日起发布试行。
- 5月13日，由中共中央组织部主办、国家林业局承办的地方党政领导干部湿地生态系统保护专题研究班在国家林业局管理干部学院开班，国家林业局局长、国家林业局管理干部学院院长赵树丛在研究班上就加强湿地生态系统保护工作作专题讲座。
- 组织审核湿地保护工程项目124个，实施项目63个，安排中央投入2.3亿元。
- 湿地保护成为当年两会热点议题，涉及湿地的建议提案达到50多件。
- 实施湿地“十二五”实施规划，开展中央财政退耕还湿等3项试点，全年安排资金近20亿元实施了331个项目。
- 参与编制《农业环境突出问题综合治理规划（2014—2018年）》退耕还湿部分。
- 指导广西壮族自治区出台省级湿地保护条例，全国完成省级立法的省份达到20个。
- 对牵头承担的中央财经领导小组第五次会议5项改革任务，成立专门研究组进行多次研讨，形成了改革初步方案，包括：建立健全湖泊湿地产权制度；重大水利工程对湿地生态影响评估办法；比照耕地实施湿地用途管制制度；白洋淀、潮白河、永定河湿地恢复；严禁围垦占用湖泊湿地和提出全国湿地退田还湖方案。参与开展国家公园体制建立、自然资源资产负债表等改革事项研究。
- 首次配合中共中央组织部举办了湿地生态系统保护专题市县长培训班，国家林业局局长赵树丛亲临授课。举办业务培训班8期，培训湿地保护管理人员596人。
- 湿地专项调查进展顺利，启动了全国重点省份泥炭沼泽碳库调查，完成了辽宁、吉林两省的调查和外业检查任务。
- GEF5期6个项目全面启动。

- 与美国保尔森中心、中国科学院地理科学与资源研究所签署关于《中国滨海湿地保护战略研究》合作备忘录。
- 黄河流域湿地保护网络在宁夏吴忠建立。
- 下发《关于进一步加强国家湿地公园建设管理的通知》，要求各地从建设理念、规划编制、征占湿地等方面进一步加大工作力度。修订了《国家湿地公园管理办法（试行）》和《国家湿地公园总体规划导则》。

2015年

- 2月2日，以“湿地，我们的未来”为主题的2015年湿地日活动启动仪式在浙江省杭州市举行。全国政协副主席罗富和，国家林业局副局长张永利，浙江省副省长黄旭明等出席启动仪式。张永利宣布2015年世界湿地日活动启动。
- 4月10日，经国务院同意、民政部批准，中国湿地保护协会在北京成立。国家林业局局长赵树丛为协会揭牌，副局长孙扎根当选为第一届会长，副局长张永利主持成立大会，局党组成员彭有冬出席。
- 5月18日，国家林业局下发《关于严格禁止围垦占用湖泊湿地的通知》，坚决打击围垦湖泊湿地行为，积极开展围垦湖泊湿地退耕还湿。
- 6月16—18日，中国沿海湿地保护网络成立大会暨首届研讨会在福建省福州市举行。国家林业局副局长刘东生宣布中国沿海湿地保护网络成立并讲话。
- 8月30—31日，2015年黄河湿地保护网络年会暨黄河湿地保护培训班在内蒙古自治区包头市举办，国家林业局副局长张永利出席会议并讲话。
- 12月30日，国家林业局发布2015年第20号公告，公布安徽升金湖国家级自然保护区、广东南澎列岛海洋生态国家级自然保护区、甘肃张掖黑河湿地国家级自然保护区3处湿地被列入《国际重要湿地名录》。
- 《中共中央国务院关于加快推进生态文明建设的意见》要求“湿

地面积不低于8亿亩”；《生态文明体制改革总体方案》（以下简称《方案》）提出“必须保护湿地等自然生态”等。同时，《方案》提出两项改革任务由国家林业局负责牵头：一是“建立湿地保护制度”的改革任务。为此，国家林业局成立领导小组和专家组，赴相关省（自治区、直辖市）开展调研。二是“在甘肃、宁夏等地开展湿地产权确权试点”，国家林业局组织相关部门并宁夏、甘肃省（自治区）组成试点工作领导小组、办公室。赴宁夏组织召开座谈会。

- 下达湿地保护工程中央预算内投资计划2.37亿元，实施项目48个。
- 配合全国政协人资环委开展“长江经济带开发中的湿地保护”专题调研，参加了全国政协双周协商座谈会，部署编制长江经济带湿地保护专项规划。
- 开展围垦占用湖泊湿地专项打击行动。
- 向国务院上报了《湿地保护条例（送审稿）》。
- 指导河南、贵州、安徽3省颁布湿地保护条例，出台省级湿地立法省份达到23个。
- 起草了《国家林业局关于全面保护湿地的指导意见》。
- 研发湿地资源信息系统建设和电子地图。
- 沿海湿地保护网络在福建福州宣布建立。
- 赴乌拉圭埃斯特角城参加《湿地公约》第12届缔约方大会，举办中国主题边会及展览。
- 完成京津冀19处重要湿地的生态系统健康、功能和价值评价。
- 与美国保尔森中心共同开展中国滨海湿地保护战略研究。
- 举办国家湿地公园创建10周年庆祝活动。

2016年

- 5月13日，国家林业局办公室印发《湿地保护修复制度工作方案》，系统提出了湿地保护修复对象、原则、具体制度等，并成立由国家林业局牵头，国土资源部、环境保护部、水利部、农业部、国家海洋局等部门组成的湿地保护修复制度方案领导小组及办公室。

- 5月15日，以“推进生态文明，建设美丽中国——湿地让生活更美好”为主题的2016年全国林业科技活动周在江苏南京启动。
- 5月24日，中国国家林业局副局长陈凤学在荷兰瓦格宁根会见湿地国际主席安德鲁·万德赞和首席执行官珍妮·玛德维克。双方签署《中华人民共和国国家林业局和湿地国际关于湿地保护和可持续发展五年合作框架协议》。
- 11月11日，国务院调整河北小五台山、吉林雁鸣湖、黑龙江五大连池、黑龙江东方红湿地等4处林业国家级自然保护区的范围，并将黑龙江东方红湿地国家级自然保护区更名为黑龙江东方红国家级自然保护区。
- 习近平总书记主持召开中央全面深化改革领导委员会第二十九次会议，审议通过了《湿地保护修复制度方案》。11月30日，国务院办公厅正式印发《湿地保护修复制度方案》。《湿地保护修复制度方案》共7章25条，对湿地保护修复的总体要求、湿地分级管理、湿地保护目标责任制、湿地用途管制、退化湿地修复、湿地监测评价、保障机制等方面做了具体规定，特别是提出了到2020年的目标任务：“实行湿地面积总量管理，到2020年，全国湿地面积不低于8亿亩，其中，自然湿地面积不低于7亿亩，新增湿地面积300万亩，湿地保护率提高到50%以上。严格湿地用途监管，确保湿地面积不减少，增强湿地生态功能，维护湿地生物多样性，全面提升湿地保护与修复水平。”
- 组织编制《退耕还湿实施方案》。
- 组织起草《湿地生态系统红线划定技术指南》。
- 编制完成《全国湿地保护“十三五”实施规划》。“十三五”期间，拟在全国实施一批湿地保护重大工程和项目，力守8亿亩湿地面积不减少，维护和提升湿地生态系统功能。
- 国家林业局印发《甘肃宁夏等地湿地产权确权试点方案》。赴新疆、安徽开展了湿地生态效益补偿试点调研。
- 完成中国湿地资源系列图书和中国湿地资源电子图集的编撰、出版，系列图书共32卷，参编作者1600多人，总字数达1200万字，电子图集共2500多幅。

- 指导黑龙江省完成泥炭沼泽碳库调查，组织开展云南省、贵州省的调查。
- 与南京大学等共同主办第十届国际湿地大会。
- 完成《中美自然保护议定书》附件12合作项目，举办中美自然保护研讨会。
- 与美国保尔森基金会、河北省政府共同主办了北戴河滨海湿地及水鸟保护国际研讨会。
- 与英国野禽及湿地基金会签署了合作备忘录。
- 参加世界自然保护联盟第六届世界保护大会。
- 启动编制《国家湿地公园建设指南》，完成湿地生态监测技术、湿地修复技术、宣教等指南的编制。
- 初步完成国家湿地公园信息系统平台的构建。
- 与中央电视台、贵州省林业厅联合拍摄制作2016年“世界湿地日”特别节目《湿地贵州》；与中央电视台联合推出了《绿色中国·览夏篇·湿地》。
- 开展海峡两岸湿地保护交流等活动，举办了第二届海峡两岸湿地保护交流研讨会。

2017年

- 2月23日，全国湿地保护工作座谈会在广东省广州市召开。
- 3月28日，国家林业局、国家发展和改革委员会、财政部联合印发《全国湿地保护“十三五”实施规划》。
- 5月11日，国家林业局、国家发展和改革委员会、财政部、国土资源部、环境保护部、水利部、农业部、国家海洋局等8部委组成的湿地保护修复工作协调领导小组，建立了国家层面的协调机制，联合印发《贯彻落实〈湿地保护修复制度方案〉的实施意见》，提出确保到2020年建立较为完善的湿地保护修复制度体系，为维护湿地生态系统健康提供制度保障。
- 12月5日，国家林业局局长张建龙签发第48号国家林业局令，公布《国家林业局关于修改〈湿地保护管理规定〉的决定》，自

2018年1月1日起施行。

- 湿地已被纳入中央对地方政府的政绩考核体系。
- 首次明确湿地在国土分类中的地位，《土地利用现状分类》国家标准（GB/T21010—2017）以附录的形式，将14个二级地类归类为“湿地”。
- 修订颁布了《湿地保护管理规定》。
- 首次把湿地生态公益管护纳入2017年新增生态护林员范围，从贫困县的建档立卡贫困户中，安排部分湿地管护人员，促进其稳定脱贫，切实保护好现有湿地。
- 加大沟通协调力度，赴广西、黑龙江等省（自治区），开展了5次湿地生态保护专题调研，召开湿地立法座谈会。
- 积极配合有关部门，在甘肃、宁夏平稳推进湿地产权确权试点，推进生态保护红线划定，明确将湿地公园、重要湿地纳入生态保护红线范围。认真谋划第三次全国湿地资源调查。
- 出台《国际湿地城市认定提名暂行办法》和提名指标。选出了6个候选城市提交《湿地公约》秘书处。
- 首次举办对发展中国家的湿地管理培训。
- 8处即将正式指定为国际重要湿地，正在履行程序。
- 援助金额为1000万美元的GEF6期湿地项目申请取得积极进展。
- 修订颁布《国家湿地公园管理办法》《湿地公园总体规划导则》《国家湿地公园评估评分标准》。
- 编制并正式出版《国家湿地公园生态监测技术指南》《国家湿地公园湿地修复技术指南》《国家湿地公园宣教指南》。
- 新批准试点64处，国家湿地公园总数达到898处，通过验收达到258处。
- 开展国家湿地公园信息系统的测试工作，90%以上的国家湿地公园录入信息。
- 推动成立国家湿地公园创先联盟并举办首届联盟活动。